U0256814

GREEN BOOK

智 库 成 果 出 版 与 传 播 平 台

遥感监测绿皮书

GREEN BOOK OF
REMOTE SENSING MONITORING

# 中国可持续发展遥感监测报告
# （2019）

REPORT ON REMOTE SENSING MONITORING OF CHINA SUSTAINABLE
DEVELOPMENT (2019)

主　编／顾行发　李闽榕　徐东华
副主编／张　兵　聂秀东　王世新　张增祥　柳钦火　李加洪　黄文江　张立福

社会科学文献出版社
SOCIAL SCIENCES ACADEMIC PRESS (CHINA)

图书在版编目(CIP)数据

中国可持续发展遥感监测报告. 2019 / 顾行发, 李
闽榕, 徐东华主编. -- 北京 : 社会科学文献出版社,
2020.4
　(遥感监测绿皮书)
　ISBN 978-7-5201-6440-5

Ⅰ. ①中⋯　Ⅱ. ①顾⋯ ②李⋯ ③徐⋯　Ⅲ. ①可持续
性发展-环境遥感-环境监测-研究报告-中国-2019
Ⅳ. ①X87

中国版本图书馆CIP数据核字（2020）第047611号

遥感监测绿皮书

中国可持续发展遥感监测报告（2019）

主　　编 / 顾行发　李闽榕　徐东华
副 主 编 / 张　兵　聂秀东　王世新　张增祥　柳钦火　李加洪　黄文江　张立福

出 版 人 / 谢寿光
责任编辑 / 曹长香

出　　版 / 社会科学文献出版社·联合出版中心（010）59367162
　　　　　　地址：北京市北三环中路甲29号院华龙大厦　邮编：100029
　　　　　　网址：www.ssap.com.cn
发　　行 / 市场营销中心（010）59367081　59367083
印　　装 / 三河市东方印刷有限公司

规　　格 / 开　本：787mm×1092mm 1/16
　　　　　　印　张：18.25　字　数：345千字
版　　次 / 2020年4月第1版　2020年4月第1次印刷
书　　号 / ISBN 978-7-5201-6440-5
定　　价 / 198.00元

审 图 号 / GS（2020）305号

# 遥感监测绿皮书专家委员会

## 项目承担单位

中国科学院空天信息创新研究院
中智科学技术评价研究中心
机械工业经济管理研究院

## 编辑委员会

主　　编：顾行发　李闽榕　徐东华
副 主 编：张　兵　聂秀东　王世新　张增祥　柳钦火　李加洪　黄文江
　　　　　张立福
编　　委（排名不分先后）
　　　　　樊　杰　方创林　王纪华　范一大　方洪宾　王　桥　唐新明
　　　　　李增元　张志清　陈仲新　刘顺喜　张继贤　梁顺林　卢乃锰
　　　　　秦其明　赵忠明　汪　潇　赵晓丽　倪文俭　王　成　陈良富
　　　　　程天海　李正强　吴炳方　贾　立　申　茜　牛振国　王心源
　　　　　何国金　李　震　施建成　余　涛　闫冬梅　周　翔　董莹莹
　　　　　周　艺　王福涛　项　磊　肖　函　王　楠　魏香琴

## 数据制作与编写人员

**中国土地利用遥感监测组**
组织实施：张增祥　赵晓丽　汪　潇
图像纠正：鞠洪润　陈国坤　施利锋　张梦狄　习静文　李敏敏　李　娜
　　　　　曾　甜
专题制图：赵晓丽　刘　芳　徐进勇　汪　潇　温庆可　胡顺光　易　玲
　　　　　左丽君　刘　斌
图形编辑：刘　斌　徐进勇　胡顺光
数据集成：汪　潇
报告撰写：张增祥　赵晓丽　徐进勇　刘　芳　汪　潇　胡顺光　温庆可
　　　　　易　玲　左丽君　孙菲菲　禹丝思　王碧薇　汤占中　朱自娟
　　　　　潘天石　王　月　王亚非　孙　健　张向武

## 中国植被遥感监测组

组织实施：柳钦火　李　静
专题制图：赵　静　徐保东　于文涛　马培培　董亚冬　张　虎　朱欣然
图形编辑：赵　静
报告撰写：李　静　赵　静　柳钦火　王　聪　林尚荣　张召星　袁雪琪

## 中国水资源遥感监测组

组织实施：贾 立　牛振国

专题制图：郑超磊　张海英　王瑞

图形编辑：郑超磊　张海英　王瑞

报告撰写：贾 立　牛振国　胡光成　郑超磊　卢 静　陈琪婷　张海英
　　　　　王瑞

## 中国主要粮食与经济作物遥感监测组

组织实施：黄文江　张立福

专题制图：师 越　马慧琴　阮 超　丁 超　邢乃琛　王 楠　张 霞
　　　　　朱 曼　高了然　吕 新　张 泽

数据集成：董莹莹　刘林毅　阮 超　江 静　金 玉　岑 奕　黄长平
　　　　　孙雪剑

报告撰写：黄文江　张立福　董莹莹　叶回春　马慧琴　刘林毅　师 越
　　　　　郑 琼　阮 超　郭安廷　丁 超　邢乃琛　江 静　金 玉
　　　　　朱 曼　高了然　王 楠

## 中国重大自然灾害遥感监测组

组织实施：王世新　周 艺

数据处理：王福涛　赵 清　王丽涛　刘文亮　朱金峰　侯艳芳　阎福礼

专题制图：王福涛　赵 清　杨宝林　张 锐　胡 桥　王宏杰　王振庆

数据集成：赵 清　杜 聪

报告撰写：王世新　周 艺　王福涛　赵 清

## 中国空气质量遥感监测组

组织实施：顾行发　程天海

专题制图：左 欣　王宛楠　韩泽莹　罗 琪　雷 鸣

数据集成：左 欣

报告撰写：顾行发　程天海　王 颖　郭 红　师帅一

## 中国主要污染气体和秸秆焚烧遥感监测组

组织实施：陈良富

专题制图：范 萌　顾坚斌

数据集成：范 萌

报告撰写：陈良富　范 萌　顾坚斌

# 主编简介

**顾行发** 1962年6月生，湖北仙桃人，研究员，博士生导师，第十二届、十三届全国政协委员。现任国际宇航科学院院士、欧亚科学院院士、中国科学院空天信息创新研究院研究员，中国科学院大学岗位教师。"GEO十年（2016~2025）发展计划"编制专家工作组专家，亚洲遥感协会（AARS）副秘书长，国际光学工程师学会（SPIE）会士。担任国家重大科技专项"高分辨率对地观测系统"应用系统总设计师、国家重大科学研究计划（973）"多尺度气溶胶综合观测和时空分布规律研究"首席科学家、中国环境科学学会环境遥感与信息专业委员会主任。主要从事定量化遥感、光学卫星传感器定标、气溶胶遥感、对地观测系统论证等方面研究。获得国家科技进步二等奖3项、省部级一等奖6项和二等奖3项，发表论文440余篇（SCI 146篇，EI 208篇），出版专著10部、专辑12本，获得授权专利17项，软件著作权45项，培养学生60余人。

**李闽榕** 1955年6月生，山西安泽人，经济学博士。中智科学技术评价研究中心理事长、主任，福建师范大学兼职教授、博士生导师，中国区域经济学会副理事长，福建省新闻出版广电局原党组书记、副局长。主要从事宏观经济、区域经济竞争力、科技创新与评价、现代物流等理论和实践问题研究，已出版系列皮书《中国省域经济综合竞争力发展报告》《中国省域环境竞争力发展报告》《世界创新竞争力发展报告》《二十国集团（G20）国家创新竞争力发展报告》《全球环境竞争力发展报告》等20多部，并在《人民日报》《求是》《经济日报》《管理世界》等国家级报纸杂志上发表学术论文240多篇；先后主持完成和正在主持的国家社科基金项目有"中国省域经济综合竞争力评价与预测研究""实验经济学的理论与方法在区域经济中的应用研究"，国家科技部软科学课题"效益GDP核算体系的构建和对省域经济评价应用的研究"及多项省级重大研究课题。科研成果曾荣获新疆维吾尔自治区第二届、第三届社会科学优秀成果三等奖，以及福建省科技进步一等奖（排名第三）、福建省第七届至第十届社会科学优秀成果一等奖、福建省第六届社会科学优秀成果二等奖、福建省第七届社会科学优秀成果三等奖等十多项省部级奖励（含合作）。2015年以来先后获奖的科研成果有：《世界创新竞争力发展报告（2001~2012）》于2015年荣获教育部第七届高等学校科学研究优秀成果奖三等奖，《"十二五"中期中国省域经济综合竞争力发展报告》荣获国务院发展研究中心2015年度中国发展研究奖三等奖，《全球环境竞争力报告（2013）》于2016年荣获福建省人民政府颁发的第十一届社会科学优秀成果奖一等奖，《中国省域经济综合竞争力发展报告（2013~2014）》于2016年获评中国社会科学院皮书评价委员会优秀皮书一等奖。

**徐东华** 机械工业经济管理研究院院长、党委书记。国家二级研究员、教授级高级工程师、编审，享受国务院特殊津贴专家。曾任中共中央书记处农村政策研究室综合组副研究员，国务院发展研究中心研究室主任、研究员，国务院国资委研究中心研究员。参加了国家"九五"至"十三五"国民经济和社会发展规划的研究工作，参加了我国多个工业部委的行业发展规划工作，参加了我国装备制造业发展规划文件的起草工作，所撰写的研究报告多次被中央政治局常委和国务院总理等领导同志批转到国家经济综合部、委、办、局，其政策性建议被采纳并受到表彰。兼任中共中央"五个一"工程奖评审委员、中央电视台特邀财经观察员、中国机械工业联合会专家委员会委员、中国石油和化学工业联合会专家委员会首席委员、中国工业环保促进会副会长、中国机械工业企业管理协会副理事长、中华名人工委副主席，原国家经贸委、国家发展改革委工业项目评审委员，福建省政府、山东省德州市政府经济顾问，中国社会科学院经济所、金融所、工业经济所博士生答辩评审委员，清华大学经济管理学院、北京大学光华管理学院、厦门大学经济管理学院、中国传媒大学、北京化工大学等院校兼职教授，长征火箭股份公司等独立董事。智慧中国杂志社社长。在《经济日报》《光明日报》《科技日报》《经济参考报》《求是》《经济学动态》《经济管理》等报纸期刊发表百余篇有理论和研究价值的文章。

# 序

党的十九大报告指出，建设生态文明是中华民族永续发展的千年大计。必须树立和践行绿水青山就是金山银山的理念，坚持节约资源和保护环境的基本国策，像对待生命一样对待生态环境，统筹山水林田湖草系统治理，实行最严格的生态环境保护制度，形成绿色发展方式和生活方式，坚定走生产发展、生活富裕、生态良好的文明发展道路，建设美丽中国，为人民创造良好的生产生活环境，为全球生态安全作出贡献。

坚持绿色、可持续发展和生态文明建设，我国面临许多亟待解决的资源生态环境重大问题。一是资源紧缺。我国的人均能源、土地资源、水资源等生产生活基础资源十分匮乏，再加上不合理的利用和占用，发展需求与资源供给的矛盾日益突出。二是环境问题。区域性的水环境、大气环境问题日益显现，给人们的生产生活带来严重影响。三是生态修复。我国大部分国土为生态脆弱区，沙漠化、石漠化、水土流失、过度开发等给生态系统造成巨大破坏，严重地区已无法自然修复。要有效解决以上重大问题，建设"天蓝、水绿、山青"的生态文明社会，就需要随时掌握我国资源环境的现状和发展态势，有的放矢地加以治理。

遥感是目前人类快速实现全球或大区域对地观测的唯一手段，它具有全球化、快捷化、定量化、周期性等技术特点，已广泛应用到资源环境、社会经济、国家安全的各个领域，具有不可替代的空间信息保障优势。随着"高分辨率对地观测系统"重大专项的实施和快速推进以及我国空间基础设施的不断完善，我国形成了高空间分辨率、高时间分辨率和高光谱分辨率相结合的对地观测能力，实现了从跟踪向并行乃至部分领跑的重大转变。GF-1号卫星每4天覆盖中国一次，分辨率可达16米；GF-2号卫星具备了亚米级分辨能力，可以实现城镇区域和重要目标区域的精细观测；GF-4号卫星更是实现了地球同步观测，时间分辨率高达分钟级，空间分辨率高达50米。这些对地观测能力为开展全国可持续发展遥感动态监测奠定了坚实的基础。

中国科学院空天信息创新研究院（由原中国科学院电子学研究所、中国科学院遥感与数字地球研究所和中国科学院光电研究院组建）、中国科学院科技战略咨询研究院、中智科学技术评价研究中心、机械工业经济管理研究院和国家遥感中心等单位在可持续发展相关领域拥有高水平的队伍、技术与成果积淀。一大批科研骨干和青年才俊面向国家重大需求，积极投入中国可持续发展遥感监测工作，取得了一系列有特色的研究成果。对此，我感到十分欣慰。我相信，绿皮书《中国可持续发展遥感监测报告（2019）》的出版发行，对社会各界客观、全面、准确、系统地认识我国的资源生态环境状况及其演变趋势具有重要意义，并将极大促进遥感应用领域发展，为宏观决策提供科学依据，为服务国家战略需求、促进交叉学科发展、服务国民经济主战场作出创新性贡献！

白春礼

中国科学院院长、党组书记

# 序　言

资源环境是可持续发展的基础，经过数十年的经济社会快速发展，我国资源环境状况发生了快速变化。准确掌握我国资源环境现状，特别是了解资源环境变化特点和未来发展趋势，成为我国实现可持续发展和推动生态文明建设的迫切需求。遥感具有宏观动态的优点，是大尺度资源环境动态监测不可替代的手段。中国遥感经过 30 多年几代人的不断努力，监测技术方法不断发展成熟，监测成果不断积累，已成为中国可持续发展研究决策的重要基础性技术支撑。

原中国科学院遥感与数字地球研究所在组织承担或参与国家科技攻关、国家自然科学基金、"973"、"863"、国家科技支撑计划、国家重大科技专项等科研任务中，与国内各行业部门和科研院所长期合作、协力攻关，针对土地、植被、大气、地表水、农业等领域，开展了遥感信息提取、专题数据库建设、资源环境时空特征和驱动因素分析等研究，沉淀了一大批成果，客观记录了我国的资源环境现状及其历史变化，已经并将继续为国家合理利用资源、保护生态环境、实现经济社会可持续发展提供科学数据支撑。

2015 年起，在中国科学院发展规划局等有关部门的指导与大力支持下，原遥感与数字地球研究所与中智科学技术评价研究中心、机械工业经济管理研究院、中国科学院科技战略咨询研究院等单位开展了多轮交流和研讨，联合申请出版"遥感监测绿皮书"，得到了社会科学文献出版社的高度认可和大力支持。

2017 年 6 月 12 日，中国科学院召开新闻发布会，发布了首部"遥感监测绿皮书"——《中国可持续发展遥感监测报告（2016）》。中央电视台、《人民日报》、新华社、《解放军报》、《光明日报》、《中国日报》、中央人民广播电台、中国国际广播电台、《科技日报》、《中国青年报》、中新社、新华网、中国网、香港《大公报》、《中国科学报》、香港《文汇报》、《北京晨报》、《深圳特区报》等 30 多家媒体相继发稿，高度评价我国首部"遥感监测绿皮书"的相关工作。以绿皮书的形式出版遥感监测成果，是中国遥感界的第一次尝试，在社会各界引起了强烈反响。许多政府部门和社会读者认为，该书不仅是基于我国遥感界几十年共同努力所取得的成果结晶，也是科研部门作为第三方独立客观完成的"科学数据"，是中国可持续发展能力的"体检报告"，为国家和地方政府提供了一套客观、科学的时间序列空间数据

和分析结果，可以支持发展规划的制定、决策部署的监控、实施效果的监测等。

　　2017 年 7 月，编写组在首部绿皮书出版发行的基础上，成功出版了《中国可持续发展遥感监测报告（2017）》，2019 年又开展了《中国可持续发展遥感监测报告（2019）》的编写工作。这是该系列第三部绿皮书，系统开展了中国土地利用、植被生态、水资源、主要粮食与经济作物、重大自然灾害、大气环境等多个领域的遥感监测分析，对相关领域的可持续发展状况进行了分析评价，尤其对 2018 年的现势监测和应急响应进行了重点分析与评估。本报告充分利用了我们国家自主研发的资源卫星、气象卫星、海洋卫星、环境减灾卫星、"高分辨率对地观测专项"等遥感数据，以及国际上的多种卫星遥感数据资源，是我国遥感界几十年共同努力取得的成果结晶，展现了我国卫星载荷研制部门、数据服务部门、行业应用部门和科研院所共同从事遥感研究和应用所取得的技术进步。报告富有遥感特色，技术方法是可靠的，数据和结果是科学的。同时，由于遥感技术是新技术，相比各行业业务资源环境监测方法具有不同的特点，遥感技术既有"宏观、动态、客观"的技术优势，也有"间接测量、时空尺度不一致、混合像元以及主观判读个体差异"等问题导致的局限性。该报告和行业业务监测方法得到的监测结果还是有区别的，不能简单替代各业务部门的传统业务，而是作为独立第三方发布科研部门完成的客观"科学数据"，为国家有关部门提供有益的参考和借鉴。

　　编写出版"遥感监测绿皮书"，将是一项长期的工作，需要认真听取各个行业部门和各领域专家的意见，及时发现存在的问题，不断改进和创新方法，提高监测报告的科学性和权威性。未来将在本报告的基础上，面向国家的重大需求和国际合作的紧迫需要，不断凝练新的主题和专题，创新发展我们的成果；不断加强研究的科学性和针对性，保证监测数据和结果的可靠性和一致性；并充分利用大数据科学发展的最新成果，加强综合分析和预测模拟工作，不断提高我们的认识水平，为中国可持续发展作出新的贡献。

《中国可持续发展遥感监测报告（2019）》主编

# 前　言

过去 40 余年来，可持续发展的理念在全球范围内得到了普遍认可和重视，实现可持续发展逐步成为人类追求的共同目标。资源环境是实现可持续发展的基础，资源的数量和质量、区域分布与构成等直接决定着区域发展潜力及可持续发展能力，伴随资源利用的环境改变，对区域发展表现出日益明显的限制作用。为合理利用资源，切实保护并培育环境，中国坚持节约资源和保护环境的基本国策，一系列生态修复和生态文明建设措施的实施，改善了区域生态环境质量。

随着我国经济社会的快速发展和可持续发展战略的实施，资源环境状况变化明显。自 20 世纪 70 年代，我国利用遥感技术持续开展了资源环境领域的遥感应用研究，中国科学院空天信息创新研究院在土地、植被、大气、水资源、灾害、农业等方面，多方位、系统性地开展了遥感信息提取、专题数据库建设、资源环境时空特征和驱动因素分析等研究，掌握了我国资源环境主要要素的特点及其变化，为国家合理利用资源、保护生态环境，实现经济社会可持续发展提供了扎实的科学数据支撑。

土地是发展的基础性资源，也是我国实现可持续发展战略关注的核心内容之一。土地利用与土地覆盖是全球变化和资源环境研究的核心内容和遥感应用研究的重点领域。全国范围的土地利用遥感监测研究表明，改革开放以来，我国土地资源的利用方式和程度发生了广泛和持续性的变化，阶段性特点明显，区域差异显著。在诸多科研项目支持建立的中国 1∶10 万比例尺土地利用遥感监测时空数据库基础上，基于中等分辨率遥感数据，采用中国科学院土地利用遥感分类系统，实施了20 世纪 80 年代末至 2015 年中国土地利用的多期次遥感监测与数据库更新，形成了长时间序列的中国土地利用时空数据库，7 个关键年度土地利用现状数据库和 6个时间段的土地利用动态数据库能够全面、系统地反映中国陆地及近海岛屿的土地利用状况和变化，特别是同步建设、与土地利用时空一致的中国土地覆盖、中国土壤侵蚀、中国城市扩展等遥感监测时空数据库具有很好的互补关系，有助于全面了解中国土地资源与环境的时空特点，为进一步的资源环境遥感监测研究奠定了基础。

植被是地球表面最主要的环境控制因素，植被变化监测是全球变化研究的重要内容之一。十九大提出，加强环境治理与生态修复工作，恢复绿水青山，植被生态系统恢复效果显著。围绕我国"十三五"规划纲要提出的资源环境监测指标，基于遥感监测结果评估我国 2015 年至 2017 年森林覆盖变化状况。2019 年 2 月美国航天局发布的最新研究指出，全世界的绿化程度比 20 年前更高，而中国和印度的植树造林和农业等活动主导了地球变绿的过程，因此本报告利用遥感提取植被指数、叶面积指数和植被覆盖度参数，分析不同尺度上中国典型植被类型的变化状况，挑选重点区分析 2003 年至 2018 年近 16 年的植被变化趋势。

水是维系人类乃至整个生态系统生存发展的重要自然资源，也是经济社会可持续发展的重要基础资源。在诸多科研项目的持续推动下，科研人员在遥感水循环及水资源各要素的基础理论、模型和反演以及数据集生产方面开展了大量的系统性工作。尤其在近年来实施的中国科学院战略性先导科技专项（A 类）"地球大数据科学工程"的支持下，开展了"一带一路水循环要素监测"（XDA19030203）和"全球中低分辨率时序空间信息产品"（XDA19080303）等工作，并在国家重点研发计划水资源高效开发利用专项支持下开展了"面向水资源管理的天然水循环要素遥感监测技术研究"（2017YFC0405802）等方面的工作。实现了 2001 年至今全国与全球逐日 1 千米分辨率、局部地区或流域逐日 30 米分辨率地表蒸散产品的生产和发布，全面系统地掌握了全国及各水资源分区和行政分区的蒸散耗水状况和水分收支状况，为水资源评价以及水资源可持续开发利用与管理提供了时序空间信息产品与决策支持。

本报告还在中国科学院战略性先导科技专项支持下，重点关注了中国水库情况。水库是人工建造的可用于拦洪蓄水、调节水流等的水利工程建筑物，具有重要的社会、经济和生态意义。基于遥感影像，通过目视解译的方法，完成了以 2015 年为基准年的中国 30 米分辨率水库遥感监测数据库，对中国境内的水库数量、面积及其空间分布特征进行了重点分析，通过对比 2007 年和 2015 年中国九大流域的径流量及水库总库容，探究了地表水资源受人类活动影响的状况。

粮食安全是国际社会关注的热点问题，也是关系我国经济发展、社会稳定和国家自立的全局性重大战略问题。报告分中国粮食主产区病虫害发生发展情况和中国经济作物生产形势和遥感监测两个部分介绍。粮食主产区病虫害发生发展情况如下：近年来，伴随全球气候变化，病虫危害形势日益严峻。在诸多科研项目的支持下，综合利用国内外卫星遥感数据，结合气象数据和植保调查数据，并耦合气象与病虫流行扩散模式，构建了全球小麦、水稻、玉米、大豆等主要作物重大病虫害的遥感定量监测预警指标体系与模型，并基于云平台研发了集数据处理、模型计算、产品生产、服务发布于一体的空间信息系统，面向全球发布中英双语的《作物病虫害遥感监测与预测报告》，为我国粮食进出口提供全球农业生产信息。针对 2018 年我国粮食作物重大病虫害开展遥感定量监测预警，提供了为害面积和为害等级的时序空间信息产品，客观定量地反映了我国粮食作物病虫胁迫状况和粮食安全形势。中国经济作物生产形势遥感监测收集了2010~2018年覆盖中国全部时相的国内外遥感数据。基于自主研发的多维遥感分析系统（MARS）软件管理、处理和分析遥感时间序列大数据，基于多源遥感数据时空谱融合技术和时空谱多维分析技术提取大区域大宗粮食和经济作物分布，可为我国国家粮食安全、对外贸易政策制定等提供有力的理论、技术和数据支持。

面对自然灾害这一人类社会的共同挑战，遥感技术从诞生之日就以其技术特点，在减灾、救灾和防灾中发挥了不可替代的作用，受到世界各国和国际组织的极大关注。通过承担国家农业科技成果转化资金"森林草原火灾遥感监测预警技术系统"（2004~2007）、国家高技术研究发展计划（"863"计划）地球观测与导航技术领域"巨灾链型灾害遥感监测与预警一体化关键技术"（2008~2011）、"863"计划"灾害遥感应急监测与灾情信息快速提取技术"（2009~2011）、国家科技支撑计划"地震灾区堰塞湖遥感快速识别与应急调查关键技术"（2009~2011）、国家高分辨率卫星重大专项"应急遥感监测示范"（2010~2014）、国家重点研发计划公共安全风险防控与应急技术装备专项"灾害现场信息空地一体化获取技术研究与集成应用示范"（2016~2020）、国家重点研发计划地球观测与导航专项"重特大灾害空天地一体化协同监测应急响应关键技术研究及示范"（2017~2021）等科研任务，建立了基于网络的洪涝灾情遥感速报等系统，构建了全国洪涝警戒水域数据库、崩滑流（崩塌、滑坡、泥石流）隐患点数据库、全国江河水利工程数据库和全国高精度人口分布数据库，形成了完善的空—天—地协同应急监测与风险评估技术体系，在我国历次重大自然灾害监测中得到有效应用和检验，灾害监测与评估信息有效服务于国务院应急办、应急管理部、国家发展改革委等业务部门，并多次得到国家领导人批示。

自改革开放以来，伴随着城市化与工业化的稳步推进，大量颗粒物被排放到大气中，严重污染了空气质量，对环境造成负面影响。其中，可入肺颗粒物通过呼吸道进入人体，严重危害人类健康。在诸多项目支持下，课题组利用遥感数据重构了2017~2018年中国区域细颗粒物浓度的空间分布情况，并针对六大重点城市群（中原城市群、长江中游城市群、哈长城市群、成渝城市群、关中城市群、山东半岛城市群）细颗粒物浓度分布情况、空气质量等级划分等进行了分析，直观、系统地体现了区域空气质量情况。同时，分析展示了2017~2018年中国细颗粒物浓度相对变化情况，为我国近年来"蓝天保卫战"的初步成果提供了可靠的数据支撑。

大气污染是影响大气环境质量的关键因素，也是影响城市和区域可持续发展的重要因素。其中，大气中的痕量气体 $NO_2$ 和 $SO_2$ 作为主要污染物起着非常重要的作用，是常规大气空气质量监测的重要指标。秸秆焚烧会产生大量的气态污染物和颗粒物，给大气环境带来较大的影响，已纳入环保部门日常监测范围。在国家重点研发计划等项目的持续支持下，遥感科研人员基于差分吸收光谱算法改进了中国地区污染气体遥感反演方法，并发展了 Ring 效应校正模型以及针对中国重污染大气背景下的大气质量因子计算模型。在此基础上，建立了 2015~2018 年中国 $NO_2$ 和 $SO_2$ 柱浓度数据集，并分析了"十三五"期间中国 $NO_2$ 和 $SO_2$ 的年变化特征。同时，基于区域自适应的热异常遥感监测算法，完成了 2015~2018 年中国秸秆焚烧点提取，分析了 2015~2018 年中国及重点区域秸秆焚烧的年变化特征，并重点分析了秸秆禁烧政策对区域秸秆焚烧时空变化的影响。

在中国科学院等的大力支持下，2016 年和 2018 年原遥感与数字地球研究所相继发布了两部"遥感监测绿皮书"，社会反响强烈，受到广泛关注。"遥感监测绿皮书"作者团队致力于科研成果服务经济社会发展这一核心目标，在保持核心内容连续性的基础上，利用资源环境领域的最新遥感研究成果，完成了第三部遥感监测绿皮书《中国可持续发展遥感监测报告（2019）》，全书包括总报告、分报告和专题报告 3 部分。中国土地利用遥感监测部分由张增祥组织实施，遥感图像纠正由鞠洪润、陈国坤、施利锋、张梦狄、习静文、李敏敏、李娜和曾甜完成，专题制图由赵晓丽、刘斌、汪潇、刘芳、徐进勇、温庆可、易玲、胡顺光和左丽君等完成，图形编辑由刘斌、徐进勇、胡顺光等完成，汪潇完成数据集成和面积汇总，总报告"G.1 20 世纪 80 年代末至 2015 年中国土地利用"由赵晓丽、刘芳、徐进勇、汪潇、张增祥等撰写。分报告"G.2 20 世纪 80 年代末至 2015 年中国土地利用的省域特点"由张增祥、赵晓丽、汪潇等组织完成，徐进勇和孙健完成海南、西藏、陕西、甘肃、青海和宁夏部分撰写，赵晓丽和王亚非完成北京、天津、河北、山西和河南部分撰写，胡顺光和王月完成重庆、四川、贵州和云南部分撰写，刘芳和禹丝思完成内蒙古、江西和湖北部分撰写，温庆可和汤占中完成辽宁、吉林和黑龙江部分撰写，汪潇和王碧薇完成上海、江苏和安徽部分撰写，左丽君和朱自娟完成福建、湖南和新疆部分撰写，易玲和张向武完成广东、广西和台湾部分撰写，孙菲菲和潘天石完成浙江和山东部分撰写。总报告和分报告由汪潇、徐进勇、张增祥统稿。专题报告"G.3 中国植被状况"由柳钦火和李静组织实施，数据处理和专题制图由赵静、徐保东、于文涛、马培培、董亚冬、张虎和朱欣然完成，图形编辑由赵静完成，报告撰写由赵静、王聪、林尚荣、张召星和袁雪琪共同完成，柳钦火、李静和赵静完成统稿与校对。"G.4 水资源"部分"4.1 2018 年中国水分收支状况"由贾立组织实施，专题制图与图形编辑由郑超磊完成，报告撰写由贾立、胡光成、郑超磊、卢静、陈琪婷完成；"4.2 水库"部分由牛振国组织完成，张海英完成水库的遥感提取和水库的数量、面积与分布特征等内容的撰写，王瑞完成中国水库类型和地表水资源的人工影响等内容撰写。"G.5 中国主要粮食与经济作物"部分关于粮食主产区病虫害发生发展情况由黄文江、董莹莹、叶回春、马慧琴、刘林毅、师越、郑琼、阮超、郭安廷、丁超、邢乃琛、江静和金玉完成；中国经济作物生产形势遥感监测由张立福组织实施，专题制图与图形编辑由王楠、张霞、朱曼、高了然、吕新、张泽、岑奕、黄长平、孙雪剑等完成；本部分关于"2018 年中国棉花、大豆种植分布"由朱曼、高了然、张立福、王楠等撰写，"2017~2018 年中国棉花生产形势变化"由高了然等撰写，"2010~2018 年中国大豆生产形势变化"由朱曼等撰写，张立福、王楠等完成统稿。"G.6 2018 年我国重大自然灾害监测"由王世新和周艺组织实施，数据处理和专题制图由王福涛、赵清、王丽涛、杨宝林、张锐、杜聪、刘文亮、朱金峰、阎福礼、侯艳芳、胡桥、王宏杰和王振庆完成，数据集成由赵清和杜聪完成，报告撰写由王福涛、赵清、杨宝林和张锐完成，王世新、周艺、王福涛和赵清完成统稿。"G.7 空气质量"部分 2017~2018 年中国细颗粒物浓度遥感监测由顾行发、程天海组织实施，专题制图由左欣、王宛楠、韩泽莹、罗琪、雷鸣完成，数据集成由左欣完成，报告撰写由顾行发、程天海、王颖、郭红、师帅一完成。"G.8 主要污染气体和秸秆焚烧"由陈良富组织实施，范萌（秸秆焚烧部分）和顾坚斌（主要污染气体部分）撰写。

《中国可持续发展遥感监测报告（2019）》的完成得益于诸多科研项目成果，谨向参加相关项目的全体人员和对本报告撰写与出版提供帮助的所有人员，表示诚挚的谢意！

我国幅员辽阔，资源类型多，环境差异大，而且处于持续性的变化过程中。本报告作为集体成果，编写人员众多，限于我们的专业覆盖面和写作能力，错误或疏漏在所难免，敬请批评指正。我们会在后续报告的编写中加以重视并不断完善。

《中国可持续发展遥感监测报告（2019）》编辑委员会

2019 年 11 月

# 摘　要

本书是中国科学院空天信息创新研究院在长期开展资源环境遥感研究项目成果基础上完成的，是《中国可持续发展遥感监测报告（2016）》与《中国可持续发展遥感监测报告（2017）》的持续和深化。报告系统开展了中国土地利用、植被生态、水资源、主要粮食与经济作物、重大自然灾害、大气环境等多个领域的遥感监测分析，对相关领域的可持续发展状况进行了分析评价。土地利用方面，重点监测分析了 20 世纪 80 年代末至 2015 年中国土地利用时空特点及省域特点。植被生态方面，利用森林覆盖率、叶面积指数、植被覆盖度、植被指数等定量产品，对"十三五"中期评估指标森林覆盖率变化和中国 2018 年植被空间分布差异进行了分析，对 2003~2018 年中国特别是重点区植被变化状况及对世界绿度的贡献进行了分析与评估。水资源方面，采用遥感监测的降水、蒸散等产品，对 2018 年中国水分收支状况进行了监测分析，对中国水库的数量、面积与分布特征等进行了分析。主要粮食与经济作物方面，对 2018 年中国粮食主产区病虫害发生发展状况进行了监测分析，并对棉花、大豆等经济作物种植分布与生产形势变化情况进行了重点分析。重大自然灾害监测方面，重点分析了我国 2018 年重大自然灾害发生情况，并选择 2018 年典型的滑坡、洪涝、台风等灾害开展了遥感应急监测与灾情分析。大气环境方面，选择细颗粒物浓度、$NO_2$ 柱浓度、$SO_2$ 柱浓度等指标，对 2017~2018 年中国特别是重点城市群大气环境质量进行了监测分析，对 2015~2018 年中国大气 $NO_2$ 柱浓度和 $SO_2$ 柱浓度遥感监测情况进行了分析，对 2015~2018 年中国特别是河南省和黑龙江省秸秆焚烧情况进行了监测分析。本书既有土地、植被、大气、农业、水资源与灾害等领域的长期监测和发展态势评估，也有对 2018 年的现势监测和应急响应分析，对有关政府决策部门、行业管理部门、科研机构和大专院校的领导、专家和学者有重要参考价值，同时也可以为相关专业的研究生和大学生提供很好的学习资料。

# Abstract

This book is completed by the Aerospace Information Research Institute of the Chinese Academy of Sciences, based on long-term research on resources and environment remote sensing, which is a continuation and deepening of *Report on Remote Sensing Monitoring of China Sustainable Development (2016)* and *Report on Remote Sensing Monitoring of China Sustainable Development (2017)*. The report carried out remote sensing monitoring and analysis of land use, vegetation ecology, water resources, food and economic crops, natural disasters, and atmospheric environment in China, and evaluated sustainable development of related fields. In terms of land use, the spatial and temporal characteristics of land use in China from late 1980s to 2015, and the characteristics at provincial level were monitored and analyzed. For vegetation ecology, mid-term evaluation of the forest cover change during 2016-2020 and vegetation spatial distribution variation in 2018 were analyzed based on vegetation parameters remote sensing product, such as forest cover, leaf area index, vegetation cover, and vegetation indices. Additionally, vegetation change of China's key regions and its contribution to the world's greenness were analyzed and evaluated for 2003-2018. In terms of water resources, the monitoring and analysis of China's water budget in 2018 was carried out, and the number, area and distribution characteristics of Chinese reservoirs were analyzed using remote sensing monitoring of precipitation, evapotranspiration and other products. For the food and economic crops, the monitoring and analysis of occurrence and development of pests and diseases in China's main grain producing areas in 2018 were carried out, and distribution of crops and production of cotton and soybean were analyzed. In the aspect of natural disaster monitoring, remote sensing emergency monitoring and disaster analysis are carried out on typical landslides, floods and typhoons in China of 2018. In terms of atmospheric environment, the characteristics of fine particulate matter concentration, $NO_2$ column concentration and $SO_2$ column concentration were selected to monitor and analyze the atmospheric environmental quality of China's typical city groups in 2017-2018. The concentration of $NO_2$ and $SO_2$ in 2015-2018 was estimated. The monitoring and analysis of straw burning in China, especially in Henan and Heilongjiang provinces were conducted. This book has long-term monitoring and development situation assessments in the fields of land, vegetation, atmosphere, agriculture, water resources and disasters, as well as analysis of real-time monitoring and emergency response in 2018. This book provides important references for government and industry to do management and decision-making, for scientific researchers, experts and scholars to a wide view of current researches, also good learning materials for related graduate students and college students.

# 目 录

## Ⅲ　专题报告

# 总　报　告

## G. 1
## 20世纪80年代末至2015年中国土地利用

## 前　言

　　土地作为人类活动的场所和重要的自然资源，其利用变化不仅影响农业的可持续发展，也影响区域环境的变化，是资源环境研究的基础。

　　中国地域辽阔，自然条件复杂多样，人类活动历史悠久，土地利用类型众多。随着改革开放的深入，社会经济高速发展，对于土地施加的人类活动在强度、广度和深度上均有拓展，土地利用类型的空间分布、数量和构成处于不断变化中，类型间的相互转化频繁而多变。根据遥感监测，近30年来中国土地利用类型变化明显。

　　20世纪80年代末至2015年中国土地利用是在原有数据库基础上，通过2010~2015年中国土地利用动态遥感监测与数据库更新完成的，延续采用1∶10万比例尺的矢量数据格式和中国科学院土地利用遥感分类系统（张增祥等，2012；顾行发等，2017）。2010~2015年遥感监测主要采用30米分辨率的遥感数据为信息源，以陆地卫星的OLI数据为主，局部地区补充了环境一号（HJ-1）卫星CCD数据。基于20世纪80年代末至2010年1∶10万比例尺中国长时序土地利用时空数据库，完成了2010~2015年土地利用数据库的更新，构建了20世纪80年代末至2015年的时间序

列数据库，包括7个时期的土地利用状况数据库和6个时段的土地利用动态数据库，能够完整地反映不同年度和不同时段的土地利用类型面积、分布及动态特征。

中国土地利用时空数据库使用的是中国科学院土地利用遥感监测分类系统，共包括6个一级类型和25个二级类型（见表1）。

**表1  中国科学院土地利用遥感分类系统**

| 一级类型 | | 二级类型 | | 三级类型 | | 含义 |
|---|---|---|---|---|---|---|
| 编码 | 名称 | 编码 | 名称 | 编码 | 名称 | |
| 1 | 耕地 | 指种植农作物的土地，包括熟耕地、新开荒地、休闲地、轮歇地、草田轮作地，以种植农作物为主的农果、农桑、农林用地，耕种三年以上的滩地和海涂 | | | | |
| | | 11 | 水田 | | | 指有水源保证和灌溉设施，在一般年景能正常灌溉，用以种植水稻、莲藕等水生农作物的耕地，包括实行水稻和旱地作物轮种的耕地 |
| | | 12 | 旱地 | | | 指无灌溉水源及设施，靠天然降水生长作物的耕地；有水源和灌溉设施，在一般年景下能正常灌溉的旱作物耕地；以种菜为主的耕地；正常轮作的休闲地和轮闲地 |
| 2 | 林地 | 指生长乔木、灌木、竹类以及沿海红树林地等林业用地 | | | | |
| | | 21 | 有林地 | | | 指郁闭度≥30%的天然林和人工林，包括用材林、经济林、防护林等成片林地 |
| | | 22 | 灌木林地 | | | 指郁闭度≥40%、高度在2米以下的矮林地和灌丛林地 |
| | | 23 | 疏林地 | | | 指郁闭度为10%~30%的稀疏林地 |
| | | 24 | 其他林地 | | | 指未成林造林地、迹地、苗圃及各类园地（果园、桑园、茶园、热作林园等） |
| 3 | 草地 | 指以生长草本植物为主，覆盖度在5%以上的各类草地，包括以牧为主的灌丛草地和郁闭度在10%以下的疏林草地 | | | | |
| | | 31 | 高覆盖度草地 | | | 指覆盖度在50%以上的天然草地、改良草地和割草地。此类草地一般水分条件较好，草被生长茂密 |
| | | 32 | 中覆盖度草地 | | | 指覆盖度在20%~50%的天然草地、改良草地。此类草地一般水分不足，草被较稀疏 |
| | | 33 | 低覆盖度草地 | | | 指覆盖度在5%~20%的天然草地。此类草地水分缺乏，草被稀疏，牧业利用条件差 |
| 4 | 水域 | 指天然陆地水域和水利设施用地 | | | | |
| | | 41 | 河渠 | | | 指天然形成或人工开挖的河流及主干渠常年水位以下的土地。人工渠包括堤岸 |
| | | 42 | 湖泊 | | | 指天然形成的积水区常年水位以下的土地 |
| | | 43 | 水库坑塘 | | | 指人工修建的蓄水区常年水位以下的土地 |
| | | 44 | 冰川与永久积雪 | | | 指常年被冰川和积雪所覆盖的土地 |
| | | 45 | 海涂 | | | 指沿海大潮高潮位与低潮位之间的潮浸地带 |
| | | 46 | 滩地 | | | 指河、湖水域平水期水位与洪水期水位之间的土地 |

续表

| 一级类型 | | 二级类型 | | 三级类型 | | 含义 |
|---|---|---|---|---|---|---|
| 编码 | 名称 | 编码 | 名称 | 编码 | 名称 | |
| 5 | 城乡工矿居民用地 | 指城乡居民点及其以外的工矿、交通用地 | | | | |
| | | 51 | 城镇用地 | | | 指大城市、中等城市、小城市及县镇以上的建成区用地 |
| | | 52 | 农村居民点用地 | | | 指镇以下的居民点用地 |
| | | 53 | 工交建设用地 | | | 指独立于各级居民点以外的厂矿、大型工业区、油田、盐场、采石场等用地，以及交通道路、机场、码头及特殊用地 |
| 6 | 未利用土地 | 目前还未利用的土地，包括难利用的土地 | | | | |
| | | 61 | 沙地 | | | 指地表为沙覆盖、植被覆盖度在 5% 以下的土地，包括沙漠，不包括水系中的沙滩 |
| | | 62 | 戈壁 | | | 指地表以碎砾石为主、植被覆盖度在 5% 以下的土地 |
| | | 63 | 盐碱地 | | | 指地表盐碱聚集，植被稀少，只能生长强耐盐碱植物的土地 |
| | | 64 | 沼泽地 | | | 指地势平坦低洼、排水不畅、长期潮湿、季节性积水或常年积水，表层生长湿生植物的土地 |
| | | 65 | 裸土地 | | | 指地表土质覆盖、植被覆盖度在 5% 以下的土地 |
| | | 66 | 裸岩石砾地 | | | 指地表为岩石或石砾、其覆盖面积大于 50% 的土地 |
| | | 67 | 其他未利用土地 | | | 指其他未利用土地，包括高寒荒漠、苔原等 |

在全国土地利用动态信息提取与制图中，采用 6 位数字编码标注动态的类型属性，前 3 位码代表原类型，后 3 位码代表现类型，这种属性编码可以清楚地表明变化区域原来以及现在的属性或土地利用方式（见图 1）。

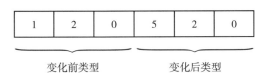

图 1　土地利用动态信息的编码

中国 2015 年土地利用遥感监测的土地总面积为 9505341.19 平方千米，其中包括耕地中的非耕地面积 356955.63 平方千米，监测总面积较 2010 年增加 842.33 平方千米。2015 年土地总面积包括耕地、林地、草地、水域、城乡工矿居民用地和未利用土地等 6 个一级类型和 25 个二级类型，也包括从耕地中扣除的其他零星地物等非耕地成分（汇入相应地类面积中），以及海陆交互带变动的面积（见图 2）。

2015 年中国土地利用类型构成中，草地面积最大，占 29.67%，相当于监测土

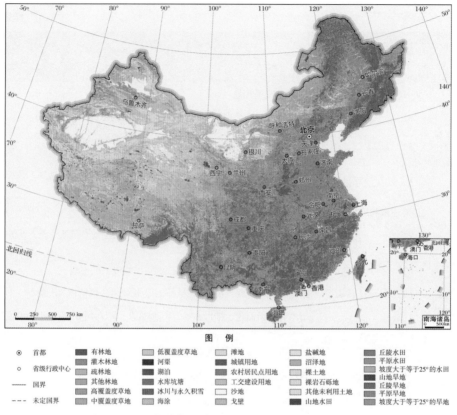

图 2　2015 年中国土地利用（原图比例尺 1∶10 万）

地总面积的近三成；林地和未利用土地次之，分别占 23.83% 和 22.28%；耕地比例较小，占 14.88%，低于 2010 年的 14.98%；水域和城乡工矿居民用地比例最小，分别只有 2.81% 和 2.78%，城乡工矿居民用地比例高于 2010 年的 2.40%（见表 2）。

表 2　2015 年中国土地利用分类面积（不包括耕地中的非耕地面积）

单位：平方千米

| 一级类型 | 二级类型 | 面积 | 一级类型 | 二级类型 | 面积 |
|---|---|---|---|---|---|
| 耕地 | | 1414027.78 | 水域 | 冰川与永久积雪 | 46685.54 |
| | 水田 | 343612.55 | | 海涂 | 3875.01 |
| | 旱地 | 1070415.23 | | 滩地 | 50213.11 |
| 林地 | | 2265555.28 | 城乡工矿居民用地 | | 264173.89 |
| | 有林地 | 1452871.65 | | 城镇用地 | 79093.99 |
| | 灌木林地 | 453045.28 | | 农村居民点用地 | 137178.25 |
| | 疏林地 | 301538.49 | | 工交建设用地 | 47901.65 |
| | 其他林地 | 58099.85 | 未利用土地 | | 2117361.75 |

续表

| 一级类型 | 二级类型 | 面积 | 一级类型 | 二级类型 | 面积 |
|---|---|---|---|---|---|
| 草地 | | 2820386.69 | | 沙地 | 515588.36 |
| | 高覆盖度草地 | 932630.77 | | 戈壁 | 591269.79 |
| | 中覆盖度草地 | 1054479.10 | | 盐碱地 | 114958.54 |
| | 低覆盖度草地 | 833276.82 | | 沼泽地 | 117430.47 |
| 水域 | | 266880.22 | | 裸土地 | 33265.87 |
| | 河渠 | 41264.67 | | 裸岩石砾地 | 686575.58 |
| | 湖泊 | 76926.09 | | 其他未利用土地 | 58273.14 |
| | 水库坑塘 | 47915.80 | 分类面积合计 | | 9148385.56 |

中国土地利用类型分布具有明显的区域分异，耕地是分布最广的土地利用类型之一，在每一个省域都有分布（见表 3），但主要集中在我国东部，特别是华北平原、东北平原、长江中下游平原，西部地区只有四川盆地和新疆维吾尔自治区耕地较多。草地是各种土地利用类型中面积最大的一类，广泛分布在我国广大区域，在北方和西部地区有辽阔的草地，而东南部地区草地面积较小，分布也比较零散。林地面积次之，主要分布区域包括自大兴安岭—太行山—秦岭—横断山脉以东、除平原和盆地以外的广大山地和丘陵地带均有分布。水域分布广泛，在任何一个区域都有分布，相对集中的水域分布区包括长江中下游地区和青藏高原，都是湖泊众多的区域。城乡工矿居民用地面积最小，分布不均衡，黄淮海平原地区是我国城乡工矿居民用地分布最集中、数量最多、个体规模最大的区域，其次是东北地区，分布密度也较高；在南方地区，除了比较平坦的区域外，城乡工矿居民用地规模较小、分布较分散，珠江三角洲、长江三角洲、四川盆地等分布相对较多；西部地区由于人口密度低，城乡工矿居民用地相对较少。未利用土地面积稍次于林地，在我国西部的广大地区和中部省域的高海拔区域分布较多。

表 3 2015 年中国各省域土地利用分类面积

单位：平方千米

| 省份 | 耕地 | 林地 | 草地 | 水域 | 城乡工矿居民用地 | 未利用土地 |
|---|---|---|---|---|---|---|
| 北京 | 2512.60 | 7666.04 | 1042.36 | 391.62 | 3613.09 | 0.49 |
| 天津 | 4205.29 | 400.22 | 57.88 | 1761.23 | 3728.35 | 15.97 |
| 河北 | 68593.40 | 40209.14 | 29144.94 | 4178.10 | 18842.35 | 1512.53 |

续表

| 省份 | 耕地 | 林地 | 草地 | 水域 | 城乡工矿居民用地 | 未利用土地 |
|------|------|------|------|------|------------------|------------|
| 山西 | 46582.75 | 44351.67 | 45212.07 | 1690.62 | 7330.14 | 104.33 |
| 内蒙古 | 99739.04 | 178868.80 | 469942.19 | 14326.25 | 14844.78 | 349596.08 |
| 辽宁 | 51687.76 | 61168.14 | 4686.11 | 5719.55 | 12848.67 | 1501.93 |
| 吉林 | 63810.55 | 84504.46 | 7132.73 | 4532.20 | 7755.63 | 11682.34 |
| 黑龙江 | 148164.34 | 195788.80 | 35541.89 | 12575.03 | 10437.03 | 36005.89 |
| 上海 | 2526.99 | 96.79 | 14.83 | 2201.54 | 2864.91 | 0.00 |
| 江苏 | 44661.60 | 3073.46 | 775.42 | 14099.90 | 22252.21 | 168.38 |
| 浙江 | 18691.13 | 64158.69 | 2259.74 | 4157.43 | 9236.34 | 68.56 |
| 安徽 | 58329.13 | 32049.03 | 7822.11 | 7772.62 | 15153.04 | 170.72 |
| 福建 | 14670.41 | 74856.09 | 18902.90 | 2603.12 | 6213.60 | 74.39 |
| 江西 | 35243.41 | 103121.54 | 6759.51 | 7058.14 | 4902.16 | 594.47 |
| 山东 | 82528.43 | 10784.28 | 5331.39 | 7690.27 | 29606.35 | 1039.69 |
| 河南 | 80735.46 | 32918.38 | 5311.72 | 4239.05 | 21697.47 | 15.54 |
| 湖北 | 50072.57 | 92396.58 | 6939.57 | 12378.94 | 8187.59 | 358.42 |
| 湖南 | 43910.02 | 131862.68 | 7009.05 | 7465.13 | 5184.31 | 767.08 |
| 广东 * | 28705.68 | 112927.53 | 4197.80 | 8980.55 | 13885.48 | 150.44 |
| 广西 | 40901.05 | 159295.39 | 13020.52 | 4476.87 | 6277.21 | 15.73 |
| 海南 | 6722.89 | 21372.32 | 603.15 | 1305.83 | 1434.34 | 61.91 |
| 重庆 | 27996.05 | 32739.45 | 8915.16 | 1200.61 | 1900.05 | 12.34 |
| 四川 | 86005.54 | 168891.65 | 168919.31 | 4300.82 | 5654.31 | 17555.03 |
| 贵州 | 40086.64 | 95261.98 | 29369.96 | 685.04 | 2086.38 | 30.09 |
| 云南 | 49662.68 | 220443.03 | 86173.14 | 3375.43 | 3602.28 | 2093.48 |
| 西藏 | 4574.59 | 127092.48 | 835978.34 | 55827.84 | 298.57 | 177880.83 |
| 陕西 | 58107.75 | 47780.32 | 77293.55 | 1857.60 | 4797.96 | 4411.41 |
| 甘肃 | 56820.35 | 38716.66 | 139347.52 | 3228.78 | 4870.98 | 152948.09 |
| 青海 | 6704.20 | 28195.78 | 379303.73 | 30571.85 | 2249.55 | 267917.22 |
| 宁夏 | 14924.00 | 2854.07 | 23509.44 | 1001.05 | 1944.74 | 4565.39 |
| 新疆 | 69627.16 | 27162.98 | 398866.09 | 33508.38 | 7911.96 | 1085960.86 |
| 台湾 | 6524.34 | 24546.83 | 1002.55 | 1718.80 | 2562.04 | 82.15 |
| 全国 | 1414027.80 | 2265555.28 | 2820386.69 | 266880.22 | 264173.89 | 2117361.75 |

*广东土地利用分类面积含香港、澳门数据。

基于土地利用分类系统和遥感监测面积，2015 年中国土地的利用率达 77.73%，包括农、林、牧、建设、水利、交通等利用方式，高于 2010 年的 77.64%。如果考虑冰川与永久积雪、海涂、滩地等土地尚未直接利用等情况，实际土地利用率为 76.66%。2015 年土地垦殖率为 14.88%，相对于 2010 年有所降低；林地覆盖率 23.84%，其中有林地覆盖率为 15.29%，较 2010 年略有提高。中国 30 多年的土地利用变化过程，对土地利用整体特点的影响主要表现为面积数量的改变，在土地利用类型构成及其区域分布方面的影响则较为有限，只有耕地分布重心向北和西北有所迁移，城乡工矿居民用地的重心更加侧重于东部地区。总体来说，中国土地利用的基本格局相对稳定，局部区域变化明显，依然保持着耕地和城乡工矿居民用地集中在东部，草地和未利用土地广布于西部，林地在中部区域分布较多，水域分布东南多、西北少的分布格局。

　　遥感监测期间，我国土地有 327725.30 平方千米改变了一级利用属性，占遥感监测土地总面积的 3.45%，这些变化在全国范围均有分布，东部和北部相对集中（见表 4）。

表 4　20 世纪 80 年代末至 2015 年中国土地利用一级类型动态转移矩阵

单位：平方千米

| 20 世纪 80 年代末至 2015 年 | 耕地 | 林地 | 草地 | 水域 | 城乡工矿居民用地 | 未利用土地 | 耕地内非耕地 | 海域 | 合计 |
|---|---|---|---|---|---|---|---|---|---|
| 耕地 | — | 9321.63 | 12249.46 | 8160.78 | 50028.16 | 1989.09 | 0.00 | 0.08 | 81749.20 |
| 林地 | 19058.05 | — | 12490.42 | 1697.02 | 9451.42 | 553.03 | 2778.17 | 0.17 | 46028.28 |
| 草地 | 51423.55 | 19640.59 | — | 4486.31 | 7294.77 | 15680.76 | 9725.67 | 1.74 | 108253.40 |
| 水域 | 4466.44 | 458.65 | 2367.14 | — | 3863.75 | 4835.21 | 1179.10 | 2055.84 | 19226.13 |
| 城乡工矿居民用地 | 317.54 | 118.73 | 103.94 | 230.86 | — | 20.30 | 93.38 | 0.46 | 885.21 |
| 未利用土地 | 14684.04 | 848.28 | 13433.92 | 7161.25 | 4476.14 | — | 2736.46 | 0.32 | 43340.41 |
| 耕地内非耕地 | 0.00 | 2116.25 | 2489.42 | 2569.81 | 15901.00 | 375.00 | — | 0.00 | 23205.97 |
| 海域 | 0.94 | 7.18 | 1.33 | 3228.26 | 1522.58 | 30.94 | 0.00 | — | 4791.23 |
| 合计 | 89950.55 | 32511.31 | 43135.63 | 27534.29 | 92537.82 | 23484.33 | 16512.78 | 2058.61 | 327725.30 |

　　在土地利用总变化中比例最高的是耕地和草地，合计占近半数；面积变化比例最低的是未利用土地和水域，合计不足五分之一。同时，由于海涂的发育与人工填海造陆活动的加剧，陆地面积增加了 2732.62 平方千米，相当于遥感监测土地总面积增加了 0.03%（见表 5）。

表5　20世纪80年代末至2015年中国土地利用面积变化

单位：平方千米

| | 耕地 | 林地 | 草地 | 水域 | 城乡工矿居民用地 | 未利用土地 | 耕地内非耕地 | 海域 |
|---|---|---|---|---|---|---|---|---|
| 新增 | 89950.55 | 32511.31 | 43135.63 | 27534.29 | 92537.82 | 23484.33 | 16512.78 | 2058.61 |
| 减少 | 81749.20 | 46028.28 | 108253.38 | 19226.13 | 885.21 | 43340.41 | 23451.48 | 4791.23 |
| 净变化 | 8201.35 | −13516.97 | −65117.75 | 8308.16 | 91652.61 | −19856.08 | −6938.70 | −2732.62 |

中国土地利用类型变化的时空差异明显。耕地变化的基本特征是"南减北增，总量基本持平，新增耕地的重心逐步由东北向西北移动"；耕地开垦重心由东北地区和内蒙古东部转向西北绿洲农业区；内蒙古自治区南部、黄土高原和西南山地退耕还林还草效果有所显现，耕地总面积表现出加快减少的趋势。城乡工矿居民用地的扩展持续进行，速度有加快趋势（见图3），且由集中于东部的状况表现出向中西部蔓延的态势，黄淮海地区、东南部沿海地区、长江中游地区和四川盆地城镇工矿用地呈现明显的加速扩张态势。30多年间，政策调控和经济驱动是导致我国土地利用变化及其时空差异的主要原因。

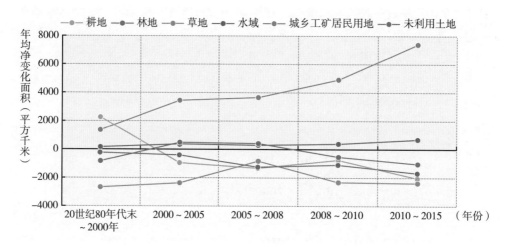

图3　20世纪80年代末至2015年中国土地利用一级类型年均净变化面积

## 1.1　耕地及其变化

2015年中国耕地面积141.40万平方千米，是20世纪80年代末期的100.57%。其中，水田面积34.36万平方千米，旱地面积107.04万平方千米，均少于2010年，分别是 20 世纪 80 年代末期的 95.00% 和 102.52%。

中国耕地广泛分布在全国范围内，但地区间差异较大，大致以大兴安岭—太行山—秦岭—横断山区为界，将中国划分为东南部和西北部两大区域。大部分的耕地集中在东南部，包括东北平原、华北平原、长江中下游平原以及四川盆地等平坦辽阔的区域；在西北部，从黄河中游的河套地区到黄土高原、河西走廊、新疆维吾尔自治区的盆地外围，也有较多的耕地分布。耕地中的旱地类型主要分布在我国广大的北方和西北地区，包括东北平原、华北平原、四川盆地、陕西、宁夏和甘肃地区等中国传统的农耕区和地势起伏的低山丘陵区。水田的分布大致以淮河为界，淮河以南的耕地多为水田，四川盆地中灌溉条件较好的成都平原也有较大规模的水田存在，水田在北方的分布相对较少，只是在东北平原和黄河中游河谷平原的局部地段有分布（赵晓丽等，2014）。

中国省域间的耕地分布差异非常明显。2015 年各省（自治区、直辖市）耕地数量居中国耕地总量前十位的依次是黑龙江、内蒙古、四川、山东、河南、新疆、河北、吉林、安徽和陕西，共占我国耕地总面积的 57.69%；数量最少的是北京市。除四川、安徽外，我国耕地主要分布在北方省区，仅黑龙江省的耕地面积就占中国耕地的十分之一以上（见表 3）。

耕地包括水田和旱地等 2 个二级类型，旱地面积较大，水田面积较小。旱地总面积 1070415.23 平方千米，占耕地面积的 75.70%，而且这一比例较监测初期的 74.27% 有所提高，也高于 2010 年的 75.42%。旱地是中国最大的耕地类型，其地域分布与耕地的总体分布类似。旱地分布最集中的区域在华北平原、东北平原和黄土高原，包括河北、河南、山西、山东、辽宁、吉林、黑龙江和陕西等省；水田总面积 343612.55 平方千米，占耕地面积的 24.30%，而且这一比例较监测初期的 25.73% 有所下降，也低于 2010 年的 24.58%。水田在长江中下游平原和四川盆地最集中，南方其他各省份、华北平原北部、东北平原、河套地区、渭河谷地、云贵高原、台湾、海南等也有较多分布，但多是分散呈现，只在局部相对集中。

耕地是中国土地利用变化最主要的类型，包括面积增加和减少的耕地变化总面积达 171699.75 平方千米，占所有土地利用变化总面积的 36.35%，在同时考虑耕地地块中非耕地地物成分的情况下，该比例更达 44.81%。相对于 2010 年，比例均有所降低。

20 世纪 80 年代末以来，新增耕地面积累计为 89950.55 平方千米，占耕地总变化面积的 52.39%，超过同期被占用的耕地面积，导致耕地面积净增加 8201.33 平方千米，相当于 20 世纪 80 年代末期耕地面积的 0.58%。

新增耕地主要来源各时间段不同，20 世纪 80 年代末至 2000 年新增耕地主要

来源于草地和林地，面积比例分别为 81.57% 和 11.18%；2000~2005 年新增耕地主要来源于草地和未利用土地，面积比例分别为 68.41% 和 22.83%；2005~2010 年新增耕地主要来源于草地和未利用土地，面积比例分别为 71.91% 和 22.74%；2010~2015 年新增耕地主要来源于草地和未利用土地，面积比例分别为 55.64% 和 31.74%。

20 世纪 80 年代末以来，耕地减少面积 81749.20 平方千米，占耕地总变化面积的 47.61%。耕地面积减少的主要原因是城乡工矿居民用地的扩展。20 世纪 80 年代末至 2000 年，城乡工矿居民用地扩展占用耕地面积 11314.16 平方千米，占耕地减少面积的 45.96%；2000~2010 年城乡工矿居民用地扩展占用耕地面积 20530.46 平方千米，占减少耕地面积的 55.44%，其中，2000~2005 年占同期耕地减少面积的 45.47%，2005~2008 年占耕地减少面积的比例增大到 63.52%，2008~2010 年进一步增加到 76.88%；2010~2015 年，耕地减少的面积中，城乡工矿居民用地扩展对耕地的占用高达 90.44%。

自 20 世纪 80 年代末以来，中国原有耕地不断减少，北方地区为主的新垦耕地持续增加。二者平衡的结果，以 2000 年为转折点，20 世纪 80 年代末到 2000 年耕地总面积略有增加，2000 年耕地面积是 20 世纪 80 年代末的 102.02%；2000~2015 年耕地总面积逐步减少，2015 年耕地是 2000 年耕地的 98.60%。近 30 年间，耕地总量仍保持略有增加的态势，2015 年耕地是 20 世纪 80 年代的 100.58%。比较而言，2000 年以前的耕地增加量依然大于 2000 年以后的耕地减少量。

2010~2015 年，耕地年均减少 1997.43 平方千米。减少速率最快的区域集中于长江三角洲、珠江三角洲地区，而增加速率最快的区域集中在新疆、黑龙江以及内蒙古部分地区（见表 6）。

总体而言，在中国土地利用变化中，耕地和城乡工矿居民用地变化最显著，但趋势相反，城乡工矿居民用地的不断扩展是耕地减少的主要原因。

表 6　20 世纪 80 年代末至 2015 年中国耕地不同时段面积净变化

单位：平方千米

| 省（自治区、直辖市） | 20 世纪 80 年代末~2000 年 | 2000~2005 年 | 2005~2008 年 | 2008~2010 年 | 2010~2015 年 | 20 世纪 80 年代末~2015 年 |
|---|---|---|---|---|---|---|
| 北京 | −623.06 | −259.66 | −74.08 | −58.51 | −176.94 | −1192.25 |
| 天津 | −146.52 | −215.58 | −43.85 | −184.08 | −193.03 | −783.06 |
| 河北 | −1257.71 | −324.64 | −249.93 | −303.32 | −1105.74 | −3241.34 |
| 山西 | 35.43 | −485.13 | −421.18 | −180.65 | −616.13 | −1667.65 |
| 内蒙古 | 9910.22 | 737.80 | 428.57 | −50.16 | 299.83 | 11326.26 |

续表

| 省（自治区、直辖市） | 20 世纪 80 年代末~2000 年 | 2000~2005 年 | 2005~2008 年 | 2008~2010 年 | 2010~2015 年 | 20 世纪 80 年代末~2015 年 |
|---|---|---|---|---|---|---|
| 辽宁 | 1775.90 | −153.43 | −155.90 | −94.42 | −408.19 | 963.95 |
| 吉林 | 3705.72 | 507.81 | −68.33 | −18.27 | −46.02 | 4080.91 |
| 黑龙江 | 16645.75 | 1315.50 | 658.76 | 34.79 | −44.48 | 18610.32 |
| 上海 | −301.56 | −227.62 | −246.84 | −88.22 | −266.28 | −1130.53 |
| 江苏 | −1785.58 | −872.84 | −1250.95 | −619.92 | −1773.92 | −6303.21 |
| 浙江 | −913.70 | −1562.73 | −337.76 | −139.63 | −772.46 | −3726.28 |
| 安徽 | −748.11 | −261.48 | −541.59 | −508.02 | −946.71 | −3005.92 |
| 福建 | −129.75 | −593.51 | −205.67 | −54.55 | −295.92 | −1279.40 |
| 江西 | −161.43 | −109.62 | −77.97 | 22.92 | −488.94 | −815.04 |
| 山东 | −1073.50 | −721.54 | −869.96 | −183.41 | −2544.89 | −5393.30 |
| 河南 | 43.05 | −789.63 | −313.69 | −210.09 | −1826.37 | −3096.73 |
| 湖北 | −487.04 | −662.14 | −303.02 | −356.79 | −838.97 | −2647.95 |
| 湖南 | −264.39 | −269.69 | −159.85 | −168.05 | −404.36 | −1266.34 |
| 广东 | −1287.25 | −1390.80 | −322.14 | −63.64 | −480.95 | −3544.77 |
| 广西 | 104.87 | −81.36 | −111.40 | −120.54 | −314.88 | −523.31 |
| 海南 | −73.72 | −43.50 | −16.30 | −32.11 | −141.58 | −307.21 |
| 重庆 | −160.30 | −244.20 | −431.34 | −192.90 | −422.72 | −1451.46 |
| 四川 | −379.23 | −923.60 | −286.08 | −430.02 | −832.76 | −2851.69 |
| 贵州 | 308.04 | 153.37 | −318.71 | −129.83 | −675.62 | −662.75 |
| 云南 | −354.07 | −213.40 | −281.58 | −394.84 | −536.38 | −1780.26 |
| 西藏 | −8.76 | −5.49 | −1.12 | −5.72 | −43.96 | −65.06 |
| 陕西 | 135.36 | −1641.33 | −181.05 | −95.64 | −264.64 | −2047.29 |
| 甘肃 | 657.40 | −93.86 | −76.67 | 18.15 | 113.04 | 618.05 |
| 青海 | 202.01 | 16.48 | 40.53 | −16.31 | −90.16 | 152.56 |
| 宁夏 | 1836.06 | −836.12 | 64.45 | −14.93 | 104.01 | 1153.47 |
| 新疆 | 3174.07 | 5746.03 | 2133.85 | 3159.28 | 6063.21 | 20276.45 |
| 台湾 | −29.27 | −122.04 | −32.49 | 0.20 | −14.24 | −197.84 |
| 合计 | 28348.92 | −4627.94 | −4053.27 | −1479.23 | −9987.15 | 8201.33 |

耕地中，水田面积主要呈现持续减少；旱地面积变化稍有波动，在 2005 年以前是持续增加的趋势，2005~2008 年转变为减少，2008~2010 年又略有增加，2010~2015 年又转变为减少。

不同时期的耕地构成中，水田占耕地的面积比例也主要表现出降低的趋势。

监测初期，耕地中有 25.73% 是水田，渐次降低到 1995 年的 25.42%、2000 年的 25.11%、2005 年的 24.84%、2008 年的 24.71%、2010 年的 24.58%，到 2015 年只有 24.30%。旱地比例持续增加，监测初期为 74.27%，2015 年已增加到 75.70%，提高了 1.43 个百分点。

2010~2015 年耕地面积增加 10118.52 平方千米，年均增加 2023.70 平方千米，耕地增加面积和速度趋缓，增加速率最快的区域集中在北方干旱半干旱区，尤其以新疆最为突出。

同期的耕地减少中，2010~2015 年耕地面积减少 20105.67 平方千米，年均减少 4021.13 平方千米。减少速率高于"十二五"期间，最快的区域集中于长江三角洲、珠江三角洲地区。

20 世纪 80 年代末至 2015 年，各省耕地增减具有明显的空间分布规律，黑龙江、吉林、新疆、内蒙古等省（自治区）是林地、草地增加导致的耕地面积大量减少；北京、上海、天津、山东、江苏、安徽、广东、浙江等省（直辖市）是城乡工矿居民用地等建设用地增加导致耕地面积减少。就耕地减少的总量而言，东南沿海和内陆省域是中国耕地面积减少最显著的区域，特别是江苏、广东、浙江等省。就耕地减少的年变率而言，各直辖市、东南沿海省域是减少速率最快的区域，特别是北京和上海。北方省域是耕地增加最显著的区域，以黑龙江、新疆、内蒙古增加最多，其中新疆在后期显著高出其他省域，新增耕地的分布重心有个从东北向西北转移的过程。

20 世纪 80 年代末至 2015 年，中国耕地总面积相对稳定，尽管由 2000 年以前的增加趋势转变为现在的减少态势，但尚未出现急剧锐减（见图 4）。

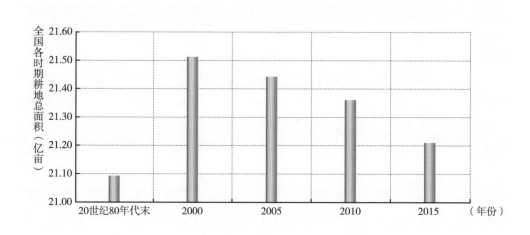

**图 4　全国各时期耕地总面积**

## 1.2　林地及其变化

林地是我国第二大土地利用类型，主要分布于大兴安岭—太行山—秦岭—横断山脉以东的山地和丘陵地带。林地比较集中的地区包括黑龙江省北部和东部、内蒙古自治区东北部、陕西省南部、西藏自治区东南部、长江流域及其以南的省域和台湾省、海南省等。林地包括有林地、灌木林地、疏林地和其他林地等 4 个二级类型，有林地面积最多，分布最广，占林地总面积的 64.13%。灌木林地和疏林地面积次之，主要在林地分布区和草地分布区的过渡地带，分别占林地的 20.00% 和 13.31%。其他林地面积较少，只占林地的 2.56%，主要分布在华南地区。

20 世纪 80 年代末以来，我国林地面积净减少 13516.93 平方千米，森林覆盖率由 20 世纪 80 年代末的 23.98% 下降到 2015 年的 23.83%，下降了 0.15 个百分点。林地二级类型中，有林地的生态服务价值相对较高，受林地砍伐、植树造林和速生林种植等人类活动影响，林地结构发生一定变化，与 20 世纪 80 年代末相比，2015 年全国有林地占林地的比例下降了 0.48%，灌木林地上升了 0.19%，疏林地降低了 0.28%，其他林地上升了 0.58%。全国大部分省（自治区、直辖市）的有林地比例普遍下降，而其他林地比例普遍上升。

我国是世界上人工造林规模最大的国家之一，尽管早期由于砍伐利用导致林地面积减少较快，但受森林资源保护举措空前加强影响，主要林区的森林植被恢复明显，林地面积快速减少的势头被彻底遏制，2000 年后林地总面积和森林覆盖率基本稳定（见图 5）。需要注意的是，受国家植树造林政策影响，2000~2008 年全国林地面积缓慢恢复，但 2008 年后又开始下滑，2015 年全国林地面积和森林覆盖率甚至低于 2000 年水平。2000~2008 年，全国 15 个省（自治区、直辖市）森林覆盖率有所恢复；2008~2015 年，全国仅 3 个省（自治区）森林覆盖率保持恢复势头，分别为贵州省、云南省和宁夏回族自治区，森林覆盖率减少的省份主要分布于沿海地区及南方丘陵地带，浙江省、海南省、福建省、江西省和广东省是 2008~2015 年全国森林覆盖率减少较多的 5 个省份，森林覆盖率平均减少了 0.51%。20 世纪 80 年代末至 2015 年，仅青海省和西藏自治区的森林覆盖率长期保持稳定，宁夏回族自治区是全国唯一森林覆盖率持续增长的省份。

20 世纪 80 年代末以来，林地动态面积 78539.62 平方千米，占土地利用变化总面积的 23.97%。新增林地面积 32511.35 平方千米，其中 60.41% 源自草地，其次 28.67% 来自耕地；同期林地面积减少 46028.27 平方千米，其中 41.41% 转变为耕地，27.14% 转变为草地，20.53% 转变为城乡工矿居民用地。

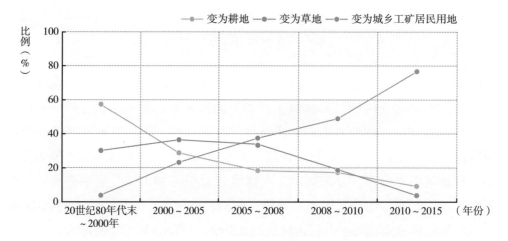

图5 20世纪80年代末至2015年全国减少林地主要去向

城市化对林地的影响不断增强，农业发展对林地的影响持续减弱。早期，耕地开垦占用林地的现象比较普遍，砍伐导致相当一部分林地转变为草地；近期，水域和建设用地扩展占用林地的面积增加较快。20世纪80年代末至2000年，林地变耕地面积占林地减少面积的56.67%，林地变草地面积占林地减少面积的29.83%，林地变城乡工矿居民用地面积占林地减少面积的3.41%。2010~2015年，林地变耕地面积占林地减少面积的9.14%，林地变草地面积占林地减少面积的3.38%，林地变城乡工矿居民用地面积占同期林地减少面积的76.63%。2010~2015年全国林地变化的一个突出特点就是林地变城乡工矿居民用地面积占同期林地减少面积比例激增，远高于监测期间20.53%的平均水平。

耕地和草地是各个时期新增林地的主要土地来源。2000~2008年是国家退耕还林工程建设的重要实施期，在2000~2005年和2005~2008年两个监测阶段，耕地提供新增林地土地来源的比例高于其他时期。草地在我国广泛分布，宜林荒山荒地造林的原因，草地提供新增林地面积在各个时期均最多。2010~2015年全国林地变化的另一个突出特点就是未利用土地提供新增林地面积的比例激增，该比例由2008~2010年的0.41%变化为2010~2015年的12.99%。

## 1.3 草地及其变化

草地是中国面积最大的土地利用类型，2015年遥感监测草地面积2820386.69平方千米，占中国遥感监测总面积的29.67%。草地是干旱、高寒等自然环境严酷、生态环境脆弱区域的主体生态系统。全国草地重点分布区域有青藏高原、黄土高原、内蒙古高原和新疆北部天山和阿尔泰山等。从行政单元来看，草地主要分布于中国北部和西部地区，西藏自治区拥有草地最多，占全国草地总面积的 29.64%，其次是内蒙古自治区、新疆维吾尔自治区和青海省，分别占全国草地总面积的 16.66%、14.14%、13.45%，西部的四川、甘肃、云南和陕西等省份也分布有较多的草地，占中国草地总量的比例依次为 5.99%、4.94%、3.06% 和 2.74%。其余中国东部、中部和南部的省份拥有草地资源相对较少，合计不足中国草地面积的 10.00%。

以草地覆盖度反映的草地质量来看，中国高、中、低覆盖度草地的草地面积分别为 33.07%、37.39% 和 29.54%。在体量上，西南和西北地区省份各类型的草地面积都很大，居全国前列，其中高覆盖度草地主要分布在西藏、内蒙古、新疆、云南和四川等省（自治区），占全国高覆盖度草地总面积的比例分别为 34.64%、18.25%、13.72%、5.79% 和 5.10%；中覆盖度草地主要分布在西藏、内蒙古、青海、四川和新疆等省（自治区），占全国中覆盖度草地总面积的比例分别为 27.86%、19.64%、12.85%、9.80% 和 8.57%；低覆盖度草地主要分布在西藏、青海、新疆、内蒙古和甘肃等省（自治区），占全国低覆盖度草地总面积的比例分别为 26.30%、25.34%、21.67%、11.11% 和 6.35%。从草地质量的省域差异来看，东部地区和南方地区虽然草地总量不多，但以高覆盖度草地为主；中西部地区以中覆盖度草地和低覆盖度草地为主。总体来说，中国草地资源丰富，草地面积大但空间分布不均，且主要分布于生态环境较为脆弱的区域，并多为中覆盖度草地。

自 20 世纪 80 年代以来，中国草地资源在气候等自然条件变化、人类活动扰动及保护措施的多重影响下，发生了一系列较为显著的变化。20 世纪 80 年代末至 2015 年，新增草地面积 43135.64 平方千米，减少草地面积 108253.40 平方千米，草地面积净减少了 65117.76 平方千米，净减少面积相当于 20 世纪 80 年代末草地面积的 2.26%。新疆维吾尔自治区草地净减少面积最多，净减少了 21878.67 平方千米，其次为内蒙古自治区，草地面积净减少了 17569.05 平方千米，两个自治区草地净减少面积为全国草地净减少面积的 60.58%。另外，黑龙江、吉林、宁夏、福建、贵州和青海等省（自治区）草地净减少面积也较多。总体来看，中国草地资源的面积在持续缩减，除 2005~2008 年外，其他各个监测阶段草地减少面积均较多，草地减少速度每年均在 2000 平方千米以上。

沙地与荒漠治理、林地砍伐、耕地撂荒与退耕还草措施是草地增加的主要原因。20 世纪 80 年代末至 2015 年，新增草地面积的主要土地来源为未利用土地、林地和耕地，比例分别为 31.14%、28.96% 和 28.40%（见图 6）。20 世纪 80 年代末至 2000 年，林地砍伐成为草地面积相对较多；2000~2005 年，退耕还林还草措施是草地面积增加的主因，耕地提供同期新增草地土地来源的 40.25%；2005 年后，

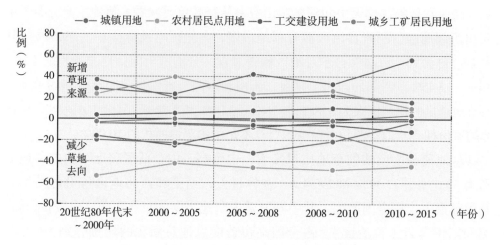

图6  20世纪80年代末至2015年全国草地变化

随着国家林地保护政策加强和耕地可退耕数量减少，林地和耕地提供新增草地土地来源的比例骤减，而未利用土地所占比例骤增，成为新增草地最主要的土地来源，2010~2015年提供新增草地面积的比例达到最高，为55.71%。

荒地开垦、植树造林和土地荒漠化是草地面积减少的主要原因。20世纪80年代末至2015年，草地减少面积的主要去向为耕地、林地和未利用土地，比例分别为47.50%、18.14%和14.49%。由于草地主要分布在西部省份，城市化对中国草地面积的影响相对较弱，草地变为城乡工矿居民用地面积仅占草地减少面积的6.74%。耕地开垦一直是草地面积减少的首要原因，占草地减少面积的比例始终在40.00%以上；2010年以前，植树造林一直是草地面积减少的第二大原因；2010年以后，城乡工矿居民用地扩展和水域扩展占用草地面积的比例提升较大，分别占草地减少面积的11.02%和32.36%。

## 1.4  水域及其变化

中国水域面积相对较少，但水域类型丰富，水资源区域分布不平衡。2015年水域总面积266880.22平方千米，仅为全国土地利用总面积的2.81%。东部沿海地区、南方地区及青藏高原地区各省（自治区、直辖市）水域分布密度相对较高，西部干旱区及喀斯特岩溶区水域分布密度相对较低。

河渠面积占全国水域总面积的15.46%，其空间分布范围比较广泛，分布密度相对较低。东部沿海地区和南方地区河渠分布密度相对较高，中西部地区河渠分布密度相对较低。上海市和天津市因为土地面积较小，河渠面积占行政区土地利用总面积的比例非常高，分别为 13.38% 和 3.47%，江苏省也达到 2.21%，是全国河渠密度最大的三个省份。其他省份河渠密度相对较低，仅有 6 个省份的比例介于 1.00%~2.00%，分别是湖北、台湾、广东、湖南、重庆和安徽，其余 23 个省份的河渠所占比例均低于 1.00%。贵州省由于地形地貌原因，河渠所占比例仅为 0.09%。

湖泊面积占全国水域总面积的 28.82%，其空间分布相对集中。从面积上看，位于西部地区的西藏自治区湖泊总面积最大，其次为青海省和新疆维吾尔自治区，湖泊面积占全国湖泊总面积的比例分别为 36.37%、17.78% 和 8.37%，仅西藏自治区和青海省的湖泊面积合计就占全国湖泊总面积的半数以上；另外，江苏、内蒙古、黑龙江、安徽、湖北和湖南等省（自治区）湖泊面积相对较大，占全国湖泊总面积的比例均高于 2.00%。以上 9 个省（自治区）湖泊面积占全国湖泊总面积的 90.00% 以上，并且这几个省（自治区）的湖泊密度也相对较高，江苏、西藏、安徽、青海和湖北等省（自治区）湖泊面积占各自行政区土地利用总面积的比例均高于 1.00%，分别为 5.47%、2.33%、2.32%、1.91% 和 1.68%。

水库坑塘占全国水域总面积的 17.95%，主要分布于沿海地区，广东省、湖北省和江苏省的水库坑塘面积居全国前三位，分别是全国水库坑塘总面积的 11.75%、10.64% 和 10.28%，山东省和浙江省的水库坑塘面积也相对较多，分别是全国水库坑塘总面积的 7.75% 和 5.34%。

冰川与永久积雪占全国水域总面积的 17.49%，集中分布于西部的高海拔山地，包括西藏、新疆、青海、甘肃、四川和云南等省（自治区）。

海涂仅占全国水域总面积的 1.45%，沿海岸线自北至南多有分布，主要河流的出海口处的海涂分布面积较多。

滩地占全国水域总面积的 18.81%，空间分布比较集中，内陆季节性河流分布较多的区域，滩地的面积相对较多。青海、新疆和内蒙古等省（自治区）滩地面积比较大，分别占全国滩地总面积的 20.43%、11.18% 和 11.05%，黑龙江省和西藏自治区滩地面积也比较大，占全国滩地总面积的比例大于 5.00%。

20 世纪 80 年代末至 2015 年全国水域面积增速逐年加快，2015 年全国水域面积较 20 世纪 80 年代末净增加了 8308.21 平方千米，是监测初期的 103.21%。水域新增面积 27534.32 平方千米，主要来自耕地、未利用土地和草地，比例分别为 29.71%、26.01% 和 16.29%。水域减少面积 19226.11 平方千米，主要流向未利用土地、耕地、城乡工矿居民用地、草地，比例分别为 25.15%、23.23%、20.10%、12.31%。

耕地、未利用土地和草地一直是水域面积增加的主要土地来源，其中平原区水田和平原区旱地变为水库坑塘是耕地提供新增水域面积的主要方式；沼泽地、盐碱地变为湖泊和水库坑塘的面积是未利用地土地提供新增水域面积的主要方式；不同

覆盖度草地转为河渠、湖泊、水库坑塘和滩地的面积均不少。

水域减少面积去向随时间变化较大，早期耕地占用水域面积相对较多，城乡工矿居民用地扩展占用水域面积相对较少，但水域转为耕地面积占水域减少面积的比例在不断下降，而转为城乡工矿居民用地面积所占的比例在不断上升。20世纪80年代末至2000年，水域转为耕地面积占水域减少面积的比例为36.83%，水域转为城乡工矿居民用地占水域减少面积的比例为6.32%，但在2010~2015年，水域转为耕地面积占水域减少面积的比例降低至12.55%，水域转为城乡工矿居民用地占水域减少面积的比例升高为37.10%。滩地、水库坑塘和河渠变平原区旱地、滩地和水库坑塘变平原区水田是耕地占用水域的主要方式；工交建设用地扩展占用水库坑塘和海涂、城镇用地和农村居民点扩展占用水库坑塘是城乡工矿居民用地占用水域的主要方式。

水域动态面积占全国土地利用动态面积的比例相对较低，除冰川与永久积雪比较稳定外，其他各种水域类型均比较活跃，动态类型丰富。自然条件变化和社会经济发展均能对水域面积产生影响。城市化对水库坑塘等水域面积的影响逐年增强；由于对天然湖泊的保护，耕地占用湖泊的现象在2005年后减少很快。全国低覆盖度草地转为湖泊的速度一直在增加，并主要分布于西部地区，这可能与气候变暖有关。此外，季节原因导致滩地与河渠、湖泊和水库坑塘等水域类型内部相互转化的面积也比较多。

## 1.5　城乡工矿居民用地及其变化

城乡工矿居民用地是人类彻底改变原有自然土地覆盖，建造人工地表的一种土地利用类型，虽然它占中国国土面积的比例很小，却聚集了高密度的人口和社会经济活动，具有分布广泛、区域选择性强、地域差异明显、扩展可逆性差、土地利用价值高等特点。

城乡工矿居民用地分布广泛，面积最小。2015年中国城乡工矿居民用地总面积264173.89平方千米，较2010年增加了16.01%，占2015年遥感监测总面积的2.78%，占比远低于耕地、林地、草地和未利用土地，略低于水域。城乡工矿居民用地具有显著的地域差异性，其密度在32个省（自治区、直辖市）中介于0.02%（西藏）~33.51%（上海）。城乡工矿居民用地的空间分布是自然条件、人口分布和社会经济发展水平等多要素共同作用的结果，其中自然条件尤其地形是影响城乡工矿居民用地分布的先决要素，它的影响通常在经历漫长的历史时期之后方能显现，而与城市化水平高度相关的人口分布和社会经济发展水平等要素对城乡工矿居民用地分布的影响在短期内即可凸显。中国沿海地区具备最高的城市化水平和最大的对外开放力度，是中国经济最闪光的区域，拥有最密集的城乡工矿居民用地分布和最显著的扩展区位优势。2015 年，全国 42.69% 的城乡工矿居民用地分布于此，且地势相对平坦的东部和北部沿海地区城乡工矿居民用地分布更为密集，密度分别高达 16.03% 和 14.94%；南部沿海地区虽然具备较高的城市化水平，但多丘陵和山地，不利于城乡工矿居民用地扩展，城乡工矿居民用地密度仅为 6.39%。中部地区城乡工矿居民用面积、密度和个体规模仅次于沿海地区，23.87% 的城乡工矿居民用地分布于此，分布密度为 6.08%，远低于沿海地区均值（12.08%）。共计 31041.33 平方千米的城乡工矿居民用地分布于东北地区，分布密度为 3.92%，略高于全国均值。西部地区地广人稀，城乡工矿居民用地分布的区位优势较低，此类用地密度最小，仅为 0.84%。

城乡工矿居民用地包括 3 个二级类型，分别是城镇用地、农村居民点用地和工交建设用地，它们的面积、分布密度和个体规模均存在较大差异，其中：农村居民点用地是我国城乡工矿居民用地中最主要的类型，总体面积最大，密度最高，数量最多，分布最广，个体规模在空间上最均衡，占城乡工矿居民用地的 51.93%，密度为 1.44%。城镇用地占城乡工矿居民用地的 29.94%，密度为 0.83%，个体差异最大。城市群是城镇用地分布最集中、规模最大的区域，尤其是我国重点建设的京津冀、长江三角洲、珠江三角洲城市群区域。工交建设用地分布广、规模小，是面积最小的城乡工矿居民用地类型，占比仅为 18.13%，常呈带状以工矿、工业园区等形式分布于我国内陆资源型城市、以港口和码头的形式分布于沿海区域。此外，三种类型在城乡工矿居民用地中的比例构成也存在明显的空间差异，城镇用地占比在东部地区最大，其次是中部地区和西部地区，在东北地区最小；与之相反，农村居民点用地占比在东北地区最大，其次是中部地区和西部地区，在东部地区最小；工交建设用地占比在西部地区最大，其次是东部地区和中部地区，在东北地区最小。除上述差异外，三种类型的城乡工矿居民用地在空间上也有共性可循，即它们的面积、密度和个体规模均在东部地区最大，其次是中部地区和东北地区，西部地区最小。

监测期间，中国城乡工矿居民用地显著增加，成为增加幅度最大的土地利用类型，总面积由 20 世纪 80 年代末的 172521.24 平方千米增加至 2015 年的 264173.89 平方千米，增加了 53.13%。20 世纪 80 年代末以来，城乡工矿居民用地增加速度持续攀升，年均净变化面积由 1353.88 平方千米增至 7292.08 平方千米，在 2000~2005 年和 2010~2015 年两个时段增速尤为显著（见图 7）。城乡工矿居民用地的二级类型呈现不同程度的增加，其中工交建设用地增幅最大、增速最快，近 30 年间总面积净增加 33759.07 平方千米，较 20 世纪 80 年代末增加了 238.71%，且增长速度持续增加，年均净增加面积由最初的 194.76 平方千米增至 2010~2015 年的 3768.14 平方千米；城镇用地增加次之，总面积净增加 44748.22 平方千米，增加了 130.29%，扩展速度变化趋势与城乡工矿居民用地一致，呈现波动增加态势，2010~2015 年年均净增加 2931.34 平方千米，远高于整个监测时段的 1309.30 平方千米，是 2000 年以前平均速度的 5.23 倍；农村居民点用地面积增加最少，净增加 13145.35 平方千米，较监测初期仅增加了 10.60%，增速平缓。

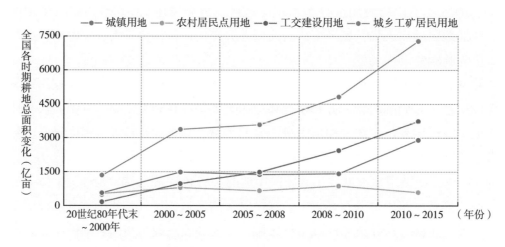

**图 7　20 世纪 80 年代末至 2015 年城乡工矿居民用地年均净变化面积**

中国城乡工矿居民用地在全国各省（自治区、直辖市）均呈净增加趋势。除黑龙江、吉林、内蒙古、新疆和西藏五个省（自治区）外，城乡工矿居民用地在其余各省（自治区、直辖市）均是增加幅度最大的土地利用类型。城乡工矿居民用地变化在东部地区最显著，净增加面积约占全国新增城乡工矿居民用地的半数，以山东、江苏、广东、河北和浙江五省的变化最为明显。西部地区和中部地区次之，城乡工矿居民用地净增加面积分别为 23514.60 平方千米和 19352.36 平方千米。东北地区城乡工矿居民用地变化最微弱，近 30 年来，新增城乡工矿居民用地仅有 4088.39 平方千米。

耕地是城乡工矿居民用地增加的主要土地来源，对城乡工矿居民用地扩展的贡献高达 54.06%，在计算耕地中的非耕地情况下，该比例达到 71.25%。此外，分别有 9451.42 平方千米林地、7294.77 平方千米草地、4476.14 平方千米未利用土地和 3863.75 平方千米的水域转变为城乡工矿居民用地，但合计对城乡工矿居民用地扩展的影响不及耕地的半数。"填海造地"工程对城乡工矿居民用地扩展也有一定影响，是沿海地区城乡工矿居民用地扩展的特色之一。近 30 年来，共计 1522.58 平方千米海域以兴建港口、码头和盐场等海洋工程建设的形式被改造为城乡工矿居民用地。城乡工矿居民用地向其他地类转变的代价较高，因此此类用地扩展难以逆转，向其他地类转变的面积不及增加面积的百分之一。受新农村建设和城市环境改造等影响，城乡工矿居民用地转变为耕地和水域的面积最大，分别占 35.87% 和 26.08%；其次是转变为林地和草地，分别占 13.41% 和 11.74%。

## 1.6 未利用土地及其变化

未利用土地是土地资源中重要的后备资源，其所处生态环境较为脆弱，因此这类土地的变化直接影响到区域生态安全。中国未利用土地分布呈西多东少的空间格局，具有面积大、类型多、可开发与改造弹性大等特点。

中国未利用土地分布虽不广泛，但面积数量较大。2015 年未利用土地面积共计 2117361.75 平方千米，占遥感监测总面积的 22.38%，较 2010 年减少了 8310.96 平方千米。未利用土地占比略低于草地和林地，远高于耕地、水域和城乡工矿居民用地。未利用土地的形成与自然条件的相关性很高，集中分布在新疆维吾尔自治区、青海省、内蒙古自治区、西藏自治区等西部省份，尤其是在这些省份的干旱区和高海拔地带尤为密集。

未利用土地类型繁多，包括沙地、戈壁、盐碱地、沼泽地、裸土地、裸岩砾地和其他未利用土地七种类型。裸岩石砾地面积比例最大，共计 686575.58 平方千米，占未利用土地的 32.43%，多出现在高大山地的上部、西部干旱地带等。其次是戈壁，面积为 591269.79 平方千米，占比 27.92%，集中出现在新疆维吾尔自治区、内蒙古自治区、青海省和甘肃省，另外在宁夏回族自治区也有零星分布。沙地的面积为 515588.36 平方千米，占比 34.35%，与戈壁相当，除集中出现在有戈壁的几个省域外，在陕西省和西藏自治区也有较大面积分布。盐碱地和沼泽地比例较小，分别占 5.55% 和 5.43%。沼泽地多分布在山地、丘陵、高原的山间低洼、潮湿和积水地带，内蒙古自治区、黑龙江省和青海省是我国沼泽地分布最多的区域，79.92% 的沼泽地分布于此，其次是新疆维吾尔自治区、西藏自治区、四川省、吉林省、甘肃省、辽宁省和河北省，沼泽地在其他省域分布较少。盐碱地多分布在新疆维吾尔自治区、内蒙古自治区、青海省和西藏自治区等气候干旱、地势低洼的区域，中国盐碱地的 82.79% 分布在这四个省（自治区）。其他未利用土地和裸土地面积比例最小，分别只有 2.75% 和 1.57%，前者集中出现在青海省西部、甘肃省西南部和西藏自治区西部，后者主要分布在新疆维吾尔自治区、青海省、甘肃省和内蒙古自治区西部的局部区域。

改革开放以来，人们对土地的需求不断增加，大量未利用土地被改造成为可利用的土地类型。因此，中国未利用土地在近 30 年来有所减少，是减少幅度居第二的土地利用类型，总面积由 20 世纪 80 年代末的 2137217.85 平方千米减少至 2015 年的 2117361.75 平方千米，减少了 0.93%。未利用土地减少速度呈持续攀升态势，年均净减少面积由 288.82 平方千米增至 1662.19 平方千米，尤其是在 2005~2008 年和 2010~2015 年两个时段减速显著（见图 8）。近 30 年来，沙地和裸岩石砾地均经历了先增加后减少总体小幅增加的趋势，分别由 20 世纪 80 年代末的 515474.99 平方千米和 686449.30 平方千米增至 2015 年的 515588.36 平方千米和 686575.58 平方千米，增加幅度均为 0.02%。其余五种未利用土地面积则出现不同程度的减少，以沼泽地的减少最为明显，共减少了 10192.36 平方千米，其次是戈壁、盐碱地和裸土地，其他未利用土地减少面积最少，分别减少了 4793.23 平方千米、3740.56 平方千米、1025.97 平方千米和 343.65 平方千米。戈壁和盐碱地的变化趋势一致，先增后减；与之相反，其他未利用土地面积先减后增。沼泽地持续减少，但减少速度在 2005 年之后得到控制。裸土地除在 2000~2005 年出现小幅增加外，在其他各时段均有减少，且减少速度持续增加。

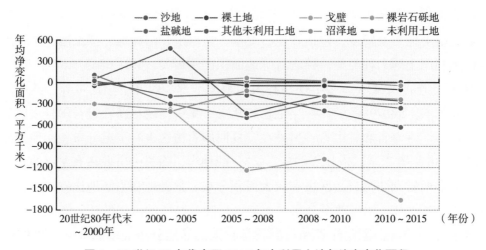

**图 8　20 世纪 80 年代末至 2015 年未利用土地年均净变化面积**

中国未利用土地动态变化在空间上呈现显著差异。新疆维吾尔自治区是未利用土地净减少面积最多的省级区域，在 5 个监测时段中变化最为剧烈，2000 年之前持续增加，2000 年之后的加速减少，耕地开垦占用为其减少的主要原因。黑龙江省是未利用土地净减少面积居第二位的省份，近 30 年来净减少了 4835.53 平方千米，在各监测时段中均表现为净减少，净减少量在 2010 年之前逐年降低，

2010~2015 年净减少量猛增。此外，未利用土地在甘肃省、山东省和陕西省也出现了大面积净减少。内蒙古自治区地处生态脆弱地带，畜牧业发达，在草地过牧、农牧交错带的不合理开垦和撂荒的共同作用下，内蒙古自治区成为未利用土地净增加最多的省份。

20 世纪 80 年代末至 2015 年，未利用土地新增面积 23484.34 平方千米，主要源自草地退化、水域干枯和耕地撂荒，三者对新增未利用土地的贡献分别为 66.77%、20.59% 和 8.47%。近 30 年来，伴随着经济的高速发展和技术的不断进步，土地的适应和利用能力得到大幅提升，未利用土地数量、分布及其构成明显改变，主要表现为戈壁、沙地、盐碱地和沼泽地等未利用土地逐渐向耕地或城乡工矿居民用地转变，对于稳定耕地总量和提高土地利用率有积极作用。同期减少的 43340.44 平方千米未利用土地中，分别有 33.88%、31.00%、16.52% 和 10.33% 被开发改造为耕地、草地、水域和城乡工矿居民用地。

## 参考文献

张增祥、赵晓丽、注潇等：《中国土地利用监测》，星球地图出版社，2012。

顾行发、李闽榕、徐东华等：《中国可持续发展遥感监测报告（2016）》，社会科学文献出版社，2017。

赵晓丽、张增祥、汪潇等：《中国近 30 年耕地变化时空特征及其主要原因分析》，《农业工程学报》2014 年第 30（3）期。

易铃、赵晓丽、张增祥、汪潇等：《近 30 年中国主要耕地后备资源的时空变化》，《农业工程学报》2013 年第 29（6）期。

分　报　告

# G.2
# 20世纪80年代末至2015年中国土地利用的省域特点

遥感监测的20世纪80年代末期至2015年是我国土地利用方式变化最明显的时期。土地利用变化改变了不同类型土地的面积、分布和区域土地利用构成，而且这种改变在不同省域存在显著的时空差异。

## 2.1　北京市土地利用

北京市土地利用类型以林地为主，其次是城乡工矿居民用地。20世纪80年代末至2015年，由于城市化进程的加快，耕地变为城乡工矿居民用地的面积最大；同期，林地和水域有所增加，草地面积有所减少。

### 2.1.1　北京市2015年土地利用状况

2015年，遥感监测北京市土地面积16386.29平方千米，其中，林地面积最大，达7666.04平方千米，占比为46.78%；其次是城乡工矿居民用地和耕地，面积分别为3613.09平方千米和2512.60平方千米，各占22.05%和15.33%；草地和水域面积较小，分别有 1042.36 平方千米和 391.62 平方千米，各占 6.36% 和 2.39%；未利用土地面积仅有 0.49 平方千米；另有耕地内非耕地 1160.09 平方千米。

在林地中，有林地面积最大，占林地面积的 62.91%；其次是灌木林地、其他林地、疏林地，分别占林地面积的 21.63%、7.95% 和 7.50%。林地主要分布在海拔较高的西部和北部山区，包括百花山、妙峰山和军都山等。

在城乡工矿居民用地中，城镇用地所占比例达 61.44%；农村居民点和工交建设用地分别占 27.92% 和 10.63%。北京市主城区的城镇用地面积最大，空间上呈集中连片分布；郊区城镇用地也表现为集中连片分布，但面积相对较小。农村居民点零星分布在耕地中，且平原区农村居民点相对于山区的密度更大。

北京市耕地绝大部分为旱地，占耕地面积的 99.59%。耕地主要分布在平原地区以及延庆盆地。

草地中，高覆盖度草地最多，占草地面积的 90.57%，中覆盖度草地占 7.28%，低覆盖度草地占 2.15%。草地主要分布于西部和北部山区。

水域中，以水库坑塘为主，占水域面积的 47.40%，滩地占 28.36%，河渠占 24.23%。其中，水库主要分布在西部和北部山区，包括密云水库、怀柔水库和十三陵水库等；坑塘主要散布在农村居民点附近的耕地中。

### 2.1.2 北京市20世纪80年代末至2015年土地利用时空特点

20 世纪 80 年代末至 2015 年北京市土地利用一级类型变化总面积为 2188.64 平方千米，占全市土地面积的 13.36%（见表 1）。遥感监测期间，北京市土地利用变化主要特点是耕地减少和城乡工矿居民用地增加显著。同期，林地和水域有所增加，草地面积稍有减少（见图 1）。

表 1　北京市 20 世纪 80 年代末至 2015 年土地利用分类面积变化

单位：平方千米

|  | 耕地 | 林地 | 草地 | 水域 | 城乡工矿居民用地 | 未利用土地 | 耕地内非耕地 |
|---|---|---|---|---|---|---|---|
| 新增 | 47.96 | 185.32 | 35.89 | 128.95 | 1769.37 | — | 21.16 |
| 减少 | 1240.21 | 120.59 | 109.53 | 57.26 | 18.59 | — | 642.45 |
| 净变化 | −1192.25 | 64.73 | −73.64 | 71.69 | 1750.78 | — | −621.29 |

北京市城乡工矿居民用地较 20 世纪 80 年代末净增加了 94.01%。新增城乡工矿居民用地面积中，城镇用地、农村居民点用地和工交建设用地分别占 49.76%、

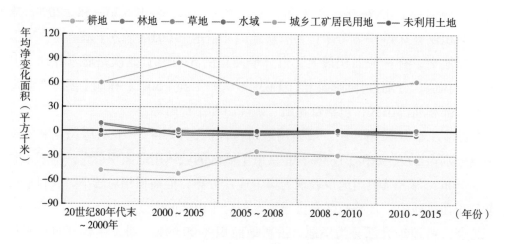

图1　北京市不同时段土地利用分类面积年均净变化

33.22%和17.02%。耕地转变为城乡工矿居民用地面积最多，占城乡工矿居民用地新增面积的59.93%。林地、草地、水域转变为城乡工矿居民用地面积相对较少，分别占4.92%、1.50%和1.60%。城乡工矿居民用地的二级类型转化面积为459.82平方千米，以农村居民点转化为城镇用地为主。

林地面积较20世纪80年代末净增加了0.85%。新增面积中，其他林地的增加占89.52%，有林地、灌木林地和疏林地则分别占4.71%、3.70%和2.08%。耕地是新增林地的主要土地来源，占55.31%；其次是草地，占19.45%。林地面积减少以林地转变为城乡工矿居民用地为主，占其减少面积的72.21%；林地转变为耕地和草地的面积分别占10.82%和11.76%。北京市新增林地主要分布于密云区和昌平区，林地减少主要发生在大兴区。

水域面积较监测初期净增加了22.41%。新增水域以水库坑塘为主，占94.71%。新增水域主要来自耕地和草地，分别占52.34%和23.43%。水域面积减少以水域转变为城乡工矿居民用地为主，占其减少面积的49.31%；水域转变为耕地和林地的面积各占20.16%和5.79%。

耕地面积减少显著，较监测初期净减少了32.18%。耕地减少以耕地转变为城乡工矿居民用地为主，占耕地减少面积的85.51%，耕地转变为城乡工矿居民用地主要发生在东南部平原区；另外，耕地转变为林地占耕地减少面积的8.72%。新增耕地面积仅47.96平方千米，主要来自于林地、草地和水域，分别为新增耕地面积的27.21%、26.43%和24.07%。

草地面积较20世纪80年代末净减少了6.60%。草地面积减少以转变为林地、水域和城乡工矿居民用地为主，分别为其减少面积的32.97%、27.58%和24.15%，另外草地转变为耕地面积占其减少面积的 11.57%，密云区草地面积减少较多。新增草地面积很少，且主要来自林地、耕地和水域，分别占新增草地面积的 39.52%、27.19% 和 23.75%。

### 2.1.3 北京市2010年至2015年土地利用时空特点

北京市 2010~2015 年土地利用变化主要特点是耕地减少和城乡工矿居民用地增加显著（见表 2）。其中，耕地变为城乡工矿居民用地的面积最大，占耕地减少面积的 99.75%，超过 2000~2005 年的 95.86%，为北京市监测期间占比最大的时间段。

**表 2　北京市 2010~2015 年土地利用分类面积变化**

单位：平方千米

|  | 耕地 | 林地 | 草地 | 水域 | 城乡工矿居民用地 | 未利用土地 | 耕地内非耕地 |
|---|---|---|---|---|---|---|---|
| 新增 | 10.27 | 0.70 | 0.08 | 1.43 | 324.43 | — | 5.46 |
| 减少 | 187.21 | 26.14 | 5.03 | 3.76 | 16.77 | — | 103.46 |
| 净变化 | −176.94 | −25.44 | −4.95 | −2.33 | 307.66 | — | −98.00 |

2010~2015 年北京市城乡工矿居民用地净增加显著。新增城乡工矿居民用地面积中，城镇用地、农村居民点用地和工交建设用地分别占其面积的 56.78%、19.06% 和 24.15%。城乡工矿居民用地的二级类型转化面积为 133.77 平方千米，以农村居民点转化为城镇用地为主，表明在城市扩展过程中，一些农村居民点被并入城镇用地范围。20 世纪 80 年代末至 2015 年，城乡工矿居民用地面积持续增加，年均净增加面积均保持在 40.00 平方千米以上；2000~2005 年为其面积增加最快的时间段，年均净增加面积达到 85.21 平方千米；2005~2010 年后增速放缓，并稳定在每年增加 50.00 平方千米左右，2010~2015 年其增速有所加快，年均净增加面积达到 61.53 平方千米。耕地转变为城乡工矿居民用地主要发生在北京市建成区的周围、平原等地势较为平坦的区域。

耕地面积净减少。新增耕地仅 10.27 平方千米，全部来自农村居民点和工交建设用地，分别占 79.23% 和 20.77%。耕地面积减少以耕地转变为城乡工矿居民用地为主，占耕地减少面积的 99.75%；耕地转变为水域占耕地减少面积的 0.25%。监测期间，北京市耕地面积持续减少，其中 20 世纪 80 年代末至 2005 年减少速度较快，年均净减少面积保持 50.00 平方千米左右；2005~2010 年，耕地减少速度放缓，年均净减少 25.00 平方千米左右；2010~2015 年，耕地减少又呈加快态势，年均净减少 35.00 平方千米左右。

林地面积净减少。新增林地仅 0.70 平方千米，其他林地和有林地占新增林地面积分别为 78.72% 和 21.28%。新增林地全部来源于城乡工矿居民用地。林地面积减少以林地转变为城乡工矿居民用地为主，占林地减少面积的 99.67%。

## 2.2　天津市土地利用

天津市土地利用以耕地和城乡工矿居民用地为主，二者合计占区域面积的 67.23%。20 世纪 80 年代末至 2015 年，城乡工矿居民用地持续增加，而耕地持续减少。同期，其余土地利用类型面积均有所减少。

### 2.2.1　天津市2015年土地利用状况

2015 年，天津市土地利用面积为 11801.06 平方千米，以耕地和城乡工矿居民用地为主，其中，耕地 4205.29 平方千米，占天津市面积的 35.63%；城乡工矿居民用地 3728.35 平方千米，占 31.59%；其次是水域，面积为 1761.23 平方千米，占 14.92%；林地和草地面积分别为 400.22 平方千米和 57.88 平方千米，占 3.39% 和 0.49%；未利用土地面积仅有 15.97 平方千米，占 0.14%；另有耕地内非耕地 1632.12 平方千米。

耕地中，以旱地为主，占耕地面积的 93.47%，大片分布在整个平原区。水田面积占 6.53%。城乡工矿居民用地中，城镇用地和工交建设用地分别占 41.02% 和 34.26%，农村居民点占 24.73%。水域以水库坑塘、河渠和滩地为主，分别占水域面积的 58.61%、23.26% 和 16.37%。林地中，以有林地和其他林地为主，分别占林地面积的 70.43% 和 22.46%；其次是灌木林地和疏林地，分别占 4.34% 和 2.78%。草地中，高覆盖度草地和中覆盖度草地分别占草地面积的 94.01% 和 6.38%。未利用土地中以沼泽地和盐碱地为主，分别占未利用土地面积的 57.76% 和 42.24%。

天津市土地利用类型的空间分布，整体而言，林地和草地集中分布在北部的山地丘陵区；耕地、城乡工矿居民用地和水域在平原区集中连片分布，且遍布全市。

### 2.2.2　天津市20世纪80年代末至2015年土地利用时空特点

天津市土地利用一级类型动态总面积为 2191.58 平方千米，占天津市总面积的 18.57%。其中，城乡工矿居民用地面积增加显著，耕地面积减少较多，未利用土地、水域、草地和林地面积有所减少（见图 2）。

天津市城乡工矿居民用地面积持续增加，较 20 世纪 80 年代末净增加了

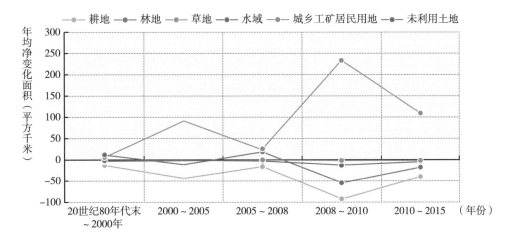

图 2　天津市不同时段土地利用分类面积年均净变化

78.47%。工交建设用地和城镇用地增加面积较多，分别占新增城乡工矿居民用地面积的 47.56% 和 42.76%（见表 3）；农村居民点用地增加面积相对较少，仅占 9.69%。新增城乡工矿居民用地的土地来源中，耕地和水域的比例较大，分别为 41.09% 和 21.45%。城乡工矿居民用地的二级类型转化面积为 302.98 平方千米，以转化为城镇用地为主，其次是农村居民点转化为城镇用地，表明在城市扩展过程中一些农村居民点和工交建设用地被并入城镇用地范围。

表 3　天津市 20 世纪 80 年代末至 2015 年土地利用分类面积变化

单位：平方千米

|  | 耕地 | 林地 | 草地 | 水域 | 城乡工矿居民用地 | 未利用土地 | 耕地内非耕地 |
|---|---|---|---|---|---|---|---|
| 新增 | 64.93 | 3.26 | 7.98 | 409.87 | 1674.40 | — | 26.71 |
| 减少 | 847.99 | 7.51 | 34.15 | 444.33 | 35.16 | 62.20 | 369.22 |
| 净变化 | −783.06 | −4.25 | −26.17 | −34.46 | 1639.24 | −62.20 | −342.51 |

　　耕地减少面积最多，较监测初期净减少了 15.70%。耕地减少以耕地转变为城乡工矿居民用地和水域为主，分别占耕地减少面积的 81.13% 和 18.57%。

　　水域面积较监测初期净减少了 1.92%。新增水域以水库坑塘和海涂为主，分别占 71.80% 和 26.38%。耕地是新增水域的主要土地来源，占新增水域面积的 38.43%，其次是海域的开发，占 28.02%。减少的水域主要转变为城乡工矿居民用地，占水域减少面积的 80.84%；另外，水域转变为耕地占水域减少面积的

12.26%。

未利用土地面积较监测初期净减少了 79.57%。未利用土地减少面积中盐碱地占 59.24%，沼泽地占 40.72%。盐碱地转变为水库坑塘和城镇用地的面积分别占盐碱地减少面积的 42.57% 和 39.84%，沼泽地转变为水库坑塘占沼泽地减少面积的 59.71%。

草地面积较监测初期净减少了 31.14%。高覆盖度草地和中覆盖度草地减少面积较多，分别占草地减少面积的 72.21% 和 20.72%。减少的草地面积主要转变为城乡工矿居民用地，占草地减少面积的 54.53%，其中高覆盖度草地转变为工交建设用地的面积最多；草地转变为水域的面积占草地减少面积的 41.15%。草地面积减少主要发生在北部蓟县和滨海新区。

林地变化面积少，林地面积较监测初期净减少了 1.05%。监测期间，林地年均净减少面积 0.15 平方千米，其他林地减少面积最多，占林地减少面积的 77.05%。城乡工矿居民用地占用林地是林地减少的主要原因，占林地减少面积的 95.46%。津南区林地减少面积相对较多。

### 2.2.3　天津市2010年至2015年土地利用时空特点

天津市 2010~2015 年土地利用变化主要特点是耕地减少和城乡工矿居民用地增加显著。其中，耕地变为城乡工矿居民用地的面积最大，占耕地减少面积的 94.52%。水域和未利用土地面积有所减少，草地和林地面积基本稳定（见表 4）。

**表 4　天津市 2010~2015 年土地利用分类面积变化**

单位：平方千米

|  | 耕地 | 林地 | 草地 | 水域 | 城乡工矿居民用地 | 未利用土地 | 耕地内非耕地 |
|---|---|---|---|---|---|---|---|
| 新增 | 29.73 | 0.40 | 0.75 | 66.91 | 568.15 | — | 12.26 |
| 减少 | 222.76 | 2.46 | 1.51 | 156.19 | 15.64 | 19.92 | 91.76 |
| 净变化 | −193.03 | −2.06 | −0.76 | −89.28 | 552.51 | −19.92 | −79.50 |

2010~2015 年天津市城乡工矿居民用地面积持续增加。城镇用地和工交建设用地增加面积较多，分别占新增城乡工矿居民用地面积的 48.18% 和 36.62%；农村居民点用地增加面积相对较少，占 15.20%。新增城乡工矿居民用地的土地来源中，耕地和水域的比例较大，分别为 37.06% 和 20.41%；另外有 25.20% 来源于海域开发。2000~2005 年，城乡工矿居民用地扩展速度达到第一个峰值，年均净增加面积达 91.66 平方千米；2005 年后，扩展速度有所下降；但在 2008~2010 年扩展速度达

到历史最高，年均新增面积达 234.33 平方千米；2010~2015 年年均净增加面积为 110.50 平方千米，扩展速度有所放缓。城乡工矿居民用地增加主要发生在天津市区周边的北辰区、东丽区、津南区和西青区等。

2010~2015 年耕地面积净减少。新增耕地主要来自水域和城乡工矿居民用地，分别占 83.48% 和 16.52%。耕地面积减少以耕地转变为城乡工矿居民用地为主，占耕地减少面积的 94.52%；耕地转变为水域的占耕地减少面积的 5.43%。天津市耕地面积持续减少，且减少速度呈加快趋势。2008 年前，耕地年均净减少面积均小于 50 平方千米；2008~2010 年耕地减少最快，年均净减少 92.04 平方千米；2010~2015 年均耕地净减少 38.61 平方千米，减速趋缓。耕地减少显著的区域和城乡工矿居民用地增加的区域基本一致。

2010~2015 年水域面积净减少。新增水域以水库坑塘和海涂为主，分别占新增水域面积的 53.98% 和 39.35%。海域开发是新增水域的主要来源，占新增水域面积的 43.62%；其次是对未利用土地的开发，占 29.75%；新增水域来源于耕地的占 18.06%。减少的水域主要转变为城乡工矿居民用地，占水域减少面积的 74.25%；另外，水域转变为耕地的占水域减少面积的 15.89%。天津市水域面积变化主要发生在滨海新区，水域面积新增与减少都比较显著。2008 年前，水域的年均净变化面积均小于 20 平方千米；2008~2010 年，水域年均净减少面积达 54.05 平方千米；2010~2015 年，水域年均净减少面积 17.86 平方千米。

2010~2015 年未利用土地面积净减少。未利用土地减少面积中沼泽地占 99.49%，盐碱地占 0.51%。天津市未利用土地减少主要发生在滨海新区。

## 2.3 河北省土地利用

河北省土地利用以耕地为主，林地和草地次之。20 世纪 80 年代末至 2015 年，城乡工矿居民用地面积显著增加，耕地和草地面积显著减少。

### 2.3.1 河北省2015年土地利用状况

遥感监测显示，2015 年河北省土地面积为 188347.58 平方千米。河北省土地利用以耕地为主，面积 68593.40 平方千米，占全省面积的 36.42%。林地面积 40209.14 平方千米，占 21.35%；草地面积 29144.94 平方千米，占 15.47%；城乡工矿居民用地和水域为 18842.35 平方千米和 4178.10 平方千米，分别占 10.00% 和 2.22%；未利用土地 1512.53 平方千米，占 0.80%；另有耕地内非耕地 25867.12 平方千米。

耕地中，旱地占耕地总面积的 96.78%，水田仅占 3.22%。耕地主要分布在低平

原农区、太行山山麓平原农区和燕山山麓平原农区等区域，在坝上高原牧农林区和冀西北山间盆地农林牧区的盆地中也有相当面积分布。

林地中，以有林地和灌木林地为主，分别占林地面积的52.23%和37.99%；其次是疏林地和其他林地，占7.23%和2.55%。林地主要分布在燕山山地丘陵林牧区、冀西北山间盆地农林牧区和太行山山地丘陵林农牧区。

草地中，高覆盖度草地、中覆盖度草地和低覆盖度草地分别占70.68%、25.15%和4.17%。草地主要分布在坝上高原牧农林区、燕山山地丘陵林牧区、冀西北山间盆地农林牧区和太行山山地丘陵林农牧区。整体而言，西部草地面积大于东部，草地所处海拔低于林地。

城乡工矿居民用地以农村居民点用地为主，占城乡工矿居民用地总面积的56.55%，城镇用地占19.22%；工交建设用地占24.23%。城乡工矿居民用地主要分布在华北平原和山区盆地。

水域以滩地、水库坑塘和河渠为主，分别占水域面积的36.08%、26.25%和25.74%。

未利用土地中沼泽地占72.94%，主要分布在坝上高原的湖泊及河漫滩周围。另外，沙地和盐碱地分别占15.94%和8.79%。

### 2.3.2 河北省20世纪80年代末至2015年土地利用时空特点

20世纪80年代末至2015年河北省土地利用一级类型动态总面积为8143.64平方千米，占河北省总面积的4.32%。监测期间，城乡工矿居民用地面积显著增加，耕地面积显著减少，草地减少明显，未利用土地和林地稍有减少，水域略有减少（见图3）。

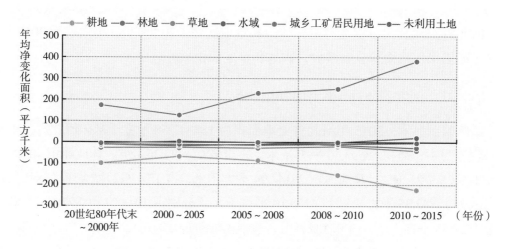

**图3　河北省不同时段土地利用分类面积年均净变化**

20 世纪 80 年代末至 2015 年河北省城乡工矿居民用地面积净增加显著（见表 5），占监测初期城乡工矿居民用地面积的 48.31%。新增面积中，城镇用地、农村居民点用地和工交建设用地面积增加分别占城乡工矿居民用地新增面积的 29.52%、28.06% 和 42.42%。城乡工矿居民用地新增面积的来源中，耕地所占比例最大，占 56.91%。城乡工矿居民用地的二级类型转化面积为 562.77 平方千米，以农村居民点转化为城镇用地为主。

耕地净减少面积占 20 世纪 80 年代末耕地面积的 4.51%。耕地减少面积中，转变为城乡工矿居民用地的面积占耕地减少面积的 90.82%。新增耕地面积主要由草地、水域和未利用土地转变而来，分别占 34.92%、26.73% 和 19.33%。

**表 5　河北省 20 世纪 80 年代末至 2015 年土地利用分类面积变化**

单位：平方千米

| | 耕地 | 林地 | 草地 | 水域 | 城乡工矿居民用地 | 未利用土地 | 耕地内非耕地 |
|---|---|---|---|---|---|---|---|
| 新增 | 636.79 | 311.50 | 108.72 | 517.88 | 6188.91 | 94.45 | 260.05 |
| 减少 | 3878.14 | 438.00 | 832.94 | 594.23 | 51.66 | 321.54 | 1574.05 |
| 净变化 | −3241.34 | −126.50 | −724.22 | −76.36 | 6137.24 | −227.09 | −1314.01 |

草地面积净减少，占监测初期草地面积的 2.42%。草地减少面积中，高覆盖度草地、中覆盖度草地和低覆盖度草地分别占 61.16%、24.05% 和 14.80%。草地减少的面积主要转变成为城乡工矿居民用地，占草地减少面积的 46.02%；其中，草地转变为工交建设用地的面积占草地减少面积的 44.73%。其次是草地转变为耕地和林地，分别占草地减少面积的 26.69% 和 15.04%。草地新增面积主要来自于林地，林地转变为草地的面积占草地新增面积的 64.01%。草地面积减少主要发生在保定市、石家庄市、秦皇岛市和张家口市。

未利用土地净减少面积占监测初期未利用土地面积的 13.05%。减少面积最多的未利用土地类型是沼泽地，占未利用土地减少面积的 64.56%；其次是盐碱地和沙地，分别占 19.92% 和 15.47%。减少的未利用土地主要被利用成了耕地和城乡工矿居民用地，分别占 38.29% 和 27.13%。未利用土地转变为城乡工矿居民用地这一动态类型中，主要是转变为工交建设用地。未利用土地面积减少主要发生在唐山市。

水域净减少面积占监测初期水域面积的 1.76%。面积减少的水域类型主要是滩地、水库坑塘和海涂，分别占 39.07%、32.44% 和 26.28%。水域面积减少主要是变为城乡工矿居民用地和耕地，分别占 41.66% 和 28.65%。水域面积减少主要发生在唐山市和保定市。

林地净减少面积仅占 20 世纪 80 年代末林地面积的 0.31%。林地新增面积主要来自于草地和耕地，分别占林地新增面积的 40.21% 和 33.11%。林地减少面积主要转变为城镇工矿居民用地、耕地和草地，分别占林地减少面积的 53.77%、20.52% 和 15.89%。林地面积减少主要发生在唐山市、秦皇岛市和保定市等地。

### 2.3.3　河北省2010年至2015年土地利用时空特点

2010~2015 年河北省城乡工矿居民用地面积显著增加，水域有所增加；耕地显著减少，草地和林地面积减少，未利用土地略有减少。

2010~2015 年河北省城乡工矿居民用地面积持续增加（见表 6）。新增面积中，城镇用地、农村居民点用地和工交建设用地面积增加分别占城乡工矿居民用地新增面积的 29.09%、12.91% 和 58.00%。城乡工矿居民用地新增面积的来源中，耕地所占比例最大，占 54.19%。城乡工矿居民用地的二级类型转化面积为 227.44 平方千米，以农村居民点转化为城镇用地为主。城乡工矿居民用地面积增加主要发生在河北省南部各市，北部的唐山和张家口市也有增加。河北省城乡工矿居民用地从监测初期开始持续增加，在 2000~2005 年稍有放缓，2005 年后年均净增加面积又逐渐增加。城乡工矿居民用地的年均净增加面积在整个监测时段内均高于 100.00 平方千米，且在 2008~2010 年达到 253.49 平方千米，2010~2015 年持续增加，达到最大值 385.80 平方千米。

表 6　河北省 2010~2015 年土地利用分类面积变化

单位：平方千米

|  | 耕地 | 林地 | 草地 | 水域 | 城乡工矿居民用地 | 未利用土地 | 耕地内非耕地 |
| --- | --- | --- | --- | --- | --- | --- | --- |
| 新增 | 39.77 | 31.30 | 7.16 | 246.01 | 1971.95 | 12.63 | 15.10 |
| 减少 | 1145.51 | 152.01 | 184.52 | 132.88 | 42.95 | 14.72 | 470.76 |
| 净变化 | −1105.74 | −120.71 | −177.36 | 113.14 | 1929.01 | −2.09 | −455.66 |

耕地面积净减少。耕地转变为城乡工矿居民用地的面积占耕地减少面积的 93.29%。监测期间，耕地面积持续减少，年均净减少面积均高于 50.00 平方千米，2000~2008 年减少速度略有放缓，在 2008~2010 年达 151.66 平方千米，2010~2015 年达最大值 221.15 平方千米。耕地新增面积的来源中，城乡工矿居民用地的整理所占比例最大，占 67.80%；其次主要由林地和草地转变的，分别占耕地新增面积的 14.64% 和 7.02%。

草地面积净减少。草地减少面积中，高覆盖度草地、中覆盖度草地和低覆盖度草地分别占到 61.76%、33.39% 和 4.85%。草地减少的面积主要转变为城乡工矿居民用地，占草地减少面积的 84.52%；其次是草地转变为林地和耕地，分别占草地减少面积的 12.80% 和 1.51%。草地新增面积主要来自水库坑塘，占草地新增面积的 50.22%。

林地面积净减少。林地减少面积中，有林地、灌木林、疏林地和其他林地分别占 32.78%、38.09%、11.60% 和 17.53%。林地减少面积主要转变为城镇工矿居民用地，分别占减少面积的 91.96%。林地新增面积主要来自于草地和耕地，分别占林地新增面积的 75.44% 和 12.95%。

水域面积净增加。新增水域面积中，水库坑塘、海涂和湖泊分别占 44.62%、35.36% 和 16.66%。水域新增面积主要来自海域开发和耕地，分别占林地新增面积的 50.61% 和 29.44%。面积减少的水域类型主要是水库坑塘、海涂和滩地，分别占 81.84%、12.32% 和 4.75%。水域面积减少主要是变为城乡工矿居民用地，占水域减少面积的 81.15%；另外，水域面积减少变为盐碱地和耕地的分别占 8.03% 和 3.15%。

## 2.4  山西省土地利用

山西省的主要土地利用类型是耕地、草地和林地，且三者面积相近；其次是城乡工矿居民用地。山西省从东到西可划分为东部山地林、草、耕地区，中部旱地区，西部林、耕、草地区。20 世纪 80 年代末至 2015 年，土地利用变化集中体现在城乡工矿居民用地的显著增加和耕地的显著减少；城乡工矿居民用地在不同的监测时段均呈持续增加态势，且增速不断加快。

### 2.4.1  山西省2015年土地利用状况

2015 年遥感监测山西省面积为 15.66 万平方千米，土地利用类型以耕地为主，面积 46582.75 平方千米，占全省面积的 29.75%；其次是草地和林地，面积为 45212.07 平方千米和 44351.67 平方千米，分别占 28.88% 和 28.33%；城乡工矿居民用地面积 7330.14 平方千米，占 4.68%；水域较少，面积 1690.62 平方千米，占 1.08%；未利用土地最少，面积 104.33 平方千米，仅占 0.07%；另有耕地内非耕地 11292.36 平方千米。

耕地以旱地为主，占耕地面积的 99.94%，主要分布在大同盆地、忻定盆地、太原盆地、临汾盆地和运城盆地，另外在河谷的山间平地、山区和丘陵区也有分布；水田有少量分布，主要出现在中南部盆地区。

草地以低覆盖度草地为主，占草地面积的 48.64%，高覆盖度草地占 26.75%，中覆盖度草地占 24.61%。草地主要分布在东西两侧的中高山、低山、丘陵及河流两岸。

林地中，有林地面积最大，占林地面积的43.54%，其次是灌木林地，占37.87%，疏林地占15.48%，其他林地占3.10%。林地主要集中分布在管涔山、关帝山、太岳山、中条山、五台山、吕梁山、太行山和黑茶山等八大林区，其他地区则分布稀少。

城乡工矿居民用地中，农村居民点用地最多，占城乡工矿居民用地的42.39%，工交建设用地占30.69，城镇用地占26.91%。除广大农村居民用地较分散外，城镇及工交建设用地大部分集中在盆地。

水域中，以滩地为主，占水域面积的46.69%，其次是河渠和水库坑塘，分别占31.97%和20.19%，湖泊分布很少，仅占1.15%。水域分布零散，包括区域内的黄河水面、水库坑塘和滩地等。

未利用土地中，以盐碱地为主，占未利用土地面积的49.14%；其次是裸土地，占30.72%，裸岩石砾地占14.28%，沼泽地占5.58%。

### 2.4.2 山西省20世纪80年代末至2015年土地利用时空特点

20世纪80年代末至2015年山西省土地利用一级类型动态总面积为4459.74平方千米，占全省面积的2.85%。其中，城乡工矿居民用地面积增加显著，耕地减少显著，林地和草地有所减少，水域略有减少（见图4）。

监测期间，山西省城乡工矿居民用地面积净增加最为显著（见表7），占监测初期城乡工矿居民用地面积的53.16%。新增城乡工矿居民用地中，城镇用地、农村居民点用地和工交建设用地增加分别占城乡工矿居民用地增加的30.05%、10.45%和59.50%。其中耕地变为城乡工矿居民用地面积最大，占其新增面积的53.52%；其次是草地，占其新增面积的21.62%，林地占其新增面积的11.43%。城乡工矿居民用地转变成其他类型的面积很少，仅30.52平方千米。

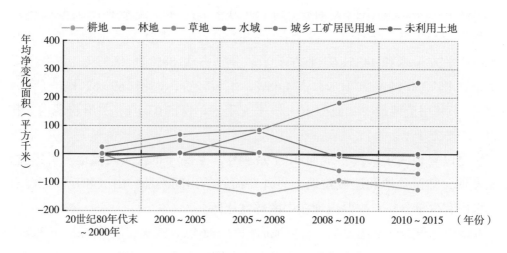

**图4 山西省不同时段土地利用分类面积年均净变化**

表 7    山西省 20 世纪 80 年代末至 2015 年土地利用分类面积变化

单位：平方千米

|  | 耕地 | 林地 | 草地 | 水域 | 城乡工矿居民用地 | 未利用土地 | 耕地内非耕地 |
|---|---|---|---|---|---|---|---|
| 新增 | 441.39 | 480.89 | 696.89 | 161.85 | 2574.86 | 6.99 | 96.90 |
| 减少 | 2109.04 | 701.19 | 900.49 | 215.99 | 30.52 | 2.01 | 508.54 |
| 净变化 | −1667.65 | −220.31 | −203.60 | −39.36 | 2544.34 | −1.78 | −411.64 |

耕地面积净减少显著，占 20 世纪 80 年代末耕地面积的 3.46%。耕地减少以变为城乡工矿居民用地为主，占耕地减少面积的 65.34%；其次是变为林地和草地，分别占耕地减少面积的 15.06% 和 14.01%，变为水域的占 5.51%。新增耕地 51.11% 是草地转变的，还有 29.50% 是水域转变的。

草地面积净减少，占 20 世纪 80 年代末草地面积的 0.45%。草地减少以变为城乡工矿居民用地为主，占草地减少面积的 61.83%；其次是草地变为耕地，占草地减少面积的 20.25%；转变为林地的面积占草地减少面积的 6.93%。新增草地的 42.40% 是耕地转变而来的，还有 41.82% 是由林地转变的。

林地面积净减少，占 20 世纪 80 年代末林地面积的 0.49%。林地减少以转变为城乡工矿居民用地（占 41.97%）和草地（41.57%）为主，转变为耕地的占 11.74%。新增林地的 66.05% 是由耕地转变而来，12.97% 由草地转变而来。

### 2.4.3　山西省2010年至2015年土地利用时空特点

2010~2015 年山西省城乡工矿居民用地面积增加显著，水域略有增加；耕地减少显著，草地和林地均有减少（见表 8）。

表 8    山西省 2010~2015 年土地利用分类面积变化

单位：平方千米

|  | 耕地 | 林地 | 草地 | 水域 | 城乡工矿居民用地 | 未利用土地 | 耕地内非耕地 |
|---|---|---|---|---|---|---|---|
| 新增 | 22.43 | 30.68 | 9.58 | 10.12 | 1285.18 | 4.10 | 5.70 |
| 减少 | 638.56 | 201.50 | 350.07 | 17.51 | 18.39 | 0.72 | 149.07 |
| 净变化 | −616.13 | −170.83 | −340.49 | 7.39 | 1266.79 | −3.38 | −143.37 |

2010~2015 年山西省城乡工矿居民用地面积净增加最为显著。新增城乡工矿居民用地中，城镇用地、农村居民点用地和工交建设用地增加分别占城乡工矿居民用地增加面积的 22.57%、5.98% 和 71.45%。其中耕地变为城乡工矿居民用地面积最大，占其新增面积的 47.66%；其次是草地，占其新增面积的 25.39%；林地占其新增面积的 14.93%。城乡工矿居民用地转变成其他类型的面积很少，仅 18.39 平方千

米。20 世纪 80 年代末至 2015 年山西省城乡工矿居民用地在不同的监测时段呈持续净增加态势，且增速不断加快。2010~2015 年的年增速高达 385.80 平方千米，为监测时段的峰值，是 2005~2010 年增速的 2.05 倍。城乡工矿居民用地增加主要分布在太原市、大同市、长治市、阳泉市、晋城市、朔州市和河津市等地，以城市扩展和工交建设用地为主。

耕地面积净减少显著。新增耕地的 55.13% 是草地转变的，28.78% 是林地转变的。耕地减少以变为城乡工矿居民用地为主，占耕地减少面积的 95.93%；其次是变为林地和水域，分别占耕地减少面积的 2.19% 和 1.84%。20 世纪 80 年代末至 2015 年山西省耕地在不同的监测时段呈先增后减态势。在 2000 年之前为耕地面积净增加阶段，2000~2008 年为耕地快速减少阶段，2008~2010 年耕地面积减少速度下降，2010~2015 年耕地面积减少速度较前一时段有所加快。

草地面积净减少。草地减少以变为城乡工矿居民用地为主，占草地减少面积的 93.20%；其次是草地变为耕地，占草地减少面积的 3.53%；转变为林地的面积占草地减少面积的 2.02%。新增草地的 84.70% 是由工交建设用地还草而来的。20 世纪 80 年代末至 2015 年山西省草地在不同的监测时段呈先略减后增再减少态势。在 2000 年之前为草地面积略有减少阶段，2000~2008 年为草地面积增加阶段，2008~2015 年为草地面积呈持续减少阶段。

林地面积净减少。林地减少以转变为城乡工矿居民用地为主，占林地减少面积的 95.21%；其次是转变为耕地，占 3.20%。新增林地的 45.54% 是由耕地转变而来，23.10% 由草地转变而来。20 世纪 80 年代末至 2015 年山西省林地在不同的监测时段呈先减后增再减少态势。在 2000 年之前为林地面积减少阶段，2000~2008 年为林地面积快速增加阶段，2008~2015 年为林地面积持续减少阶段。

## 2.5 内蒙古自治区土地利用

内蒙古自治区畜牧业发达，土地后备资源丰富，土地利用类型以草地为主，其次是未利用土地。土地利用空间分布从西南向东北呈现从耕地向林地、从未利用土地向草地逐渐过渡态势。土地利用变化总体呈减弱态势，但在 2000~2005 年和 2010~2015 年总动态面积出现明显增加。土地利用变化主要发生在大兴安岭东麓、阴山脚下、黄河岸边和呼伦贝尔地区。

### 2.5.1 内蒙古自治区2015年土地利用状况

2015 年，内蒙古自治区土地面积 1143330.56 平方千米，在土地利用构成中，草地面积最多，占比 41.10%；草地分布广泛，集中、连片出现在内蒙古高原、鄂尔多斯高原和呼伦贝尔大草原，覆盖度总体较高，自东向西、自北向南逐渐降低。内蒙古自治区地处中国生态脆弱带，大部分地区处于中国的干旱与半干旱区，降水量少，气候干燥，为未利用土地的大量分布提供了条件。

　　未利用土地成为该省域仅次于草地的第二大土地利用类型，面积 349596.08 平方千米，占 30.58%，集中分布在内蒙古自治区中西部地区，阴山山脉以西最为密集。未利用土地以戈壁为主，其次是沙地、沼泽地和裸岩石砾地，盐碱地和裸土地面积较少，不存在其他未利用土地。林地面积位居未利用土地之后，面积 178868.80 平方千米，约 4/5 为有林地，主要分布在大兴安岭地区，由北向南呈减少态势；此外，在阴山山脉也有成片分布。耕地面积 99739.04 平方千米，呈带状分布在水源相对充沛的大兴安岭东麓、阴山山脉、黄河沿岸和呼伦贝尔地区。城乡工矿居民用地面积为 14844.78 平方千米，仅占 1.30%，具有面积少、密度小、总体规模偏小的特点；其空间分布与耕地高度一致，以农村居民点用地为主，其次是城镇用地，工交建设用地的面积最少且多以煤矿的形式出现。水域是内蒙古自治区面积最小的土地利用类型，总面积 14326.25 平方千米，占比 1.25%，以滩地和湖泊为主。受环境条件限制，水域多属雨水补给的短暂水流，零散分布在内蒙古的中部和东南部地区以及呼伦贝尔地区。此外，内蒙古自治区还有耕地内非耕地 16013.41 平方千米，占 1.40%。

### 2.5.2　内蒙古自治区20世纪80年代末至2015年土地利用时空特点

　　20 世纪 80 年代末至 2015 年，内蒙古自治区土地利用变化主要出现在大兴安岭东麓、阴山脚下、黄河岸边和呼伦贝尔地区，一级类型动态面积合计 57181.56 平方千米，占该省域土地面积的 5.00%（见表 9）。各类土地利用类型变化差异显著，从净变化面积来看，耕地净增加面积最多，其后是未利用土地和城乡工矿居民用地，草地净减少显著，水域和林地略有减少（见图 5）。

表 9　内蒙古自治区 20 世纪 80 年代末至 2015 年土地利用分类面积变化

单位：平方千米

| | 耕地 | 林地 | 草地 | 水域 | 城乡工矿居民用地 | 未利用土地 | 耕地内非耕地 |
|---|---|---|---|---|---|---|---|
| 新增 | 18836.13 | 3868.85 | 14293.95 | 2084.09 | 3436.98 | 11705.99 | 2955.57 |
| 减少 | 7509.87 | 4524.78 | 31863.00 | 2439.45 | 15.47 | 9288.73 | 1540.27 |
| 净变化 | 11326.26 | −655.93 | −17569.05 | −355.37 | 3421.51 | 2417.27 | 1415.30 |

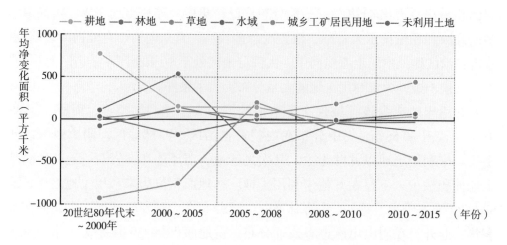

图5 内蒙古自治区不同时段土地利用分类面积年均净变化

内蒙古自治区草地资源丰富，草地是变化最显著也是净减少面积最多的土地利用类型。近30年来，草地净变化速度先减后增，除在2005~2008年净增加显著外，在其他四个时段均呈净减少变化。草地减少面积是新增面积的2.23倍，未利用土地和耕地既是新增草地的重要土地来源，又是草地减少的主要去向。减少的草地主要分布在内蒙古自治区的中东部地区，尤以通辽市、赤峰市、包头市和阿拉善盟东部最为集中；新增草地集中出现在呼伦贝尔市、赤峰市、锡林郭勒盟、赤峰市和巴彦淖尔市，未利用土地和耕地对新增草地的贡献分别为43.57%和35.89%。

耕地的动态总面积仅次于草地，也是净增加面积最多的地类。新增耕地面积是减少面积的2.51倍。耕地与草地之间的互相转换是耕地变化的主要特点，主要出现在内蒙古自治区中部、大兴安岭沿线以及地处环渤海经济区和东北经济区腹地的赤峰市。耕地净变化速度总体持续减缓，在2005年之前减速尤为显著；除在2008~2010年出现短暂的净增加外，在其余四个时段均呈净减少变化，且减少速度不断降低，于2010~2015年达到59.97平方千米，不足整个监测时段均值的1/5。

此外，城乡工矿居民用地和未利用土地也是内蒙古自治区变化相对显著的地类，二者均呈净增加变化，且前者净增加面积略高于后者，但总动态面积远少于后者。城乡工矿居民用地净变化速度持续增加，在2010~2015年增速尤为显著，达到450.92平方千米，是整个监测时段均值的3.69倍。新增城乡工矿居民用地主要土地来源是草地和耕地，以煤矿等工交建设用地为主，城镇用地次之，农村居民点用地最少，集中出现在大兴安岭东麓、阴山山脉以南、黄河沿岸和呼伦贝尔地区。内蒙古自治区自然地理环境脆弱，水热条件差，叠加人类活动的扰动，使得草地大量退化，导致未利用土地大量增加，主要出现在内蒙古自治区的中东部，尤以鄂尔多斯市、呼伦贝尔市、赤峰市、锡林郭勒盟和通辽市较为集中。

### 2.5.3　内蒙古自治区2010年至2015年土地利用时空特点

2010~2015 年，内蒙古自治区土地利用一级类型总动态面积 3650.72 平方千米，变化强度较 2008~2010 年加剧；变化分布与空间格局和 20 世纪 80 年代末至 2015 年高度一致。

林地在 2010~2015 年略有增加，净增加速度与近 30 年来的均值相当，其余土地利用类型的变化与过去 30 年存在较大差异。城乡工矿居民用地总动态面积与草地相当，成为净变化最明显的地类，5 年内净增加 2254.57 平方千米，且 70.19% 以煤矿等工交建设用地为主，城镇用地次之，占 26.26%，农村居民点用地最少，仅占 3.55%。耕地变化微弱，年均净增加面积仅为 59.97 平方千米，不足 20 世纪 80 年代末至 2015 年净增加速度的 1/5。水域呈净增加变化，净增加面积与耕地相当。草地依旧是净减少面积最多的土地利用类型，但净减少速度明显低于近 30 年来的均值。作为后备土地资源，更多的未利用土地在此期间被改造为其他土地利用类型，未利用土地呈现净减少变化。

## 2.6　辽宁省土地利用

辽宁省土地利用以林地为主，耕地次之，城乡工矿居民用地面积位居第三。20 世纪 80 年代末至 2015 年，城乡工矿居民用地、耕地和林地的动态变化较为显著。城乡工矿居民用地增加面积也持续上升，总体净增加了 20.44%。新增城乡工矿居民用地始终以占用耕地为主，2008 年后海域成为仅次于耕地的第二大土地来源。耕地在 2000 年前净增加，2000 年后逐渐减少，整个监测时段相比监测初期增加了 1.90%。林地在 2000 年前减少迅速，2000 年后林地面积稳定。2010~2015 年，在城乡工矿居民用地扩展加速的驱动下，土地利用年均动态变化面积接近 20 世纪 80 年代末至 2010 年的年均水平，是 2000 年以来动态变化最显著的时期。

### 2.6.1　辽宁省2015年土地利用状况

辽宁省遥感监测土地面积 147298.69 平方千米，土地利用类型以林地和耕地为主，面积分别为 61168.14 平方千米和 51687.76 平方千米，分别占省域面积的 41.53% 和 35.09%。城乡工矿居民用地面积位居第三，为 12848.67 平方千米，占省域面积的 8.72%。水域和草地面积较小，占省域面积的比例分别为 3.88% 和 3.18%。

另有极少量的未利用土地，占省域面积的 1.02%；耕地内非耕地 9686.53 平方千米。

林地是辽宁省最主要的土地利用类型，其中 82.98% 为有林地，是林地的最主要二级类型。有林地主要分布在辽宁省东部的长白山支脉，在西部的黑山和医巫闾山等区域有少量分布。此外，灌木林地和疏林地分别占林地总面积的 7.43% 和 7.35%，主要分布在西部的努鲁儿虎山、松岭等地，东部辽东半岛丘陵区有少量分布。

耕地面积仅次于林地，其中旱地 43971.12 平方千米，占耕地面积的 85.07%，主要分布在辽宁中部的辽河平原、西部低山丘陵的河谷地带，山地、丘陵间也有散布。另有水田 7716.65 平方千米，占耕地面积的 14.93%，集中分布在辽河下游冲积平原。

城乡工矿居民用地面积居第三位。农村居民点是城乡工矿居民用地最主要的二级类型，占该类面积的 61.42%，广泛且分散地分布于山区及平原地带。城镇用地次之，占 23.33%。工交建设用地占该类面积的 15.25%，主要为大城市周边的独立工厂和沿海盐场。

水域面积较小，其中水库坑塘面积 1930.25 平方千米，占水域面积的 33.75%；河渠和滩地面积分别占水域面积的 20.40% 和 35.00%；具有少量海涂与湖泊资源，分别占水域面积的 8.07% 和 2.79%。

草地面积较小，主要分布在辽西北的低山丘陵区，以中覆盖度草地为主，占草地总面积的 70.07%；高覆盖度草地占 23.25%，其余 6.68% 为低覆盖度草地。

未利用土地面积最小，86.80% 为沼泽地，较集中地分布在靠近辽河入海口的辽河下游冲积平原，即辽河三角洲湿地；其余零星分布的少量未利用土地包括盐碱地、沙地、裸岩石砾地和裸土地。

### 2.6.2　辽宁省20世纪80年代末至2015年土地利用时空特点

20 世纪 80 年代末至 2015 年，辽宁省土地利用一级类型动态变化面积 9071.43 平方千米，占省域面积的 6.16%。土地利用变化以城乡工矿居民用地显著增加为主要特点，同时耕地和水域小幅度增加，林地、草地和未利用土地不同程度减少（见表 10）。

表 10　辽宁省 20 世纪 80 年代末至 2015 年土地利用分类面积变化

单位：平方千米

| | 耕地 | 林地 | 草地 | 水域 | 城乡工矿居民用地 | 未利用土地 | 耕地内非耕地 |
|---|---|---|---|---|---|---|---|
| 新增 | 3008.84 | 1148.93 | 925.57 | 895.48 | 2247.70 | 93.77 | 570.11 |
| 减少 | 2044.88 | 3449.47 | 1368.26 | 590.72 | 67.43 | 322.52 | 414.51 |
| 净变化 | 963.95 | −2300.53 | −442.68 | 304.76 | 2180.27 | −228.76 | 155.60 |

城乡工矿居民用地净增加 2180.27 平方千米，相比监测初期增加了 20.44%，增加面积及幅度均很大。新增的城乡工矿居民用地以工交建设用地为主，占新增总面积的 46.17%，主要分布于沿海地区。其次为城镇用地，占新增总面积的 36.39%，以原有城镇的外延式扩展为主。城乡工矿居民用地增加速度持续上升，20 世纪 80 年代末至 2000 年年均净增加面积 32.49 平方千米，至 2010~2015 年年均净增加 199.70 平方千米，年均增加面积加大了 5.15 倍（见图 6）。在各个监测期新增城乡工矿居民用地始终以占用耕地为主，耕地在新增城乡工矿居民用地土地来源中的比例为 49.24%。海域开发在 2008 年后逐渐成为城乡工矿居民用地的重要土地来源途径之一，仅次于耕地。

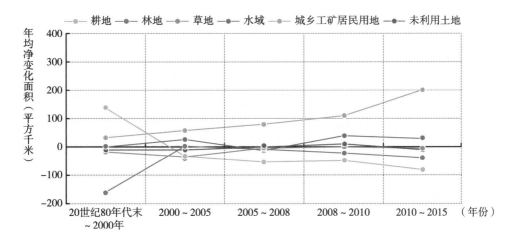

**图 6　辽宁省不同时段土地利用分类面积年均净变化**

耕地动态变化以增加为主，新增耕地 3008.84 平方千米，同时因建设占用等原因导致耕地面积减少 2044.88 平方千米，整个监测时段净增加 963.95 平方千米，净增加幅度不大，为 1.90%。耕地在不同时期的变化特点差别很大。在 2000 年前耕地大量增加，净增加 1775.90 平方千米。2000 年后耕地新增面积显著下降，同时由于城乡工矿居民用地建设占用等原因，耕地减少的速度较此前时期有所上升，耕地净面积变化开始表现为净减少。这种净减少的趋势从 2000 年后一直持续至监测末期的 2015 年。

水域净增加 304.76 平方千米，相比监测初期增加了 5.63%，净增加面积与幅度均较小。新增水域 895.48 平方千米，主要来自海域开发的养殖坑塘或其他用途的围填海域，占新增水域面积的 61.89%。水域减少 590.72 平方千米，主要为城乡工矿居民用地占用以及潮汐引起的海涂向海域的自然转变，分别占减少水域面积的 39.30% 和 30.59%。

林地动态变化以减少为主，减少面积 3449.47 平方千米，同时有少量的新增林地，为 1148.93 平方千米。整个监测时段林地总面积净减少了 2300.53 平方千米，相比监测初期减少了 3.62%，净减少面积较大，但净减少的幅度不大。林地的动态变化也具有明显的阶段性特点。2000 年前，林地大面积减少，年均减少 223.98 平方千米，占整个监测时段林地减少面积的 84.41%。这个时期林地减少主要由毁林开垦所致，开垦毁林面积占同期林地减少总面积的 63.60%。2000 年后，由于对林地保护意识的增强以及国家对林地资源保护政策的引导，林地减少速度显著减缓，此后监测时期林地面积趋于稳定。

草地的动态变化以减少为主，减少面积 1368.26 平方千米，同时有少量的新增草地，为 925.57 平方千米。草地总面积净减少 442.68 平方千米，相比监测初期减少了 8.63%，虽然净减少面积不大，但减少幅度较大。草地在不同监测时段的变化特点基本相似，除 2008~2010 年草地有极小幅度的净增加之外，各个时段均为净减少。但是在各时期草地减少的主要原因有所不同。2000 年前，开垦耕地是草地减少的主要原因，占同期草地减少面积的 59.16%。2000~2005 年，开垦耕地仍然是草地减少的主要因素，同时造林导致的草地减少面积比例明显上升。至 2005~2008 年，草地造林成为该时期草地减少的最主要原因，占同期草地减少面积的 52.82%。2008~2010 年和 2010~2015 年，城乡工矿居民用地占用是草地减少的主要原因，分别占同期草地减少面积的 59.14% 和 82.96%。

未利用土地动态变化以减少为主，减少面积 322.52 平方千米，同时有少量的新增未利用土地，为 93.77 平方千米。整个监测时段未利用土地净减少 228.76 平方千米，净减少面积很小，相比监测初期减少了 13.22%，减少幅度较大。未利用土地中的沼泽地减少最为明显，占未利用土地减少总面积的 84.43%，主要为开垦耕地占用，另有一部分为坑塘和城乡工矿居民用地占用；盐碱地也有所减少，占未利用土地减少总面积的 14.52%。

### 2.6.3　辽宁省2010年至2015年土地利用时空特点

2010~2015 年辽宁省土地利用一级类型动态总面积 1628.54 平方千米，年均动态变化面积接近 20 世纪 80 年代末至 2010 年的年均水平，是 2000 年以来动态变化最显著的时期。2010~2015 年土地利用变化以城乡工矿居民用地增加、耕地和林地减少为主要特点。

城乡工矿居民用地年均扩展面积 207.13 平方千米，扩展速度快于此前的各监测时段。工交建设用地的大面积增加是 2010~2015 年城乡工矿居民用地增加的主要驱动力，尤以沿海地区工交建设为主。

耕地年均净减少 81.64 平方千米，略高于自 2000 年耕地呈净减少态势以来的平均水平，建设占用是耕地减少面积的 96.17%，是耕地流失的最主要原因，较为集中地发生于城镇周边，部分发生于沿海地带。

林地年均净减少 38.29 平方千米，低于 20 世纪 80 年代末以来林地减少的平均速度，但是近 15 年来，主要受城乡工矿居民用地扩展影响，林地减少速度呈上升态势。

水域面积年均净增加 25.59 平方千米，在沿海地带围填海活动驱动下，水域增加速度高于此前各时期。

## 2.7　吉林省土地利用

吉林省土地利用以林地为主，耕地次之，其他土地类型面积普遍不大。20 世纪 80 年代末至 2015 年，耕地、草地和城乡工矿居民用地动态变化相对显著。耕地面积净增加 6.83%。草地面积净减少 33.85%，减少显著。城乡工矿居民用地净增加 12.27%，新增城乡工矿居民用地始终以占用耕地为主。

### 2.7.1　吉林省2015年土地利用状况

吉林省遥感监测土地面积 191093.59 平方千米，土地利用类型以林地和耕地为主。林地面积 84504.46 平方千米，占省域面积的 44.22%，耕地面积 63810.55 平方千米，占 33.39%，该两种土地利用类型合计占据了省域面积的 77.61%。其余土地利用类型面积均较小，从大到小依次是未利用土地、城乡工矿居民用地、草地和水域，占省域面积的比例依次是 6.11%、4.06%、3.73% 和 2.37%；另有耕地内非耕地 11675.67 平方千米。

林地是吉林省最主要的土地利用类型，且 94.97% 为有林地，优质林地资源丰富。灌木林地等其他林地比例仅 5.03%。东部的长白山区是林地的集中分布区域。

耕地面积仅次于林地，也是吉林省重要的土地利用类型。其中旱地面积 54615.88 平方千米，主要分布在中西部平原，东部山区的居民点周围也有散布。另有 9194.68 平方千米水田，主要分布在西部和北部，集中于靠近嫩江、松花江和洮儿河的水资源丰富区域。

未利用土地是面积居第三位的类型。未利用土地中 68.46% 为盐碱地，28.82% 为沼泽地，主要分布在吉林省西部科尔沁草原和松辽平原交会地带。沙地等其他未利用土地类型极少。

城乡工矿居民用地是面积居第四位的类型，以广布的农村居民点为主，占该类面积的 74.74%；城镇用地次之，占 20.72%，在中部松辽平原和嫩江平原西部分布

相对密集；工交建设用地面积不大，仅占该类面积的 4.54%。

草地面积较小，以高、中覆盖度草地为主，分别占草地总面积的 53.24% 和 41.33%；低覆盖度草地很少，仅占 5.43%。草地在吉林省西部的科尔沁草原和松辽平原交会地带分布较多，在林区也有散布。

水域面积小，其中湖泊占水域面积的 32.26%，主要湖泊有查干湖、月亮湖、松花湖等；其次是水库坑塘和滩地（主要有丰满水库、白山水库、云峰水库和二龙山水库等），分别占 25.61% 和 25.32%；此外的 16.81% 为河渠。

### 2.7.2 吉林省20世纪80年代末至2015年土地利用时空特点

20 世纪 80 年代末至 2015 年，吉林省土地利用一级类型动态变化面积 13577.52 平方千米，占省域面积的 7.11%。吉林省土地利用变化的典型特征是呈现明显的阶段性。2000 年前土地利用变化剧烈，此后趋于平稳。从类型上看，耕地大面积增加是吉林省土地利用变化的主要特点，此外城乡工矿居民用地有所增加，草地显著减少（见表 11）。

表 11　吉林省 20 世纪 80 年代末至 2015 年土地利用分类面积变化

单位：平方千米

|  | 耕地 | 林地 | 草地 | 水域 | 城乡工矿居民用地 | 未利用土地 | 耕地内非耕地 |
|---|---|---|---|---|---|---|---|
| 新增 | 5863.53 | 1835.22 | 1709.64 | 599.54 | 854.78 | 1818.12 | 896.69 |
| 减少 | 1782.61 | 2073.98 | 5358.99 | 1245.70 | 7.34 | 2786.22 | 322.67 |
| 净变化 | 4080.91 | −238.76 | −3649.35 | −646.15 | 847.43 | −968.11 | 574.02 |

耕地面积净增加 4080.91 平方千米，相比监测初期增加了 6.83%，增加面积与增加幅度均很大，是吉林省土地利用变化的主要特点。新增耕地现象在 2000 年前最为明显，仅 2000 年前新增耕地的面积就占整个监测时段新增耕地总面积的 80.80%；耕地增加现象一直持续到 2005 年。新增耕地主要来源于开垦草地，占新增耕地面积的 52.48%，其次为毁林种植和开垦未利用土地，分别占 20.90% 和 20.44%。2005 年之后随着林地和草地保护政策的引导及自然资源保护意识的增强，开垦耕地活动显著减少，同时随着退耕还林、还草政策以及城乡工矿居民用地扩展占用等原因，2005 年以后耕地面积持续小幅度减少，这种变化趋势一直持续到监测末期。

城乡工矿居民用地净增加 847.43 平方千米，相比监测初期增加了 12.27%，增加幅度较大。城乡工矿居民用地增加速度不断上升，从 20 世纪 80 年代末至 2000 年年均净增加 12.40 平方千米，2010~2015 年年均净增加 75.59 平方千米（见图 7）。

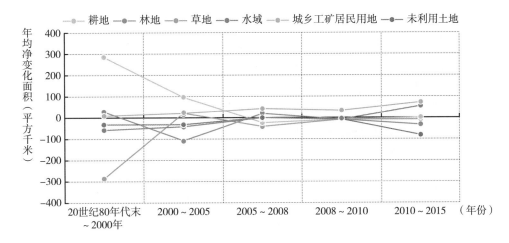

图 7　吉林省不同时段土地利用分类面积年均净变化

新增城乡工矿居民用地的土地来源始终以占用耕地为主，耕地在新增城乡工矿居民用地土地来源中所占的比例为 71.20%。此外，新增城乡工矿居民用地的土地来源主要为林地，占 9.27%。

　　草地净减少 3649.35 平方千米，相比监测初期减少了 33.85%，减少面积与减少幅度均非常大，草地显著减少是吉林省土地利用动态变化的又一主要特点。草地显著减少发生在 2000 年前，该时期草地减少的面积占整个监测时段草地减少总面积的 85.89%。2000 年后，草地减少的速度大幅下降，草地面积趋于稳定。草地减少的最主要原因是开垦耕地，占草地减少总面积的 57.42%，其次是退化为未利用土地或还林，占草地减少总面积的 17.16% 和 15.64%。2005~2008 年与整体规律略有不同，草地减少的主要去向是林地，占 64.37%，其次为耕地。

　　未利用土地的变化以减少为主，净减少面积 968.11 平方千米，相比监测初期减少了 7.65%。未利用土地减少面积 2786.22 平方千米，以沼泽地减少为主，占未利用土地减少总面积的 50.10%。减少的最主要原因是开垦耕地，占未利用土地减少总面积的 43.01%，其次为转变为草地，占 30.90%。未利用土地减少的现象在 2005 年之前较为明显，2005 年之后其面积基本稳定，2010~2015 年未利用土地因水田开垦和水域增加等再次出现较明显的减少。

　　水域动态变化以减少为主，净减少 646.15 平方千米，相比监测初期减少了 12.48%，净减少面积不大，但净减少幅度较大，仅次于草地。水域减少面积 1245.70 平方千米，以湖泊面积缩减为主，占 67.98%，主要去向是未利用土地中的沼泽地。水域变化在 2010~2015 年出现新的特点，由于河湖水量增加、松花江干流水库建设以及坑塘增加等，水域呈现净增加的新特点，年均净增面积 52.65 平方千米。

林地动态变化以减少为主，净减少238.76平方千米，相比监测初期减少了0.28%。林地净减少面积和幅度均很小，但是林地的增减变化依然较大。原有林地减少2073.98平方千米，同时新增林地1835.22平方千米，减少和新增的林地二级类型均以有林地为主，基本维持了数量上的动态平衡。但空间分布不同，减少的林地主要分布于长白山脉向松嫩平原过渡地带，主要原因是耕地开垦，占林地减少面积的59.09%，其次是变为草地，占23.28%。新增的林地集中分布在松辽平原西部的科尔沁草原东陲，主要土地来源是草地和耕地，分别占新增林地总面积的45.67%和40.94%。

### 2.7.3 吉林省2010年至2015年土地利用时空特点

2010~2015年吉林省土地利用一级类型动态总面积932.08平方千米，相比20世纪80年代末至2015年的年均水平，该时段土地利用动态变化不大。2010~2015年土地利用变化以城乡工矿居民用地和水域增加、未利用土地减少为主要特点。

城乡工矿居民用地年均扩展面积75.59平方千米，扩展速度快于此前的各监测时段，但相比其他省级行政单元，这一扩展幅度不大。城镇用地和工交建设用地的增加是2010~2015年城乡工矿居民用地增加的主要驱动力，较为集中地分布在长春市和吉林市两个大城市周边，中小城市如松原、白城、抚松也出现一定规模的扩展。

水域面积年均净增加52.65平方千米，是该时段出现的新的土地利用变化特点，在此之前水域总面积一直呈减少或稳定态势。位于吉林西部松嫩平原的湖泊与河流水量增加是水域面积增加的主要原因，占水域新增面积的67.52%；松花江干流新建水库以及吉林西部新增的坑塘，是水域面积增加的第二原因，占水域新增面积的32.35%。

未利用土地年均净减少80.93平方千米，高于此前各监测时段。其中因水域增加使得盐碱地、沼泽地等转变为水域是未利用土地减少的最主要原因，占减少总面积的51.18%；其次为耕地开垦，占减少总面积的32.03%。

耕地、林地和草地分别有很小幅度的减少，面积基本稳定。

## 2.8 黑龙江省土地利用

黑龙江省土地利用以林地为主，耕地其次，林业与农业的优势地位突出。20世纪80年代末至2015年，耕地面积大幅增加，净增加了14.36%，且主要发生在2000年之前，占整个监测时段耕地净增加面积的89.44%。未利用土地、草地和林地等以自然属性为主的土地利用类型全面减少。其中，草地减少最显著，主要原因为开垦耕地。城乡工矿居民用地增加速度持续上升。20 世纪 80 年代末至 2000 年黑龙江省土地利用变化最为剧烈，占整个监测时段动态变化总量的 70.82%，2000年后一直持续到 2015 年，土地利用变化不大，利用方式趋于稳定。

### 2.8.1 黑龙江省2015年土地利用状况

黑龙江省遥感监测土地面积 452563.28 平方千米，土地利用类型以林地和耕地为主。林地面积 195788.80 平方千米，占省域面积的 43.26%，耕地面积148164.34 平方千米，占 32.74%，二者合计占省域面积的 76.00%。未利用土地和草地面积分别为 36005.89 平方千米和 35541.89 平方千米，各占省域面积的 7.96%和 7.85%。水域和城乡工矿居民用地分别为 12575.03 平方千米和 10437.03 平方千米，各占 2.78% 和 2.31%，是面积较小的土地利用类型；另有耕地内非耕地14050.30 平方千米。

林地是黑龙江省最主要的土地利用类型，且以有林地为主，占林地总面积的94.24%。灌木林地等其他林地比例为 5.76%。林地集中分布区域为西部和北部的大小兴安岭山区以及东南部的张广才岭、老爷岭和完达山脉。

耕地面积仅次于林地，其中旱地面积 123337.15 平方千米，占耕地面积的83.24%；其余 16.76% 为水田。耕地主要分布在黑龙江西南部的松嫩平原和东北部的三江平原。

未利用土地是面积居第三位的类型，主要为沼泽地，占该类面积的 88.26%，主要分布在三江平原和乌裕尔河流域南部，在大小兴安岭的低洼地带也有较大面积的散布；盐碱地次之，占该类面积的 10.73%，散布于松嫩平原。

草地是面积居第四位的类型，以高覆盖度草地为主，占草地总面积的 81.63%，散布于林区或成片分布于松嫩平原中部和三江平原的西南部等；中覆盖度草地次之，占 17.40%，主要分布在松嫩平原；少有低覆盖度草地，仅占 0.97%。

水域面积较小，其中滩地占水域面积的 36.41%；其次是湖泊和河渠，分别占27.33% 和 23.52%，主要湖泊有兴凯湖、镜泊湖、连环湖等，主要河流包括黑龙江、乌苏里江、松花江、绥芬河四大水系。此外的 12.75% 为水库坑塘，主要水库有尼尔基水库、莲花水库和镜泊湖水库等。

城乡工矿居民用地面积最小，且以农村居民点为主，占该类面积的 70.84%，散布于松嫩平原、三江平原及山区谷地；城镇用地次之，占 22.74%，在西部松嫩平原和东北部三江平原分布相对密集；工交建设用地面积不大，仅占该类面积的6.41%，分布分散。

### 2.8.2 黑龙江省20世纪80年代末至2015年土地利用时空特点

20 世纪 80 年代末至 2015 年，黑龙江省土地利用一级类型动态变化面积 35047.89 平方千米，占省域面积的 7.74%。变化的主要特点是土地利用变化集中发生于 2000 年前，2000 年后土地利用趋于稳定。土地类型变化的主要特点是耕地增加显著，城乡工矿居民用地有所增加，以自然属性为主的林地、草地、水域和未利用土地面积全面减少，其中林地、草地和未利用土地减少最显著（见表 12）。

表 12　黑龙江省 20 世纪 80 年代末至 2015 年土地利用分类面积变化

单位：平方千米

|  | 耕地 | 林地 | 草地 | 水域 | 城乡工矿居民用地 | 未利用土地 | 耕地内非耕地 |
|---|---|---|---|---|---|---|---|
| 新增 | 21978.32 | 3022.64 | 4110.26 | 1203.27 | 1137.06 | 1636.39 | 1959.94 |
| 减少 | 3368.00 | 11380.61 | 11946.41 | 1503.12 | 76.38 | 6471.92 | 301.44 |
| 净变化 | 18610.32 | −8357.96 | −7836.15 | −299.85 | 1060.68 | −4835.54 | 1658.50 |

耕地显著增加，面积净增加 18610.32 平方千米，相比监测初期增加幅度为 14.36%。耕地大幅度增加集中发生在 2000 年之前，年均净增加 1280.44 平方千米，增加规模和速度十分可观。此时期新增耕地的主要来源为毁林开垦耕地，占同期新增耕地面积的 44.09%，其次为草地和未利用土地的开垦，分别占 35.58% 和 18.36%。2000~2005 年耕地增加速度明显下降，年均净增耕地面积 263.10 平方千米；此后时期耕地增加面积呈现逐渐下降态势，但耕地的总面积持续增加，直至 2010~2015 年耕地面积开始净减少。另外，因生态恢复或建设占用等导致的耕地减少面积 3368.00 平方千米。耕地转变为林地、城乡工矿居民用地、草地和未利用土地，分别占耕地减少面积的 31.61%、24.40%、21.56%% 和 13.99%。建设占用导致耕地减少自 2008 年显著上升，是 2008~2010 年及 2010~2015 年两个时段耕地减少的最主要原因。

城乡工矿居民用地净增加 1060.68 平方千米，相比监测初期增加了 11.31%，增加幅度较大。新增的城乡工矿居民用地以城镇用地为主，占 40.35%，其次为工交建设用地，占 31.76%，其余的 27.89% 为农村居民点。20 世纪 80 年代末以来，城乡工矿居民用地增加速度不断上升（见图 8）。2000 年前年均新增 14.64 平方千米，扩展速度不快；2010~2015 年城乡工矿居民用地年均新增 114.98 平方千米，扩展速度大幅度上升。新增城乡工矿居民用地的土地来源始终以占用耕地为主，其中 72.28% 来自耕地，其他土地来源主要为林地和草地。

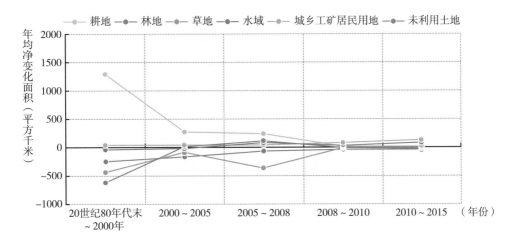

图 8　黑龙江省不同时段土地利用分类面积年均净变化

　　林地动态变化以林地减少为主，净减少 8357.96 平方千米，净减少面积较大，但相比监测初期减少了 4.09%，净减少的幅度不大。林地减少了 11380.61 平方千米，大面积减少的现象主要发生在 2000 年前，整个监测时段林地减少面积的 86.50% 发生于此时段，年均减少 757.25 平方千米。此时期林地减少主要由毁林开垦所致，2000 年前林地变为耕地的面积占同期林地减少总面积的 80.76%。2000 年后林地减少不再显著，年均减少面积为 102.43 平方千米，且呈现逐渐平稳的趋势。另外，新增林地面积 3022.64 平方千米，主要土地来源是草地和耕地，分别占新增林地总面积的 59.49% 和 35.22%。林地新增速度相对较快的时期是 2005~2008 年，年均新增 273.26 平方千米，也使得该时期的林地面积变化呈现净增加态势，这一变化趋势与退耕还林政策的实施吻合。

　　草地净减少 7836.15 平方千米，相比监测初期减少了 18.06%，净减少面积与幅度均较大。草地减少面积 11946.41 平方千米，减少的速度呈现波动下降的趋势。各时期草地减少的最主要原因均为草地开垦耕地，草地变为耕地的面积占草地减少总面积的 70.99%，特别是在 2000 年前，这一比例高达 78.75%。同时，有少量的新增草地，面积为 4110.26 平方千米，主要土地来源是林地、未利用土地和耕地，分别占新增草地总面积的 44.25%、25.68% 和 17.67%。

　　未利用土地净减少 4835.54 平方千米，相比监测初期减少了 11.84%，净减少面积与幅度较大。未利用土地减少面积 6471.92 平方千米，沼泽地减少是未利用土地减少的最主要类型，占未利用土地减少总面积的 90.20%。开垦耕地是未利用土地减少的最主要原因，占未利用土地减少总面积的 66.62%。从时间过程看，未利用土地持续减少，但减少的速度在 2005 年之后明显减缓。

水域净减少 299.85 平方千米，相比监测初期减少了 2.33%，净减少面积与幅度均较小。水域面积在 2005 年之前的两个时段净减少，主要由滩地开垦耕地以及湖泊水量减少转变为沼泽地所致；但在 2005 年之后一直到监测末期，水域面积均呈现增加态势，其原因包括沼泽地开发为坑塘，也包括自然水量增加使得沼泽地向湖泊转变。

### 2.8.3 黑龙江省2010年至2015年土地利用时空特点

2010~2015 年黑龙江省土地利用一级类型动态总面积 1456.83 平方千米，相比 20 世纪 80 年代末至 2015 年的年均水平，该时段土地利用动态变化不大。2010~2015 年土地利用变化以城乡工矿居民用地和水域增加、未利用土地减少为主要特点。

城乡工矿居民用地年均扩展面积 113.65 平方千米，扩展速度快于此前的各监测时段。城镇用地和工交建设用地的增加是 2010~2015 年城乡工矿居民用地增加的主要驱动力。哈尔滨、大庆、齐齐哈尔城市周边新增面积分布较集中，同时也散布于中等城市周边。

水域面积年均净增加 56.86 平方千米。位于黑龙江西南部松嫩平原的湖泊与河流水量增加是水域面积增加的主要原因，占水域新增面积的 66.31%；松嫩平原新增的坑塘，是水域面积增加的第二原因，占水域新增面积的 33.16%。

未利用土地年均净减少 73.29 平方千米，相比此前 5 年减少速度略有增加，但低于 20 世纪 80 年代末至 2015 年的年均水平。

耕地、林地和草地分别有很小幅度的减少，面积基本稳定。

# 2.9 上海市土地利用

上海市位于长江入海口，平坦的地形特点和快速的城市扩展决定了其土地利用类型以城乡工矿居民用地、耕地和水域为主，这 3 种一级类型的面积分别占了上海市总面积的 33.51%、29.56% 和 25.75%。持续快速的城镇扩展造成的城乡工矿居民用地面积大幅增加和耕地面积持续减少，是 20 世纪 80 年代以来上海市土地利用变化最主要的特点。上海市各土地利用类型面积的年均净变化速度经过 2008~2010 年的减缓之后，在 2010~2015 年又开始加快。

### 2.9.1 上海市2015年土地利用状况

上海市 2015 年的遥感监测土地总面积为 8548.25 平方千米，伴随着城市扩展，城乡工矿居民用地成为上海市面积最大的土地利用类型，面积达到了 2864.91 平方千米，占上海市总面积的 33.51%，比 2010 年净增加了 403.14 平方千米。其次是耕地，面积为 2526.99 平方千米，占总面积的 29.56%，比 2010 年净减少了 266.28 平方千米。上海市水域面积为 2201.54 平方千米，占总面积的 25.75%。城乡工矿居民用地、耕地和水域是上海市最主要的土地利用类型，这 3 类的面积共占上海市总面积的 88.82%。剩下 11.18% 的土地利用类型分别是耕地内非耕地（9.86%）、林地（1.13%）和草地（0.17%）。

城乡工矿居民用地中城镇用地面积最大，达到 1574.18 平方千米，占城乡工矿居民用地的 54.95%；其次是农村居民点用地，面积是 954.40 平方千米，占 33.31%；工交建设用地面积是 336.34 平方千米，占 11.74%。城镇用地主要分布在长江南岸的黄浦江两侧，涵盖了上海市整个中心城区及其外围。农村居民点用地则密集分布在城镇用地周边，并随着与市中心的距离增加而减少，沿海地带和崇明岛等岛屿的分布密度最低。工交建设用地主要是码头和工厂等，大多分布在东南部的沿海地带。

上海市耕地以水田为主，水田面积为 2257.46 平方千米，占上海市耕地面积的 89.33%，旱地面积是 269.53 平方千米，占耕地面积的 10.67%。耕地主要分布在上海市南部以及崇明岛等岛屿上，尤其是旱地主要分布在崇明岛北部和东部的长江口沿岸。

上海市境内水网密布，长江和黄浦江是境内最主要的 2 条河流，因此河渠是上海市水域中面积最大的类型，为 1143.37 平方千米，占上海市水域面积的 51.94%。其次为滩地，面积是 407.85 平方千米，占水域面积的 18.53%。同时又因为上海市位于长江入海口，所以也有大量的海涂，其面积是 390.41 平方千米，占 17.73%。水库坑塘主要分布在与江苏和浙江交界的地区，面积为 258.26 平方千米，占 11.73%。湖泊只有零星分布，面积仅为 1.64 平方千米。

林地中绝大部分是其他林地，面积为 87.58 平方千米，占上海市林地面积的 90.48%；其次是有林地，面积为 7.17 平方千米，占 7.41%；最少的是疏林地，面积仅有 2.04 平方千米，占 2.11%。林地在上海市境内呈零星分布，崇明岛等岛屿是林地的主要分布区域。

上海市 14.83 平方千米的草地类型全部都是高覆盖草地，集中分布在崇明岛的长江口沿岸，以及长兴岛和横沙岛沿岸。

### 2.9.2　上海市20世纪80年代末至2015年土地利用时空特点

上海市 20 世纪 80 年代末至 2015 年土地利用变化显著，从变化趋势上看，近 30 年来的土地利用变化是一个土地利用类型不断向城乡工矿居民用地集中的过程（见表 13）。20 世纪 80 年代末至 2015 年，上海市土地利用二级类型动态变化面积

总共 2653.73 平方千米，其中涉及城乡工矿居民用地二级类型变化的面积就达到了1726.76 平方千米，占总动态面积的 65.07%。另一个面积有所增加的土地利用类型是水域，面积净增加了 179.86 平方千米。

表 13　上海市 20 世纪 80 年代末至 2015 年土地利用分类面积变化

单位：平方千米

|  | 耕地 | 林地 | 草地 | 水域 | 城乡工矿居民用地 | 未利用土地 | 耕地内非耕地 |
|---|---|---|---|---|---|---|---|
| 新增 | 66.46 | 13.97 | 10.52 | 369.93 | 1727.02 | — | 19.70 |
| 减少 | 1196.99 | 23.34 | 41.96 | 190.07 | 0.26 | — | 457.12 |
| 净变化 | −1130.53 | −9.37 | −31.44 | 179.86 | 1726.76 | — | −437.42 |

城乡工矿居民用地的变化又集中在城镇用地的变化上。得益于城市的快速扩展，2015 年上海市城镇用地面积是 20 世纪 80 年代末的 2.39 倍，净增加了 916.47 平方千米，占整个城乡工矿居民用地净增加面积的 53.07%。农村居民点用地面积净增加了 507.07 平方千米，工交建设用地面积净增加了 303.22 平方千米。城乡工矿居民用地面积的来源主要是耕地，20 世纪 80 年代末至 2015 年共有 1162.13 平方千米的耕地转变成城乡工矿居民用地，占乡工矿居民用地新增面积的 67.29%。其余的城乡工矿居民用地新增面积主要来自于耕地内部非耕地以及城乡工矿居民用地内部二级类型的相互转变。

上海市耕地在 20 世纪 80 年代末至 2015 年期间大幅减少，20 世纪 80 年代末的耕地有约 32.73% 被其他土地利用类型占用，耕地面积净减少了 1130.53 平方千米，其中水田净减少 1082.58 平方千米，旱地净减少 47.95 平方千米。绝大部分减少的耕地流向了城乡工矿居民用地，比例高达 97.09%。耕地转变为城镇用地的面积为 502.60 平方千米，转变为农村居民点用地面积为 453.76 平方千米，转变为工交建设用地面积为 205.77 平方千米。

从不同时段的土地利用类型年均净变化速度来看，2008 年之前上海市土地利用面积净变化速度是逐渐变快的，在 2008~2010 年有所减慢，而到了 2010~2015 年又开始急剧加快（见图 9）。在 2005~2008 年，城乡工矿居民用地、耕地和耕地内非耕地的面积净变化速度都达到了最大。这期间城乡工矿居民用地每年净增加 123.59 平方千米，耕地每年净减少 82.28 平方千米，耕地内非耕地每年净减少 30.88 平方千米。

### 2.9.3　上海市2010年至2015年土地利用时空特点

上海市 2010~2015 年土地利用时空特点与总体时段类似，依旧以城乡工矿居民

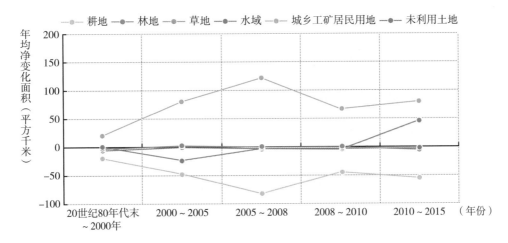

图 9  上海市不同时段土地利用分类面积年均净变化

用地面积增加和耕地面积减少为最主要的动态特征。特别是到了 2015 年，随着 20 世纪 80 年代末以来持续的城市扩展，上海市城乡工矿居民用地面积已经超过了耕地面积，成为上海市面积最大的土地利用类型。

2010~2015 年，上海市城乡工矿居民用地面积净增加了 403.13 平方千米，其中城镇用地面积净增加 446.92 平方千米，农村居民点用地面积净减少 28.71 平方千米，工交建设用地面积净减少 15.08 平方千米。减少的农村居民点用地和工交建设用地全都转变成为城镇用地。城镇用地增加的面积大部分来源于耕地，2010~2015 年共有 186.98 平方千米，占城镇用地新增面积的 41.84%。另外，农村居民点的城镇化进程也促进了上海市城镇用地的扩展，共有 109.71 平方千米的农村居民点用地转变成城镇用地，占 24.55%。

相对于其他监测时段，2010~2015 年上海市土地利用的另一个时空特点就是水域面积的增加，面积净增加了 252.02 平方千米。水域面积增加的类型主要集中在海涂和滩地，海涂面积净增加 281.97 平方千米，滩地面积净增加 142.63 平方千米。海涂面积的增加也导致 2015 年上海市土地总面积比 2010 年增加了 282.39 平方千米。

## 2.10  江苏省土地利用

江苏省地跨长江和淮河两大水系，地势平坦，河渠湖泊众多，土地利用类型以耕地和城乡工矿居民用地为主，分别占江苏省土地总面积的 43.76% 和 21.80%。20 世纪 80 年代末至 2015 年江苏省土地利用变化集中体现在耕地向城乡工矿居民用地的转变上。涉及城乡工矿居民用地的二级类型动态面积是 9072.89 平方千米，占

全省二级类型动态面积的 65.12%。相对于 20 世纪 80 年代末以来的整个监测时段，2010~2015 年江苏省土地利用的特点就在于农村居民点用地面积出现了净减少，其原因就是农村的快速城镇化和新农村建设导致的农村居住用地集约化整理。

### 2.10.1　江苏省2015年土地利用状况

江苏省 2015 年遥感监测土地总面积为 102062.14 平方千米，土地利用类型构成当中以耕地为主，面积为 44661.60 平方千米，占江苏省总面积的 43.76%，较 2010 年净减少 1773.92 平方千米。第二大土地利用类型是城乡工矿居民用地，面积是 22252.21 平方千米，占 21.80%，较 2010 年净增加 2478.89 平方千米。水域是江苏省第三大土地利用类型，面积为 14099.90 平方千米，占 13.82%。林地、草地和未利用土地在江苏省分布较少，面积仅分别为 3073.46 平方千米、775.42 平方千米和 168.38 平方千米。这 3 种土地利用类型合计仅占江苏省总面积的 3.94%。江苏省土地总面积还包括 17031.16 平方千米的耕地内非耕地。

江苏省地处黄淮海平原和长江中下游平原，境内耕地分布广泛。水田是江苏省最大的耕地二级类型，面积达到了 28820.13 平方千米，占江苏省耕地面积的 64.53%，主要分布在江苏省中部和南部。旱地面积是 15841.48 平方千米，占 35.47%，主要分布在北部的苏北灌溉总渠－洪泽湖一线以北的徐淮黄泛平原区和东部的滨海平原区。

城乡工矿居民用地是江苏省第二大土地利用类型，其中又以农村居民点用地的面积最多，达到了 10968.66 平方千米，占江苏省城乡工矿居民用地的 49.29%，主要分布于长江以北的农耕区。城镇用地面积与农村居民的用地面积相当，为 9501.34 平方千米，占 42.70%，主要分布于长江以南的长江三角洲区域。工交建设用地面积是 1782.21 平方千米，占 8.01%，集中分布于江苏省北部的沿海地带，多为码头。

长江和淮河是江苏省最主要的 2 条河流，京杭运河南北纵贯全省，太湖、洪泽湖等众多湖泊坑塘星罗棋布。因此湖泊、水库坑塘和河渠是江苏省水域中面积最多的三种类型，分别是 5578.80 平方千米、4927.11 平方千米和 2252.58 平方千米。

林地中以有林地面积最大，为 2112.37 平方千米，占林地面积的 68.73%。其次为疏林地，面积是 466.28 平方千米，占 15.17%。其他林地和灌木林地的面积分别为 250.76 平方千米和 244.05 平方千米，各占 8.16% 和 7.94%。

### 2.10.2　江苏省20世纪80年代末至2015年土地利用时空特点

江苏省 20 世纪 80 年代末至 2015 年土地利用二级类型动态面积达到 13933.30

平方千米，占江苏省 2015 年土地总面积的 13.65%。江苏省作为改革开放以来经济发展极为迅速的省份，其土地利用类型变化也体现出相应的特点，即 20 世纪 80 年代末至 2015 年江苏省土地利用变化集中体现在耕地向城乡工矿居民用地的转变上。涉及城乡工矿居民用地二级类型的动态面积是 9072.89 平方千米，占整个土地利用二级类型动态面积的 65.12%。

城乡工矿居民用地面积在 20 世纪 80 年代末至 2015 年净增加了 8455.87 平方千米（见表 14），净增加的面积是 20 世纪 80 年代末城乡工矿居民用地面积的 61.29%。其中以城镇用地面积净增加最多，净增加了 4370.03 平方千米，其次是农村居民点用地面积净增加了 2870.51 平方千米，工交建设用地面积净增加了 1215.33 平方千米。耕地是城乡工矿居民用地面积增加的最主要来源，近 30 年来，共有 5675.16 平方千米的耕地转变成为城乡工矿居民用地。第二大来源是耕地内非耕地，转变的面积有 2195.41 平方千米。第三大来源是水域，转变的面积是 340.29 平方千米。

表 14　江苏省 20 世纪 80 年代末至 2015 年土地利用分类面积变化

单位：平方千米

| | 耕地 | 林地 | 草地 | 水域 | 城乡工矿居民用地 | 未利用土地 | 耕地内非耕地 |
|---|---|---|---|---|---|---|---|
| 新增 | 310.06 | 44.85 | 75.82 | 1694.10 | 8546.67 | 0.88 | 116.70 |
| 减少 | 6613.26 | 166.75 | 460.69 | 2175.40 | 90.80 | 1.59 | 2570.93 |
| 净变化 | −6303.21 | −121.90 | −384.87 | −481.29 | 8455.87 | −0.71 | −2454.23 |

从各土地利用类型的年均变化面积看（见图 10），因为江苏省林地、草地和未利用土地的总面积非常小，其年均变化缓慢。而城乡工矿居民用地在 2008 年之前呈现逐步加快的增加趋势，并在 2005~2008 年达到最高值，在 2008~2010 年增加速度略有减缓，随后在 2010~2015 年增加速度又有所增快。耕地作为城乡工矿居民用地面积增加的最大来源，其变化趋势与城乡工矿居民用地类似。

### 2.10.3　江苏省2010年至2015年土地利用时空特点

江苏省 2010~2015 年土地利用变化的特点同样体现在城乡工矿居民用地和耕地这两个土地利用类型此消彼长上。2010~2015 年江苏省城乡工矿居民用地面积净增加了 2478.89 平方千米，同期耕地面积净减少 1773.92 平方千米（水田净减少 1435.59 平方千米，旱地净减少 338.33 平方千米）。在城乡工矿居民用地净增加的面积当中，城镇用地净增加 1894.72 平方千米，工交建设用地净增加 626.59 平方千米，而农村居民点用地面积却净减少了 42.42 平方千米。

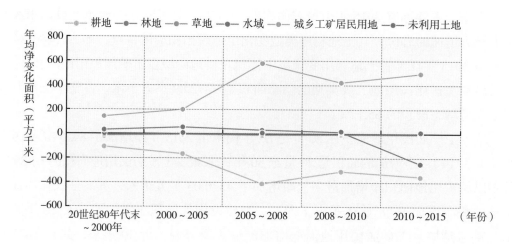

**图 10　江苏省不同时段土地利用分类面积年均净变化**

农村居民点用地面积在 2010~2015 年出现净减少的情况，主要原因在于农村城镇化和新农村建设。在农村居民点用地减少的面积中，有 78.41% 的面积流向了城镇用地，有 10.43% 的面积转变为耕地。由于新农村建设和农村居民点用地整理，江苏省北部农村出现了若干自然村整村合并为一个中心村的现象，这使得农村居民点用地能够更加集中，利用效率更高，整理出来多余的农村居民点用地则转变为耕地和其他生态用地。这种现象在 2010~2015 年尤为突出。

2010~2015 年江苏省另一个土地利用变化特点就是海涂面积的大幅度减少，净减少了 1588.88 平方千米，其中 86.98% 的面积被海水淹没。

## 2.11　浙江省土地利用

林地是浙江省面积占比最大的土地利用类型，其次是耕地和城乡工矿居民用地，水域、草地和未利用土地比重较小。20 世纪 80 年代末至 2015 年，浙江省土地利用变化以耕地持续减少和城乡工矿居民用地持续增加为主要特征，且在 2000~2005 年时段变化尤为突出，城镇化率相对较高。水域、草地小幅净增加，林地面积有所减少。东部沿海地区和北部平原地区仍然是浙江省土地利用变化较为剧烈的地区。

### 2.11.1　浙江省2015年土地利用状况

2015 年，浙江省土地利用遥感监测总面积为 103639 平方千米。林地面积为 64158.69 平方千米，占全省面积的 61.91%；其次是耕地，面积为 18691.13 平方千米，占 18.03%，相比 2010 年净减少了 3.97%；城乡工矿居民用地面积为 9236.34 平方千米，占 8.91%，与 2010 年相比增加了 19.78%；水域、草地和未利用土地面积相对较小，分别为 4157.43 平方千米、2259.74 平方千米和 68.56 平方千米，依次占全省面积的 4.01%、2.18% 和 0.07%；另有耕地内非耕地 5067.15 平方千米。

林地构成以有林地为主，占林地面积的 86.07%；疏林地、其他林地和灌木林地面积较小，分别占 7.67%、3.38% 和 2.87%。耕地以水田为主，占耕地面积的 84.66%，旱地占耕地面积的 15.34%。城乡工矿居民用地构成中，城镇用地占城乡工矿居民用地总面积的 41.35%；农村居民点和工交建设用地分别占 32.68% 和 25.97%。草地多为高覆盖度草地，占草地面积的 72.56%，中覆盖度草地和低覆盖度草地面积占比相对较少，分别为 17.71% 和 9.73%。水域以水库坑塘分布最多，占水域面积的 61.5%；其次是河渠，占 21.88%；海涂、滩地和湖泊分别占 6.15%、5.96% 和 4.52%。

### 2.11.2 浙江省20世纪80年代末至2015年土地利用时空特点

20 世纪 80 年代末至 2015 年，浙江省土地利用动态总面积为 13275.74 平方千米，占全省面积的 12.81%。城乡工矿居民用地和耕地变化尤为显著（见表 15）。城乡工矿居民用地面积增加最多、耕地面积减少最多，两者的变化呈现对称趋势，这是由于城乡工矿居民用地的增加主要是占用耕地。水域和草地均呈现为增加趋势，海域、水域以及未利用土地均表现为小幅净减少。从不同监测时段来看，浙江省耕地和城乡工矿居民用地在 2000~2005 年这一时段的年均净变化面积最大，变化最为剧烈（见图 11）。

表 15　浙江省 20 世纪 80 年代末至 2015 年土地利用分类面积变化

单位：平方千米

|  | 耕地 | 林地 | 草地 | 水域 | 城乡工矿居民用地 | 未利用土地 | 耕地内非耕地 |
|---|---|---|---|---|---|---|---|
| 新增 | 411.66 | 5021.80 | 451.03 | 1519.81 | 5674.02 | 69.01 | 107.79 |
| 减少 | 4137.94 | 5525.32 | 229.18 | 1146.23 | 473.90 | 74.31 | 1131.72 |
| 净变化 | −3726.29 | −503.89 | 221.85 | 373.29 | 5200.04 | −5.30 | −1023.93 |

城乡工矿居民用地净增加面积为 5200.04 平方千米，比 20 世纪 80 年代末增加了 1.29 倍；新增面积主要为城镇用地和工交建设用地，分别占新增面积的 46.57% 和 35.84%；新增面积中来源于耕地的占比为 56.56%，且以占用耕地中的平原水田为主；来源于林地的新增面积占 11.58%。城乡工矿居民用地变化分别在 2000~2005

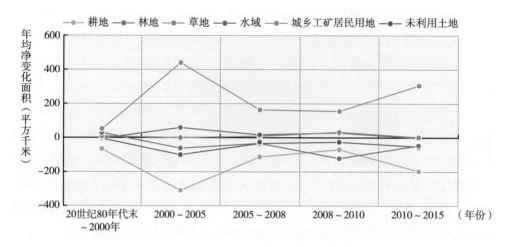

图 11　浙江省不同时段土地利用分类面积年均净变化

年和 2010~2015 年两个时段经历两个增长高峰，年均净增加面积分别为 440.04 平方千米和 305.05 平方千米。从空间上看，城乡工矿居民用地面积的增加主要在东部沿海地区和北部地区。水域面积比 20 世纪 80 年代末增加了 9.86%，水域面积增加的主要来源是海域、耕地和林地，分别占水域新增面积的 27.74%、21.95% 和6.74%；水域的减少以转变为城乡工矿居民用地为主，占水域减少面积的 25.34%。草地面积相比 20 世纪 80 年代末净增加了 10.88%，林地是新增草地的最主要来源，占新增面积的 66.40%，且由有林地转变而来，空间上主要集中在西部和南部山区。林地和城乡工矿用地是草地减少的主要去向，分别占减少面积的 34.56% 和18.84%。

耕地净减少面积为 3726.29 平方千米，相比 20 世纪 80 年代末净减少了16.62%。耕地减少的主要转移类型为城乡工矿居民用地，占耕地减少面积的77.56%；林地和水域也是耕地减少的重要去向，分别占耕地减少面积的 13.46% 和8.06%。在发达地区如温州、宁波、杭州和嘉兴等地，耕地减少以水田的减少尤为显著。在 2000~2015 年，浙江省耕地净减少幅度在 2000~2005 年尤为显著，年均减少 312.55 平方千米。耕地新增面积不大，分别有 52.21% 和 43.13% 来自林地和水域。林地面积净减少量 503.89 平方千米，林地内部类型之间的相互转化达到4190.50 平方千米；耕地是林地增加的主要来源，占林地新增面积的 11.09%；林地减少的主要去向是城乡工矿居民用地，占林地减少面积的 11.89%。海域面积净减少 535.77 平方千米，主要转变为水域和城乡工矿居民用地，面积分别占海域减少面积的 75.78% 和 19.77%；海域转为城乡工矿居民用地的部分几乎全部转成工交建设用地。

### 2.11.3 浙江省2010年至2015年土地利用时空特点

2010~2015 年，浙江省土地利用动态总面积为 2938.11 平方千米，占全省面积的 2.83%。城乡工矿居民用地和未利用土地面积表现为增加；其他土地利用类型均表现出不同幅度的减少，以耕地净减少面积为最，其次为海域、林地、水域和草地（见表 16）。

表 16　浙江省 2010~2015 年土地利用分类面积变化

单位：平方千米

| | 耕地 | 林地 | 草地 | 水域 | 城乡工矿居民用地 | 未利用土地 | 耕地内非耕地 |
|---|---|---|---|---|---|---|---|
| 新增 | 75.74 | 426.15 | 9.14 | 581.25 | 1757.42 | 45.28 | 107.79 |
| 减少 | 848.21 | 651.09 | 16.23 | 602.44 | 232.16 | 27.71 | 1131.72 |
| 净变化 | -772.46 | -224.94 | -7.08 | -21.18 | 1525.26 | 17.57 | -1023.93 |

城乡工矿居民用地净增加面积为 1525.26 平方千米，年均净增加量为 305.04 平方千米，是 20 世纪 80 年代末至 2015 年年均净增量的 1.64 倍，低于 2000~2005 年时段的年均净增量。城镇用地和工交建设用地的增加分别占新增面积的 55.62% 和 39.78%，主要分布于浙北、中部的金华和东南沿海的温州地区；耕地和林地是城乡工矿居民用地新增面积的主要来源，分别占 57.28% 和 12.72%。耕地净减少面积 772.46 平方千米，年均减少量为 154.49 平方千米，是 20 世纪 80 年代末至 2015 年的 1.16 倍，低于 2000~2005 年时段的年均净减少量。城乡工矿居民用地的占用占耕地减少面积的 92.09%。耕地新增幅度微小。林地的净减少面积为 224.94 平方千米，与 2010 年相比减少了 0.35%。林地内部互相转换面积为 414.82 平方千米，转为城乡工矿居民用地的林地面积为 223.53 平方千米，占林地减少面积的 34.33%。海域面积减少，转变为水域和城乡工矿居民用地的面积分别占海域减少面积的 70.12% 和 22.95%。其他类型变化量很小。

## 2.12　安徽省土地利用

安徽省地跨淮河、长江，依据地形地貌，全省可分为淮河平原区、江淮丘陵山地区、皖西丘陵山地区和皖南山地丘陵区。这种地形地貌也决定了安徽省的土地利用分布：耕地是安徽省面积最大的土地利用类型，面积为 58329.13 平方千米，主要分布于长江以北；林地面积为 32049.03 平方千米，主要分布于皖西和皖南丘陵

山地。20 世纪 80 年代末至 2015 年，安徽省土地利用变化总体情况是：城乡工矿居民用地和水域面积为净增加，而耕地、林地、草地和未利用土地的面积呈现为净减少的态势。2010~2015 年是安徽省土地利用二级类型动态变化面积最多的时期，该时期的动态变化总面积占整个监测时段动态变化总面积的 38.47%。

### 2.12.1　安徽省2015年土地利用状况

安徽省 2015 年遥感监测土地总面积为 140165.08 平方千米，耕地类型所占面积最多，为 58329.13 平方千米，面积占比为 41.61%，比 2010 年净减少了 946.71 平方千米。其次是林地，面积为 32049.03 平方千米，占 22.87%。城乡工矿居民用地、草地和水域面积较少，面积分别为 15153.04 平方千米（面积占比 10.81%）、7822.11 平方千米（面积占比 5.58%）和 7772.62 平方千米（面积占比 5.55%）。未利用土地在安徽省分布较为稀少，面积仅有 170.72 平方千米。另外，2015 年安徽省监测土地总面积还包括 18868.42 平方千米的耕地内非耕地。

安徽省地处中国水田和旱地分布的过渡带，以淮河为界，淮河以北主要是旱地，南部多为水田。水田是安徽省最主要的耕地类型，面积达到了 31080.40 平方千米，占安徽省耕地面积的 53.28%。旱地面积是 27248.73 平方千米，在耕地中的面积占比为 46.72%。水田主要分布于淮河以南的江淮丘陵区、沿江平原和皖南山区中的丘陵盆地区域。而旱地则主要分布于安徽省北部的淮河平原区。

西部的大别山区和南部的皖南山区是安徽省林地的主要分布区，有林地和灌木林地是其中最主要的 2 种林地类型。有林地面积占安徽省林地面积的 71.54%（22928.44 平方千米），灌木林地面积占比为 26.13%（8375.24 平方千米）。疏林地和其他林地面积较少，分别为 345.00 平方千米和 400.36 平方千米，仅占 1.08% 和 1.25%。

农村居民点用地是安徽省城乡工矿居民用地当中面积最大的类型，达到了 10934.82 平方千米，占城乡工矿居民用地面积的 72.16%。城镇用地面积为 3487.97 平方千米，面积占比为 23.02%。工交建设用地面积较少，仅为 730.25 平方千米，面积占比为 4.82%。农村居民点用地大部分分布于长江以北的平原区，尤其是黄淮海平原区域。大别山区和皖南山区受地形地貌的影响，城乡工矿居民用地分布较少。

草地类型在安徽省分布并不广泛，大多分布于皖南山区、大别山区和江淮丘陵区，其中绝大部分是高覆盖度草地，共有 7810.31 平方千米。

安徽省主要水域包括横穿全省的长江、淮河和新安江三大水系，中部的巢湖和星罗棋布的水库坑塘。湖泊是水域中面积最大的类型，面积是 3257.61 平方千米，占水域面积的 41.91%；其次是水库坑塘，面积为 2208.19 平方千米，占 28.41%；河渠和滩地面积分别占水域的 18.85% 和 10.82%。

### 2.12.2 安徽省20世纪80年代末至2015年土地利用时空特点

20 世纪 80 年代末至 2015 年，安徽省土地利用二级类型动态总面积为 6489.74 平方千米，占安徽省土地总面积的 4.63%。近 30 年来安徽省土地利用变化总体情况是：城乡工矿居民用地和水域面积为净增加，而耕地、林地、草地和未利用土地的面积呈现净减少态势（见表 17）。耕地和城乡工矿居民用地的变化依旧是 20 世纪 80 年代末至 2015 年安徽省土地利用最重要的变化类型，涉及城乡工矿居民用地和耕地二级类型的动态面积占了动态总面积的 82.50%。

表 17　安徽省 20 世纪 80 年代末至 2015 年土地利用分类面积变化

单位：平方千米

|  | 耕地 | 林地 | 草地 | 水域 | 城乡工矿居民用地 | 未利用土地 | 耕地内非耕地 |
|---|---|---|---|---|---|---|---|
| 新增 | 352.00 | 152.19 | 222.40 | 330.41 | 4466.11 | 0.59 | 114.26 |
| 减少 | 3357.92 | 574.36 | 255.91 | 269.22 | 44.15 | 21.45 | 1114.95 |
| 净变化 | −3005.92 | −422.17 | −33.51 | 61.19 | 4421.96 | −20.86 | −1000.69 |

20 世纪 80 年代末以来安徽省城镇用地面积增长了 1.32 倍，净增加了 1987.50 平方千米，是面积增加最多的土地利用二级类型，占城乡工矿居民用地净增加面积的 44.95%。农村居民点用地面积净增加了 1617.41 平方千米，工交建设用地面积净增加 817.05 平方千米。绝大部分的城乡工矿居民用地来源于耕地，占城乡工矿居民用地新增面积的 68.06%，第二大来源是耕地内非耕地，占新增面积的 22.46%。林地转变成城乡工矿居民用地的面积是 265.68 平方千米，占 5.95%。

20 世纪 80 年代末至 2015 年，安徽省耕地面积净减少 3005.92 平方千米（水田净减少 1995.17 平方千米，旱地减少 1010.74 平方千米），占 20 世纪 80 年代末安徽省耕地面积的 4.90%。减少的耕地有 90.52% 转变成为城乡工矿居民用地，7.03% 转变成为水域。

从各类型不同时段的年均净变化面积看，林地、草地、水域和未利用土地在整个监测时段内变化缓慢，而城乡工矿居民用地和耕地变化剧烈（见图 12），特别是在 2005~2010 年，城乡工矿居民用地呈现快速扩张的态势。虽然到 2010~2015 年增速有所减缓，但是年均变化面积还维持在较高水平。

### 2.12.3 安徽省2010年至2015年土地利用时空特点

2010~2015 年是安徽省土地利用二级类型变化面积最多的时期，虽然各类

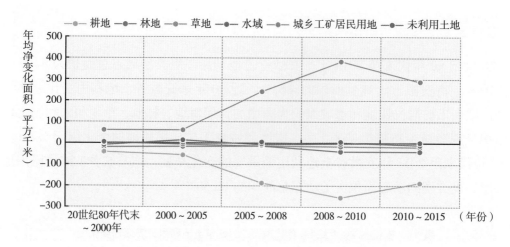

图 12　安徽省不同时段土地利用分类面积年均净变化

型的年均净变化面积不及 2008~2010 年，但是每种类型的新增和减少面积都较多，导致 2010~2015 年的动态变化总面积非常大。2010~2015 年的动态变化面积为 2496.50 平方千米，占 20 世纪 80 年代末至 2015 年整个监测时段动态总面积的38.47%。

2010~2015 年，安徽省城乡工矿居民用地净增加 1474.79 平方千米，其中增加最多的二级类型是城镇用地，面积净增加了 924.88 平方千米，工交建设用地面积净增加了 461.33 平方千米，农村居民点用地面积净增加了 88.57 平方千米。受新农村建设和农村居民点用地整理的影响，安徽北部农村地区存在若干自然村合并为一个中心村的现象，这也导致 2010~2015 年安徽省农村居民点用地有 22.14 平方千米转变成为耕地，同时有 2.07 平方千米转变成为生态用地。

水域和林地是安徽省 2010~2015 年变化比较显著的另外 2 种类型。虽然水域在2010~2015 年面积净变化不大，但是新增面积和减少面积较多，分别为 451.76 平方千米和 436.69 平方千米。林地在 2010~2015 年面积净减少了 146.75 平方千米，绝大部分减少的林地转变成为城乡工矿居民用地，大多分布于长江以南的皖南山区。

## 2.13　福建省土地利用

福建省土地利用以林地为主，全域土地面积约三分之二为林地覆盖，覆盖率远高于全国平均水平。省内林地的相互转化剧烈；20 世纪 80 年代末至 2015 年全省面积最大的土地利用动态是林地内部转移，省内营林活动频繁。

### 2.13.1 福建省2015年土地利用状况

2015 年，福建省土地面积 122833.80 平方千米，相比 2010 年，陆地与海洋的转化（包括填海造陆、滩涂扩展等）使得其土地面积增加了 87.52 平方千米。全省土地面积中，林地占 60.94%，远高于其他土地利用类型，但较 2010 年有所下降，低 0.20 个百分点；其次是草地和耕地，面积占比分别为 15.39% 和 11.94%，其比例均低于 2010 年值。城乡工矿居民用地、水域和未利用土地面积占比均不到 10%，这三类中比例最大的是城乡工矿居民用地，为 5.06%，高出 2010 年 0.63 个百分点。此外，耕地内非耕地面积为 5513.28 平方千米，占比 4.49%。

福建省耕地以水田为主，面积为 9674.24 平方千米，比例为 65.94%，较 2010 年低 0.20 个百分点；主要分布于东南部沿海平原区。林地以有林地居多，面积为 50390.27 平方千米，占比达到 67.32%，较 2010 年上升 0.35 个百分点；其次是疏林地，比例为 17.25%；其余两类面积均在 10 万平方千米以下，比例不足 10%。林地主要分布于西部和中部山地丘陵地带。福建省草地以高、中覆盖类型为主，面积分布为 9949.22 平方千米和 7142.59 平方千米，占比分别为 52.63% 和 37.79%。草地零散分布于山地、丘陵、河谷盆地及沿海平原区。城乡工矿居民用地二级类型分布较为均匀，面积最大的是工交建设用地，面积为 2464.54 平方千米，占比 39.66%；其次是农村居民用地和城镇居民用地，占比不相上下，分别为 31.18% 和 29.16%。

### 2.13.2 福建省20世纪80年代末至2015年土地利用时空特点

20 世纪 80 年代末至 2015 年，福建省土地利用动态面积为 14345.05 平方千米，占土地利用总面积的 11.68%。六种土地利用类型中，新增面积最大的是城乡工矿居民用地，达 3214.20 平方千米（见表 18），为原有该类型面积的 105.88%，主要分布于东南沿海地带；新增来源主要是耕地，占比为 37.90%。同时，城乡工矿居民用地减少了 36.38 平方千米，使得该类型 2015 年面积较 20 世纪 80 年代末净增加 3177.81 平方千米，增幅为 104.68%。新增面积位居第二的是林地，新增 2958.48 平方千米，89.59% 由草地转化而来，主要分布在省域内陆山区。

表 18　福建省 20 世纪 80 年代末至 2015 年土地利用分类面积变化

单位：平方千米

| | 耕地 | 林地 | 草地 | 水域 | 城乡工矿居民用地 | 未利用土地 | 耕地内非耕地 |
|---|---|---|---|---|---|---|---|
| 新增 | 236.65 | 2958.48 | 910.21 | 592.29 | 3214.20 | 58.65 | 84.96 |
| 减少 | 1516.05 | 2109.95 | 3085.04 | 266.28 | 36.38 | 84.07 | 584.09 |
| 净变化 | -1279.40 | 848.53 | -2174.83 | 326.01 | 3177.81 | -25.42 | -499.13 |

所有六种土地利用类型中，减少面积最大的是草地，达 3085.04 平方千米，为原有该类型面积的 14.64%；减少的面积有 85.91% 转化成为林地。同时，其他土地利用类型也在向草地转化，面积为 910.21 平方千米，远小于草地减少面积；最终，福建省草地面积净减少 2174.83 平方千米，减幅为 10.32%。耕地减少面积也较大，为 1516.05 平方千米，减幅为 9.51%；减少的耕地中，80.34% 转化成为城乡工矿居民用地。

从动态变化的时间过程来看（见图 13），福建省耕地面积一直表现为净减少态势，年均变化面积呈波动变化趋势，最高值出现在 2000~2005 年，为 118.70 平方千米 / 年。城乡工矿居民用地变化过程与耕地相反，一直表现为净增加态势，年均变化面积呈现先增加后减少的趋势，最高值出现在 2000~2005 年，为 287.82 平方千米。林地除 20 世纪 80 年代末至 2000 年面积呈净增加外，其余年份均表现为净减少态势；净减少速率最大的时期为 2008~2010 年，年均净减少 166.72 平方千米。草地在大部分时段也呈现净减少态势，仅在 2008~2010 年出现净增加，年均净增加面积为 69.82 平方千米。

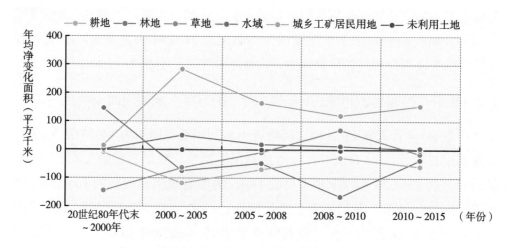

**图 13　福建省不同时段土地利用分类面积年均净变化**

### 2.13.3　福建省2010年至2015年土地利用时空特点

2010~2015 年，福建省除城乡工矿居民用地面积净增加外，其余五种土地利用类型面积均呈现净减少态势。城乡工矿居民用地面积增加了 780.39 平方千米，增幅达 14.36%，依然主要分布在东部沿海地区。年均净增加面积在 2005 年后不断减少的状况下有所抬升，为 156.08 平方千米，是 2008~2010 年的 1.28 倍。

净减少面积最大的是耕地，减少面积为 295.92 平方千米，减幅为 1.98%。年均净减少面积在 2005 年开始不断降低之后再次回升，为 59.18 平方千米，是 2008~2010 年的 2.16 倍。减少的耕地与增加的城乡工矿居民用地空间上重叠性较高。林地的净减少面积仅次于耕地，减少了 191.97 平方千米，减幅为 0.26%；其年均减少面积也是各时段中最低的，为 38.39 平方千米，仅为前一时期的 23.03%。林地减少主要发生在西北部武夷山区以及南部山区。草地净减少 69.70 平方千米，减幅 0.37%。水域和未利用土地的净减少面积最少，分别为 8.80 平方千米和 12.24 平方千米，但未利用土地的净减少幅度在所有土地利用类型中最大，为 14.13%。

## 2.14　江西省土地利用

江西省土地利用类型以林地和耕地为主，林业和农业地位突出。土地利用变化主要体现在城乡工矿居民用地的剧烈扩张和耕地的大量流失，多发生在地势相对平坦的北部和中部地区。土地利用动态变化在 2008 年之前愈演愈烈，之后减弱。土地利用变化空间格局呈东多西少态势。

### 2.14.1　江西省2015年土地利用状况

2015 年，江西省土地面积 166960.29 平方千米。江西省山峦密布，林地分布广泛，与省域山脉走向吻合；在土地利用构成中，林地面积最多，占比 61.76%，以有林地为主，其次是疏林地和灌木林地，其他林地较少。耕地是居第二位的土地利用类型，面积 35243.41 平方千米，占 21.11%，以水田为主。耕地空间分布广泛且呈北多南少格局，尤其是在鄱阳湖平原和江南丘陵区分布较为密集，其余地区也有零散分布。江西省水系发达、河网密集、南高北低，水域面积仅次于林地和耕地，主要分布在鄱阳湖周边。水域面积 7058.14 平方千米，占 4.23%，以滩地为主，其次是水库坑塘、河渠和湖泊。草地面积略少于水域，面积 6759.51 平方千米，占 4.05%，以高覆盖度草地为主。草地零散分布在各地级市，在东北部和中南部相对集中。城乡工矿居民用地呈北多南少格局，集中分布在鄱阳湖平原和江南丘陵区，以农村居民点用地为主，其次是城镇用地，工交建设用地最少，面积共计 4902.16 平方千米，占 2.94%。未利用土地面积最少，面积 594.47 平方千米，占 0.36%。受地理环境影响，未利用土地中 93.74% 为沼泽地，主要分布在水系发达的鄱阳湖周边；另有少量裸土地和裸岩石砾地零星分布在江西省境内。此外，江西省还有耕地内非耕地 9281.06 平方千米，占 5.56%。

## 2.14.2 江西省20世纪80年代末至2015年土地利用时空特点

20世纪80年代末至2015年，江西省土地利用一级类型动态总面积为5580.00平方千米，占全省土地面积的3.34%。土地利用动态变化空间分布广泛、零散，在鄱阳湖平原和江南丘陵区相对集中。总的来看，土地利用变化先增后减，年均总变化面积在2005~2008年达到峰值。各类土地变化差异显著，其中：城乡工矿居民用地呈明显净增加变化，水域新增面积略多于减少面积；耕地、林地、草地和未利用土地均呈净减少变化，耕地净减少最多，未利用土地略有减少（见表19）。

表19　江西省20世纪80年代末至2015年土地利用分类面积变化

单位：平方千米

| | 耕地 | 林地 | 草地 | 水域 | 城乡工矿居民用地 | 未利用土地 | 耕地内非耕地 |
|---|---|---|---|---|---|---|---|
| 新增 | 772.85 | 1017.44 | 264.01 | 873.31 | 2243.74 | 197.86 | 210.78 |
| 减少 | 1587.89 | 1522.73 | 891.78 | 655.58 | 8.02 | 482.28 | 431.72 |
| 净变化 | −815.04 | −505.28 | −627.77 | 217.73 | 2235.72 | −284.42 | −220.94 |

江西省是林业大省，森林覆盖率居全国第二位。虽然林地净变化面积不大，却是总动态变化面积最多的土地利用类型。江西省地形复杂，受亚热带湿润季风气候影响，林地遍布全省，因此林地变化在全省的空间分布相对均衡，尤其是在有"赣江流域生态屏障区"之称的赣南地区较为集中。近30年来，林地在20世纪80年代末至2000年和2005~2008年出现小幅净增加，在其他时段均呈净减少变化，且净减少速度总体呈加快态势（见图14）。江西省草地造林成效显著，新

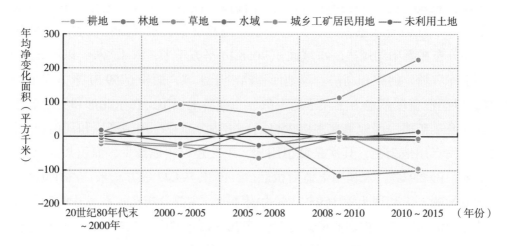

图14　江西省不同时段土地利用分类面积年均净变化

增林地的 71.92% 来源自草地；减少的林地 76.41% 转变为城乡工矿居民用地和耕地。

城乡工矿居民用地是净变化面积最多的土地利用类型，总动态面积位居林地和耕地之后，在各时段均呈净增加变化，增加速度除在 2005~2008 年出现小幅下降外，在其他时段不断攀升，尤其是在 2008 年之后增速显著，于 2010~2015 年达到峰值 227.92 平方千米，是整个监测时段的 2.85 倍。该类土地动态变化分布比较集中，主要出现在江西省北部和中西部地区。城乡工矿居民用地扩展可逆性差，新增面积远多于减少面积，新增面积的 44.76%、40.68% 和 14.56% 分别为城镇用地、工交建设用地和农村居民点用地。新增面积主要源自对耕地和林地的占用，二者对城乡工矿居民用地扩展的贡献分别为 47.69% 和 33.34%。

耕地是面积净减少最多的地类，总动态变化面积仅次于草地，但净变化面积远小于城乡工矿居民用地。耕地变化呈现北多南少、东多西少的空间格局，主要集聚在江西北部地区的鄱阳湖平原；除在 2008~2010 年出现短暂的小幅增加外，在其他各时段呈加速减少态势，于 2010~2015 年达到峰值 97.79 平方千米，远高于整个监测时段的 29.11 平方千米。减少的耕地 67.38% 转变为城乡工矿居民用地；此外，水域淹没和退耕还林对耕地也有一定影响，减少耕地的 16.82% 和 12.75% 分别转变为水域和林地。新增耕地主要源于对林地和水域的占用，二者对新增耕地的贡献分别为 53.74% 和 38.31%。

### 2.14.3 江西省2010年至2015年土地利用时空特点

2010~2015 年，江西省土地利用一级类型动态总面积 3961.45 平方千米，变化强度较 2008~2010 年有所减弱；变化分布与空间格局和 20 世纪 80 年代末至 2015 年高度一致。

林地是动态变化分布最广的类型，新增 1912.86 平方千米，减少 2401.36 平方千米，净减少 488.50 平方千米，净减少速度较 2008~2010 年略有降低。城乡工矿居民用地净增加面积最显著，新增 1236.57 平方千米，减少 96.96 平方千米，净增加了 1139.61 平方千米，城乡工矿居民用地扩张程度远高于其他各时段。耕地是净减少最多的类型，净减少面积与林地相当，但其动态变化相对微弱，总动态变化面积仅有 543.92 平方千米，排序位居林地、城乡工矿居民用地和水域之后。

综上所述，2010~2015 年江西省土地利用变化与过去近 30 年的总体变化特点基本保持一致，即城乡工矿居民用地显著增加、水域略有增加、耕地和林地大幅减少、草地和未利用土地微弱减少。

## 2.15　山东省土地利用

　　耕地和城乡工矿居民用地构成山东省土地利用类型两大主体，林地、水域、草地和未利用土地等土地利用类型所占比重相对较小。山东省多平原和丘陵地貌，因此，土地利用率水平相对较高。20世纪80年代末至2015年，土地利用变化以耕地持续减少和城乡工矿居民用地显著增加为主要特征，且城乡工矿居民用地占用是耕地减少的最主要原因，与全国的土地利用变化主要特征一致。

### 2.15.1　山东省2015年土地利用状况

　　2015年，山东省土地利用遥感监测总面积为156912.64平方千米。耕地面积为82528.43平方千米，占全省面积的52.60%，是山东省面积占比最大的土地利用类型；与2010年耕地面积相比，减少了2.99%。城乡工矿居民用地面积仅次于耕地，为29606.35平方千米，占18.87%，比2010年净增加了14.82%。林地面积为10784.28平方千米，占6.87%；水域、草地和未利用土地等类型面积相对较小，分别占山东省面积的4.90%、3.40%和0.66%。

　　耕地构成以旱地为主，占耕地总面积的99.07%；水田面积仅占耕地总面积的0.93%。城乡工矿居民用地中，农村居民点用地占52.48%；其后为城镇用地和工交建设用地，分别占28.67%和18.54%。有林地占林地总面积的71.33%；灌木林地、疏林地和其他林地在林地面积中的占比分别为11.67%、10.10%和6.89%。水域构成以水库坑塘为主，占48.29%；滩地、海涂和湖泊分别占13.51%、11.73%和7.79%。草地以中覆盖度草地为主，占草地总面积的45.89%，高覆盖度草地和低覆盖度草地分别占39.41%和14.70%。未利用土地中，沼泽地和盐碱地占比分别为72.18%和20.32%。另有耕地内非耕地19932.23平方千米。其他类型面积相对较小。

### 2.15.2　山东省20世纪80年代末至2015年土地利用时空特点

　　20世纪80年代末至2015年，山东省土地利用动态总面积为17080.18平方千米，占全省面积的10.89%。仅城乡工矿居民用地和水域两种土地利用类型的面积表现为净增加；耕地、未利用土地、草地、海域和林地面积均呈现净减少趋势。其中，以耕地和城乡工矿居民用地的变化幅度最为显著（见图15）。

　　城乡工矿居民用地的净增加面积最多，与20世纪80年代末相比，净增加幅度为53.47%（见表20），城镇用地和工交建设用地净增加面积分别占城乡工矿居民用地净增量的50.58%和32.85%；耕地是新增城乡工矿居民用地的最主要来源，占

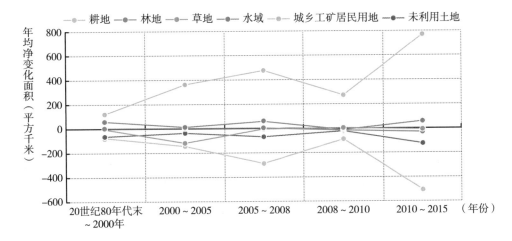

图 15　山东省不同时段土地利用分类面积年均净变化

新增面积的 53.14%；其次为未利用土地，占新增面积的 12.96%。其余土地利用类型转入面积比例相对较低。水域面积相比 20 世纪 80 年代末净增加了 18.37%，坑塘占新增面积的 60.10%，湖泊和海涂分别占 14.88% 和 10.32%；新增面积的来源中，耕地和未利用土地分别占新增面积的 17.42% 和 11.84%；转变为城乡工矿居民用地的面积占水域减少面积的 21.04%，转变为耕地的占 8.71%。

表 20　山东省 20 世纪 80 年代末至 2015 年土地利用分类面积变化

单位：平方千米

|  | 耕地 | 林地 | 草地 | 水域 | 城乡工矿居民用地 | 未利用土地 | 耕地内非耕地 |
|---|---|---|---|---|---|---|---|
| 新增 | 1198.49 | 86.97 | 80.42 | 4144.73 | 10918.29 | 243.73 | 158.89 |
| 减少 | 6591.79 | 272.59 | 825.65 | 2951.04 | 1730.53 | 2450.27 | 673.58 |
| 净变化 | −5393.30 | −185.63 | −745.22 | 1193.68 | 9187.76 | −2206.55 | −514.68 |

　　耕地的净减少面积最大，相比 20 世纪 80 年代末净减少了 6.13%。耕地减少主要表现为被城乡工矿居民用地占用，面积为 5801.61 平方千米，占耕地减少面积的 88.01%；转向水域的面积占耕地减少面积的 10.95%；耕地新增面积主要来自未利用土地和草地，分别占新增面积的 35.41% 和 33.77%。未利用土地的净减少面积仅次于耕地，相比 20 世纪 80 年代末净减少了 67.97%。减少的未利用土地主要转变为水域和城乡工矿居民用地，面积分别为 966.90 平方千米和 942.69 平方千米。草地面积相比 20 世纪 80 年代末净减少 12.26%，耕地开垦面积占草地减少面积的 49.03%，向城乡工矿居民用地的转变面积占草地减少面积的 20.11%。从不同监测

时段来看，2000~2005 年，草地净减少 585.00 平方千米，占所有时期净减少面积的78.50%。海域面积净减少量为 514.68 平方千米，主要转变为水域和城乡工矿居民用地，两者分别占海域面积减少量的 72.85% 和 27.14%。林地面积的变化相对稳定，减幅极小，相比 20 世纪 80 年代末仅净减少了 1.69%。

### 2.15.3 山东省2010年至2015年土地利用时空特点

2010~2015 年，城乡工矿居民用地和耕地的变化幅度远高于 20 世纪 80 年代以来的各时段，两者的年均净变化面积分别是 20 世纪 80 年代末至 2015 年这一时段年均净增加面积的 2.64 倍和 2.33 倍（见表 21）。此外，各土地利用类型 2010~2015 年的变化趋势与 20 世纪 80 年代以来基本一致。

表 21　山东省 2010~2015 年土地利用分类面积变化

单位：平方千米

|  | 耕地 | 林地 | 草地 | 水域 | 城乡工矿居民用地 | 未利用土地 | 耕地内非耕地 |
|---|---|---|---|---|---|---|---|
| 新增 | 163.26 | 14.78 | 13.44 | 1120.45 | 4712.18 | 27.50 | 31.62 |
| 减少 | 2708.15 | 175.46 | 73.28 | 852.53 | 891.02 | 343.03 | 665.27 |
| 净变化 | −2544.89 | −160.68 | −59.83 | 267.93 | 3821.16 | −315.53 | −633.65 |

2010~2015 年，城乡工矿居民用地年均净增加面积为 764.23 平方千米；由耕地和水域转入面积分别占新增面积的 54.64% 和 5.91%。水域面积相比 2010 年净增加了 3.61%，主要来源于海域、未利用土地和耕地。耕地的净减少面积为 2544.89 平方千米，被城乡工矿居民用地占用的耕地面积为 2574.60 平方千米，占耕地减少面积的 95.07%；耕地增幅仅为 163.26 平方千米，主要来自水域、城乡工矿居民用地和未利用土地。海域转变为水域和城乡工矿居民用地的面积占海域面积减少的65.92% 和 34.08%。相比 2010 年，未利用土地净减少了 9.72%，水域和城乡工矿居民用地的占用面积分别占未利用土地减少面积的 52.81% 和 27.39%。林地和草地面积变化均表现为净减少，但是减幅相对较小，分别为 1.47% 和 1.11%。

## 2.16　河南省土地利用

河南省土地利用以耕地为主，其次是林地和城乡工矿居民用地。20 世纪 80 年代末至 2015 年，土地利用动态主要表现为城乡工矿居民用地的显著增加和耕地的显著减少。

### 2.16.1 河南省2015年土地利用状况

2015 年遥感监测河南省面积为 16.56 万平方千米。土地利用类型以耕地为主，面积 80735.46 平方千米，占全省面积的 48.75%；其次是林地，面积为 32918.38 平方千米，占 19.88%；城乡工矿居民用地面积 21697.47 平方千米，占 13.10%；草地面积 5311.72 平方千米，占 3.21%；水域面积 4239.05 平方千米，占 2.56%；未利用土地面积 15.54 平方千米，仅占 0.01%；另有耕地内非耕地 20702.38 平方千米。

耕地中，旱地占耕地面积的 92.97%，主要分布在豫北、豫中、豫东黄淮海平原地区以及南阳盆地中部和东南部，另外在豫西丘陵山区和南阳盆地边缘地区也有分布；水田分布较少，占 7.03%，主要分布在淮河和黄河两岸地区。

林地中，有林地占林地面积的 87.35%，灌木林地、疏林地和其他林地分别占林地面积的 5.29%、3.10% 和 4.26%。林地资源总量较少且分布不均，林地主要分布在豫西山区、伏牛山、豫北太行山区中段、豫东平原西端、南阳盆地南缘、桐柏山区及大别山区等。

城乡工矿居民用地中，农村居民点用地占城乡工矿居民用地的 68.58%，其次是城镇用地，占 21.17%，工交建设用地占 10.25%。除广大农村居民点用地较分散外，城镇及工矿用地大部分集中在平川地区。

草地中，高覆盖度草地占草地面积的 80.35%，中覆盖度草地占 16.58%，低覆盖度草地占 3.06%。草地主要分布于桐柏山区及豫东平原低洼地区，伏牛山东端也有少量分布。

水域中，水库坑塘占水域面积的 42.44%，其次是河渠和滩地，分别占 29.64% 和 27.89%。水域主要包括水系以及耕地区的主干渠、水库坑塘等。滩地主要分布在淮南各水系的两岸以及黄河故道的下游，豫中、豫东地区各大小型水库附近也有少量分布。

### 2.16.2 河南省20世纪80年代末至2015年土地利用时空特点

20 世纪 80 年代末至 2015 年河南省一级类型动态总面积为 8757.29 平方千米，占全省面积的 5.29%（见表 22）。

表 22　河南省 20 世纪 80 年代末至 2015 年土地利用分类面积变化

单位：平方千米

| | 耕地 | 林地 | 草地 | 水域 | 城乡工矿居民用地 | 未利用土地 | 耕地内非耕地 |
|---|---|---|---|---|---|---|---|
| 新增 | 1431.68 | 599.11 | 224.32 | 1130.67 | 4911.61 | 34.53 | 425.38 |
| 减少 | 4528.42 | 652.98 | 1128.36 | 1042.54 | 52.49 | 149.22 | 1203.33 |
| 净变化 | −3096.73 | −53.87 | −904.03 | 88.14 | 4859.12 | −114.68 | −777.94 |

20 世纪 80 年代末至 2015 年城乡工矿居民用地面积净增加最为显著（见图 16），占监测初期的 28.86%。新增城乡工矿居民用地中，城镇用地、农村居民点用地和工交建设用地增加面积分别占其增量的 49.06%、22.46% 和 28.48%。其中耕地变为城乡工矿居民用地面积最大，占其新增面积的 74.45%；其次是林地，占 3.70%；草地和水域分别占 1.45% 和 1.23%。城乡工矿居民用地减少的面积很少，为 52.49 平方千米，转变为耕地的为主，占 43.30%；其次是转变为水域，占 17.07%；转变为未利用土地的占 14.56%。

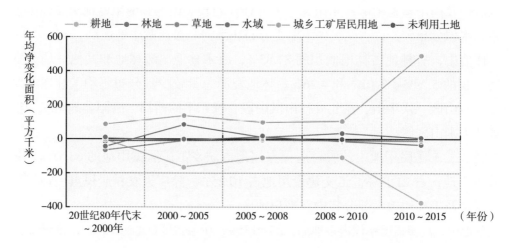

图 16  河南省不同时段土地利用分类面积年均净变化

水域面积净增加面积占监测初期的 2.12%。新增水域面积的 65.50% 是由耕地转变而来，7.62% 由草地转变而来，4.05% 由林地转变而来。水域减少以转变为旱地为主，占水域减少面积的 66.30%；其次是转变为城乡工矿居民用地，占 5.80%；转变为草地的占 2.86%；转变为林地的占 2.11%。

耕地面积净减少显著，占监测初期的 3.69%。耕地减少以变为城乡工矿居民用地为主，占耕地减少面积的 80.75%；其次是变为水域，占 16.35%；变为林地和草地的分别占 2.00% 和 0.82%。新增耕地中平原旱地、丘陵旱地和山区旱地增加面积分别占 69.78%、25.90% 和 2.74%。新增耕地来源多样，24.56% 是滩地转变的，17.04% 是河渠转变的，还有 7.94% 是水库坑塘转变的；14.31% 是中覆盖度草地转变的，8.43% 是高覆盖度草地转变的；16.06% 是林地转变的。

草地面积净减少，占监测初期的 14.54%。草地减少以变为林地为主，占草地减少面积的 39.88%；其次是草地变为旱地，占 34.19%；变为水域的占 7.64%；变为城乡工矿居民用地的占 6.32%。新增草地 58.67% 是由林地转变的；16.62%

是旱地退耕而来的，以平原旱地为主；还有 13.27% 是由水域转变的，以滩地为主。

林地面积净减少，占监测初期的 0.16%。林地减少以转变为旱地为主，占林地减少面积的 35.19%，转变为城乡工矿居民用地和水域的占 27.81%，转变为草地的占 20.15%。新增林地 14.94% 是由旱地转变而来，以丘陵旱地和平原区旱地为主；75.12% 由草地转变而来，以中覆盖度和高覆盖度草地为主；3.66% 由水域转变而来，以滩地为主。

未利用土地面积净减少，占监测初期的 88.07%。未利用土地减少以变为旱地为主，占其减少面积的 53.79%；其次是变为水域，占 19.17%。新增未利用土地面积很少，58.28% 是由水域转变的。

### 2.16.3　河南省2010年至2015年土地利用时空特点

2010~2015 年城乡工矿居民用地面积增加最为显著，水域有所增加，未利用土地略有增加；耕地减少显著，林地减少明显、草地有所减少（见表 23）。

表 23　河南省 2010~2015 年土地利用分类面积变化

单位：平方千米

| | 耕地 | 林地 | 草地 | 水域 | 城乡工矿居民用地 | 未利用土地 | 耕地内非耕地 |
|---|---|---|---|---|---|---|---|
| 新增 | 110.64 | 14.59 | 7.07 | 184.83 | 2474.72 | 8.46 | 34.54 |
| 减少 | 1937.01 | 165.62 | 48.75 | 136.47 | 40.37 | 3.36 | 503.28 |
| 净变化 | −1826.37 | −151.03 | −41.68 | 48.36 | 2434.35 | 5.10 | −468.73 |

2010~2015 年新增城乡工矿居民用地中，城镇用地、农村居民点和工交建设用地增加面积分别占其增量的 40.88%、22.70% 和 36.43%。其中耕地变为城乡工矿居民用地面积最大，占其新增面积的 72.50%；林地占 5.59%，草地和水域分别占 1.69% 和 1.58%。城乡工矿居民用地转变成其他类型的面积很少，为 40.37 平方千米。20 世纪 80 年代末至 2015 年城乡工矿居民用地在不同的监测时段均呈增加态势，2010~2015 年的增速最快，高达每年 486.87 平方千米，且超过 2000~2005 年的年增速峰值。

林地减少以转变为城乡工矿居民用地为主，占林地减少面积的 83.53%；其次是转变为耕地，占 9.93%；转变为水域的占 2.89%。新增林地 71.86% 是由耕地转变而来；9.39% 由农村居民点和工交建设用地整理而来。20 世纪 80 年代末至 2015 年林地呈增－减－增－再减的变化态势。在 2000 年之前为林地面积增加阶段，

2005~2008 年为林地面积快速增加阶段，2000~2005 年和 2008~2015 年为林地面积均呈减少阶段，且 2010~2015 年林地面积减速比 2008~2010 年有所加快。

新增水域面积 71.09% 是由耕地转变而来，由草地和林地转变而来的分别占 2.60% 和 2.59%。水域减少以转变为耕地为主，占水域减少面积的 53.61%；其次是转变为城乡工矿居民用地，占 28.58%。水域增加的部分主要分布黄河两边等。20 世纪 80 年代末至 2015 年水域呈先减后增态势。在 2000 年之前为水域面积减少阶段，2000~2015 年为增加阶段。2000~2005 年增速最快，2010~2015 年增速下降。

耕地减少以变为城乡工矿居民用地为主，占耕地减少面积的 92.62%；其次是变为水域，占 6.78%；变为林地的占 0.54%。新增耕地由水域转变的最多，占新增耕地的 66.12%，包括河渠、滩地和水库坑塘等；16.52% 是城乡工矿居民用地转变的，包括工交建设用地和农村居民点用地的整理；14.87% 是林地转变的，主要包括疏林地和有林地；还有 1.41% 是高覆盖度草地转变的。耕地减少与城乡工矿居民用地增加区域基本一致。20 世纪 80 年代末至 2015 年耕地呈先增后减态势。在 2000 年之前耕地面积略有增加，2000~2005 年耕地快速减少，2005~2010 年耕地减速下降，2010~2015 年耕地快速减少，超过 2000~2005 年的减速。

草地减少以变为城乡工矿居民用地为主，占草地减少面积的 86.02%；其次是草地变为水域，占 9.86%，变为旱地的占 3.02%。新增草地 73.82% 是由农村居民点和工交建设用地整理的；11.61% 是旱地退耕而来的，还有 11.51% 是由水域转变的。20 世纪 80 年代末至 2015 年草地呈持续减少态势。在 2000 年之前草地面积减少较快，2000~2010 年减少缓慢，2010~2015 年较 2000~2010 年减速有所加快。

新增未利用土地面积的 96.20% 是由农村居民点搬迁后未复耕的土地。沼泽地面积减少占未利用土地减少面积的 97.55%，未利用土地减少以变为水域为主，占未利用土地减少面积的 52.26%；其次是变为水田，占 35.63%。未利用土地面积增加部分主要分布在黄河两边的沙地等。20 世纪 80 年代末至 2015 年未利用土地呈先减后稳定的态势。在 2005 年之前草地面积略有减少，2005 年之后保持不变，2010~2015 年草地面积略有增加。

## 2.17　湖北省土地利用

湖北省土地利用类型空间分布呈现明显的阶梯性，自西向东表现为从林地和草地到耕地、水域、城乡工矿居民用地和未利用土地过渡，土地利用构成以林地和耕地为主。20 世纪 80 年代末至 2015 年，湖北省土地利用变化愈演愈烈，主要发生在长江中下游平原。土地利用变化以城乡工矿居民用地与水域的显著增加和耕地的持续减少为主，另有少量的未利用土地增加和林地与草地减少。

### 2.17.1　湖北省2015年土地利用状况

在湖北省土地利用构成中，林地面积最多，占比 49.69%，99.03% 为有林地、疏林地和灌木林地，主要分布在鄂西山区、鄂东南和鄂东北丘陵区以及大洪山附近地区。耕地是第二大土地利用类型，面积 50072.57 平方千米，占 26.93%，主要分布在地势相对平坦的鄂中地区，尤以长江中下游平原最为集中。耕地中水田略多于旱地，二者分别占比 57.51% 和 42.49%。湖北省素有"千湖之省"之称，水域面积 12378.94 平方千米，占 6.66%，以水库坑塘为主，其次是湖泊和河渠，滩地的面积最小。水域主要分布在鄂中南的江汉平原区、鄂东沿江地带和鄂北岗地丘陵区。城乡工矿居民用地集中分布在武汉城市圈，面积 8187.59 平方千米，占 4.40%，45.95%、33.30% 和 20.75% 分别为农村居民点用地、城镇用地和工交建设用地。草地面积略少于城乡工矿居民用地，面积 6939.57 平方千米，占 3.73%，以中、高覆盖度草地为主，零星分布在鄂西山区、鄂东南与鄂东北丘陵区，湖北省中部地区鲜有出现。未利用土地面积最少，为 358.42 平方千米，占 0.19%，以沼泽地为主，主要分布在河网密集、水系发达的江汉平原。此外，湖北省还有耕地内非耕地 15616.66 平方千米，占 8.40%。

### 2.17.2　湖北省20世纪80年代末至2015年土地利用时空特点

近 30 年来，湖北省土地利用变化呈持续加剧趋势，主要发生在经济发达、人口增长较快、交通便利的长江中下游平原。各类土地利用类型的变化存在较大差异，其中城乡工矿居民用地、水域和未利用土地呈净增加变化；其他类型呈净减少变化，耕地的净减少最明显，林地有所减少，草地略有减少（见表 24）。

表 24　湖北省 20 世纪 80 年代末至 2015 年土地利用分类面积变化

单位：平方千米

|  | 耕地 | 林地 | 草地 | 水域 | 城乡工矿居民用地 | 未利用土地 | 耕地内非耕地 |
|---|---|---|---|---|---|---|---|
| 新增 | 433.10 | 311.31 | 95.77 | 1913.07 | 3039.03 | 170.18 | 135.65 |
| 减少 | 3081.06 | 1065.52 | 142.17 | 693.88 | 11.06 | 150.00 | 954.44 |
| 净变化 | −2647.95 | −754.21 | −46.39 | 1219.18 | 3027.98 | 20.19 | −818.79 |

耕地是总动态变化最大也是净减少面积最多的土地利用类型，减少速度持续增加，在 2000~2005 年和 2008~2010 年两个时段尤为显著（见图 17）。耕地变化集中在大中城市及其周边地区，尤其是在武汉城市圈最为密集。新增耕地面积的 56.82% 来自水域，其次是林地，占新增耕地面积的 35.29%。耕地对水域增加和城乡工矿居民用地扩展的贡献较大，减少耕地的 93.13% 变为这两种土地利用类型。

城乡工矿居民用地是净变化面积最多的土地利用类型，但总动态变化面积位居耕地之后，空间格局与耕地高度一致，主要发生在湖北省城镇化水平较高的武汉、鄂州、黄石和宜昌市等长江沿岸城市。城乡工矿居民用地扩展是一种难以逆转的过程，新增面积远多于减少面积。近 30 年来，城乡工矿居民用地扩展剧烈，2005~2010 年尤为显著。新增面积以工交建设用地为主，其次是城镇用地，农村居民点用地较少，三者净增加面积分别占比 55.76%、39.34% 和 4.90%。新增城乡工矿居民用地的主要土地来源是耕地和林地，二者对城乡工矿居民用地扩展的贡献分别为 55.05% 和 20.50%。该类土地的减少主要是水域淹没造成的。

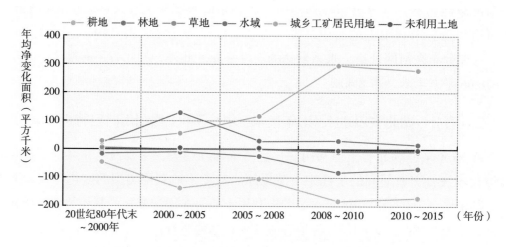

**图 17　湖北省不同时段土地利用分类面积年均净变化**

湖北省境内湖泊众多，河网纵横，省域内的湖泊群是长江中下游湿地系统的重要组成部分，水域面积变化显著，总动态变化面积略低于耕地和城乡工矿居民用地，是净增加面积第二大土地利用类型。水域在各时段均呈净增加变化，净变化速度先增后减，于 2000~2005 年达到峰值，主要出现在长江支流汉水和沮水沿线，在河湖密布的江汉平原区也较为密集。耕地既是水域增加的主要来源，又是水域减少的重要去向。新增水域对耕地的影响最大，近 30 年来，共有 1196.38 平方千米耕地变为水域，对新增水域的贡献率高达 62.54%。减少水域面积的 35.47%、23.36% 和 22.56% 分别转变为耕地、未利用土地和城乡工矿居民用地。

### 2.17.3 湖北省2010年至2015年土地利用时空特点

2010~2015 年，湖北省土地利用动态变化主要变现为耕地的剧烈减少和城乡工矿居民用地的迅猛增加，其他地类变化相对微弱，土地利用变化与过去 30 年的总体变化规律与空间分布基本保持一致。

与之不同的是：① 20 世纪 80 年代末至 2015 年，耕地与城乡工矿居民用地动态变化总面积相当，且前者略多于后者，但在 2010~2015 年，二者动态变化总面积排序逆转，且城乡工矿居民用地远多于耕地；② 2010 年之后，虽然耕地和城乡工矿居民用地净变化速度变化不大，分别为 281.56 平方千米和 167.79 平方千米，却远高于整个监测时段的均值 108.14 平方千米和 94.57 平方千米；③水域在 2010~2015 年变化甚微，新增 229.32 平方千米，减少 140.79 平方千米，动态变化总面积远少于城乡工矿居民用地和耕地；④未利用土地得到更多的改造和利用，呈净减少变化。

## 2.18　湖南省土地利用

湖南省土地利用以林地和耕地为主，两者面积占整个土地利用面积的 80% 以上。省内土地利用变化以城乡工矿居民用地和水域的增加以及以林地、草地为代表的各种植被的减少为主。

### 2.18.1　湖南省2015年土地利用状况

2015 年，湖南省土地利用面积 211816.40 平方千米，其中林地面积最大，为 131862.68 平方千米，占 62.25%，但该比例较 2010 年低 0.20 个百分点。耕地面积次之，为 43910.02 平方千米，占 20.73%，略低于 2010 年的 20.92%。草地和水域的面积相当，分别为 7009.05 平方千米和 7465.13 平方千米，占比分别为 3.31% 和 3.52%；两者比例与 2010 年基本持平。城乡工矿居民用地面积仅为 5184.31 平方千米，占 2.45%，高出 2010 年 0.44 个百分点。未利用土地面积最小，仅占全省土地面积的 0.36%，与 2010 年相同。

湖南省林地以有林地和疏林地为主，各占林地总面积的 67.32% 和 24.49%，较 2010 年比例均略有下降；主要集中于西部山区、南部丘陵山地区以及东部山地丘陵区。耕地以水田为主，面积为 32188.04%，占耕地总面积的 73.30%，较

2010 年下降 0.5 个百分点；主要分布在境内各河湖水系的冲积平原，山地丘陵区有少量分布。湖南省草地以高覆盖度草地为主，占草地总面积的 80.96%。草地的分布区与林地相似，主要在西部、南部和东部的山地丘陵区。水域以河渠、湖泊和水库坑塘为主，三者共占水域总面积的 87.36%。城乡工矿居民用地则以城镇用地占比最大，为 42.90%，较 2010 年高出 3.12 个百分点；其次是农村居民点用地，占比为 31.93%，比 2010 年低 7.11 个百分点。湖南省未利用土地以沼泽为主，比例达到 94.97%，主要分布于洞庭湖区。

## 2.18.2 湖南省20世纪80年代末至2015年土地利用时空特点

20 世纪 80 年代末至 2015 年，湖南省土地利用动态总面积为 8575.09 平方千米，占土地利用总面积的 4.05%。六种土地利用类型中，新增面积最大的是城乡工矿居民用地，达 2272.79 平方千米（见表 25），相当于 20 世纪 80 年代末该类型面积的 77.81%；新增来源主要是林地和耕地，分别有 43.41% 和 39.62% 的新增面积由这两种土地利用类型转化而来。这些新增面积大多集中在长株潭城市群区。城乡工矿居民用地的减少面积非常小，仅为 9.54 平方千米；其面积该时段净增加 2263.25 平方千米。新增面积位居第二的是水域，为 638.42 平方千米；新增来源同样主要是耕地和林地，分别有 43% 和 28% 的新增面积由这两类转化而来。

表 25　湖南省 20 世纪 80 年代末至 2015 年土地利用分类面积变化

单位：平方千米

| | 耕地 | 林地 | 草地 | 水域 | 城乡工矿居民用地 | 未利用土地 | 耕地内非耕地 |
|---|---|---|---|---|---|---|---|
| 新增 | 158.15 | 528.24 | 112.99 | 638.42 | 2272.79 | 87.39 | 54.33 |
| 减少 | 1424.49 | 1397.85 | 240.05 | 190.13 | 9.54 | 91.44 | 498.80 |
| 净变化 | −1266.34 | −869.61 | −127.06 | 448.28 | 2263.25 | −4.05 | −444.48 |

所有六种土地利用类型中，减少面积最大的是耕地，达 1424.49 平方千米，为原有该类型面积的 3.15%；减少的面积有 63.21% 转化为城乡工矿居民用地。其他土地利用类型转化为耕地的面积为 158.15 平方千米，远远小于减少的耕地面积；最终，湖南省耕地面积净减少 1266.34 平方千米，减幅为 2.80%。林地减少的面积仅次于耕地，为 1397.85 平方千米；减少的面积有 70.58% 转化为城乡工矿居民用地。其他土地利用类型转化为林地的面积为 528.24 平方千米，最终使得全省林地面积净减少面积 869.61 平方千米，减幅为 0.66%。林地的变化主要出现在湘西和湘南丘陵区。

　　从动态变化的时间过程来看（见图 18），城乡工矿居民用地一直表现为面积净增加态势，且年均净增加面积呈现不断增加的趋势，但在 2010~2015 年有所回落；年均净增加面积最高值是 2008~2010 年的 220.99 平方千米。耕地、林地和草地则一直表现为面积净减少的态势。其中，耕地和林地的年均净减少面积基本呈现随时间增加的趋势，但在 2010~2015 年有所降低。两者的最高值均出现在 2008~2010 年，年均分别净减少 84.02 平方千米和 99.63 平方千米。在 2008 年以前，耕地的年均净减少面积一直高于林地，但之后发生转变，林地成为年均净减少面积最大的土地利用类型。

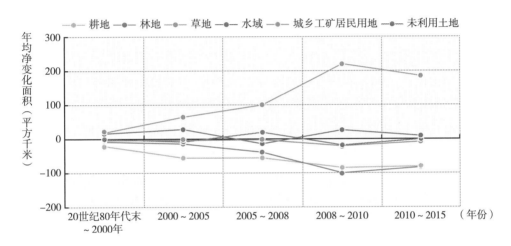

**图 18　湖南省不同时段土地利用分类面积年均净变化**

### 2.18.3　湖南省2010年至2015年土地利用时空特点

　　2010~2015 年，新增面积最大的依然是城乡工矿居民用地，达 938.99 平方千米，占自 20 世纪 80 年代末以来新增面积的 41.31%。年均净增加面积在整个时段仅次于 2008~2010 年，达到 80.87 平方千米。长株潭城市群依然是全省城乡工矿居民用地扩展最剧烈的地区。

　　林地和耕地是减少面积最多的两种土地利用类型。林地减少面积为 427.59 平方千米，占 20 世纪 80 年代末以来减少面积的 30.59%；年均净减少面积在整个时段仅次于 2008~2010 年，达 81.96 平方千米。林地的变化多发生在湘东南南岭地区。耕地减少面积为 418.05 平方千米，占自 20 世纪 80 年代末以来减少面积的 29.35%；年均净减少面积在整个时段仅次于 2008~2010 年，达 80.87 平方千米。耕地的变化与城乡工矿居民用地的扩展具有较高的空间一致性。

## 2.19 广东省、香港和澳门土地利用

将香港和澳门两个特别行政区的土地利用合并在广东省一起表述（以下简称广东省土地利用），它们的总体土地利用类型以林地为最主要利用类型，其次为耕地。自 20 世纪 80 年代末至 2015 年，区域土地利用类型中，除建设用地显著增加、水域面积增加外，耕地、林地、草地和未利用土地面积都不同程度地减少。

### 2.19.1 广东省、香港和澳门特别行政区2015年土地利用状况

2015 年，广东省、香港和澳门特别行政区遥感监测土地总面积为 179855.32 平方千米。其中，林地面积是各土地利用类型中面积最大的，为 112927.53 平方千米，占全区面积的 62.79%；其次是耕地，面积 28705.68 平方千米，占 15.96%；城乡工矿居民用地面积 13885.48 平方千米，占 7.72%；水域面积 8980.55 平方千米，占 4.99%；草地面积 4197.80 平方千米，占 2.33%；未利用土地最少，面积 150.44 平方千米，占 0.08%；另有耕地内非耕地 11007.83 平方千米，占该区域遥感监测总面积的 6.12%。

各土地利用类型中面积最大的林地以有林地为主，面积达 96906.91 平方千米，占林地总面积的 85.81%；而其他林地、疏林地和灌木林地面积均较小，依次为 7622.58 平方千米、4640.44 平方千米和 3757.61 平方千米，占 6.75%、4.11% 和 3.33%。广东省、香港和澳门特别行政区的林地主要分布在区域的北部及周边地区。

耕地中水田面积明显大于旱地，水田面积达 17987.37 平方千米，约占该区域耕地总面积的三分之二（62.66%），水田主要分布于该区域珠江三大支流汇集的中南部和东南部地区。

城乡工矿居民用地面积只占该区域遥感监测总面积的 7.72%，是位列第三的土地利用类型。其中，城镇用地面积相对最大，为 6606.87 平方千米，占城乡工矿居民用地面积的 47.58%；农村居民点用地面积次之，面积约 4481.53 平方千米，占城乡工矿居民用地面积的 32.27%；工交建设用地面积最少，约 2797.08 平方千米，只占城乡工矿居民用地面积的 20.14%。该区域城镇用地和工交建设用地主要分布于珠江三角洲地区，人口密集，经济相对发达；而农村居民点用地主要分布于区域的中部和西南地区。

水域面积位列广东省、香港和澳门特别行政区土地面积的第四位，并以水库坑塘的面积最大，达 5631.82 平方千米，占该区域水域面积的 62.71%；其次是河渠，面积约 2583.59 平方千米，占 28.77%；滩地和海涂面积均较小，面积分别为 365.58

平方千米和 373.92 平方千米，约占该区域水域面积的 4.07% 和 4.16%；湖泊面积最小，只有 25.64 平方千米，占该区域水域面积的 0.29%。总体上，该区域内河渠分布相对广泛，包括珠江的三大支流东江、北江、西江和韩江等。而海涂和滩地集中分布于广东省的东部、西部和雷州半岛等地。

该区域草地面积相对较小，并以高覆盖度草地为主，面积约 3689.01 平方千米，占该区域草地面积的 87.88%；其次是中覆盖度草地，面积为 476.35 平方千米，占该区域草地面积的 11.35%；低覆盖度草地最少，面积只有 32.45 平方千米，占该区域草地面积的 0.77%。草地主要分布于广东省的北部和西部沿海地区。

该区域土地利用程度较高，未利用土地面积很少，并以沙地为主，面积约 101.41 平方千米，占该区域未利用土地的 67.41%，主要分布在东南沿海一带；其次是沼泽地，面积不足 40 平方千米，占该区域未利用土地面积的 24.92%；盐碱地和其他未利用土地的面积均不足 10 平方千米，分别占该区域未利用土地面积的 5.58% 和 2.09%。

### 2.19.2 广东、香港和澳门20世纪80年代末至2015年土地利用时空特点

20 世纪 80 年代末至 2015 年，广东省、香港和澳门特别行政区土地利用变化中，一级类型变化总面积达 9204.23 平方千米，占全区面积的 5.12%。各土地利用类型中城乡工矿居民用地面积净增加最多，水域略有增加；而耕地面积净减少最多，林地、草地、海域面积均呈净减少，未利用土地面积变化最小（见表 26）。

**表 26　广东省、香港和澳门特别行政区 20 世纪 80 年代末至 2015 年土地利用分类面积变化**

单位：平方千米

| | 耕地 | 林地 | 草地 | 水域 | 城乡工矿居民用地 | 未利用土地 | 耕地内非耕地 |
|---|---|---|---|---|---|---|---|
| 新增 | 203.48 | 702.9 | 187.34 | 1477.95 | 6489.63 | 12.47 | 77.24 |
| 减少 | 3748.25 | 1998.72 | 346.15 | 1016.41 | 23.46 | 46.21 | 1631.25 |
| 净变化 | −3544.77 | −1295.83 | −158.81 | 461.54 | 6466.17 | −33.75 | −1554.01 |

该区域城乡工矿居民用地净增加了 6466.17 平方千米，是变化最显著且增加面积最大的土地类型。占用耕地是新增城乡工矿居民用地的主要土地来源，占用耕地面积达 2646.13 平方千米，占新增城乡工矿居民用地面积的 40.77%，且被占用的主要是水田；新增城乡工矿居民用地居第二位的来源是林地，面积达 1647.72 平方千米，占新增城乡工矿居民用地面积的 25.39%；占用水域面积开发为城乡工矿居民用地为其第三位的土地来源，面积为 747.08 平方千米，占新增城乡工矿居民

用地面积的 11.51%。在整个监测时段，耕地作为城乡工矿居民用地新增面积的土地来源比例不断下降，该比例由 20 世纪 80 年代末至 2000 年的 41.19%，下降至 2010~2015 年的 28.52%，而林地作为新增城乡工矿居民用地土地来源的比例则升高至 31.77%。在整个监测时段，城乡工矿居民用地面积的增加集中发生在 20 世纪 80 年代末至 2005 年，并以 2000~2005 年的增速最为显著，年均净变化面积达 476.62 平方千米（见图 19）。由于区位因素及我国改革开放政策的影响，该区域城乡工矿居民用地变化最集中的是珠江三角洲地区。

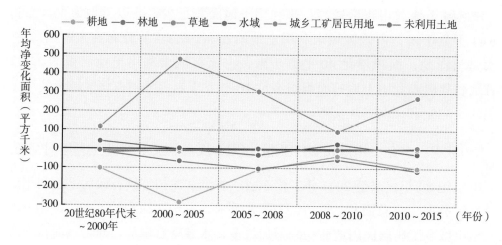

**图 19　广东省、香港和澳门特别行政区不同时段土地利用分类面积年均净变化**

整个监测时段，广东省、香港和澳门特别行政区水域面积净增加了 461.54 平方千米，并以水库坑塘面积净增加为主，面积达 1335.90 平方千米，占新增水域面积的 90.39%。新增水域主要来自耕地，面积 812.22 平方千米，占新增面积的 54.96%；来自海域的面积为 178.54 平方千米，占 12.08%。减少的水域中 747.08 平方千米为城乡工矿居民用地占用，占减少面积的 73.50%。除 2005~2008 年和 2010~2015 年水域面积为净减少变化外，其他三个时段水域面积均呈净增加变化，并在 20 世纪 80 年代末至 2000 年水域面积增加最多，占整个监测时段新增水域面积的 55.47%。

整个监测时段，该区域耕地是净减少面积最多的地类，相比监测初期减少 10.99%，且减少的面积以水田为主。耕地减少的去向主要是城乡工矿居民用地占用，面积达 2646.19 平方千米，占耕地减少面积的 70.60%；耕地减少去向居第二位的为退耕还湖还水等工程占用，面积约 812.22 平方千米，占耕地减少面积的 21.67%。监测初期的 20 世纪 80 年代末至 2000 年，耕地减少的约半数面积是由于城乡工矿居民用地占用，该比例在 2005 年至 2008 年达到峰值（约增加到

92.57%），之后略呈下降变化。受到国家《土地管理法》对耕地占补平衡的要求制约，以及对粮食的基本需求等因素影响，该区域也有新增耕地，并主要来自对水域的开垦占用，面积约 131.57 平方千米，占新增耕地面积的 64.66%；其次来自对林地的开垦占用，面积 58.01 平方千米，占新增耕地面积的 28.51%。整个监测时段区域耕地面积总体呈持续减少趋势，但减少速度呈先升后降态势，且在 2000~2005 年耕地面积减少速度最为显著。

整个监测时段，广东省、香港和澳门特别行政区林地净减少面积仅次于耕地，但该区域林地基数大，因此变化幅度表现不显著，2015 年区域林地面积相比 20 世纪 80 年代末减少了 1.13%，其中有林地减少最多，占林地减少面积的 67.22%。整个监测时段，林地减少的去向也以城乡工矿居民用地开发占用为主，面积达 1647.72 平方千米，占林地减少面积的 82.44%；其次是退化为草地，面积约 176.99 平方千米，占林地减少面积的 8.86%；减少的林地少量转变为水域和耕地，分别占林地减少面积的 4.32% 和 2.90%。城乡工矿居民用地建设占用始终是该区域林地减少的主要原因，因建设占用导致的林地减少面积占林地减少总面积的比例在监测初期的 20 世纪 80 年代末至 2000 年为 68.11%，之后该比例不断增加，并在 2008~2010 年达到整个监测时期的峰值，达到 97.95%。随着林业的发展和区域生态环保的需求提高，区域也占用其他土地类型进行造林，新增林地的土地来源以耕地为主，占新增林地面积的 40.98%，并以旱地为主。林地面积减少主要发生在人口集中和经济较发达的珠江三角洲地区，而林地面积增加主要集中在雷州半岛。

草地和未利用土地的净变化均为净减少，净减少量较少，分别只有 158.81 平方千米和 33.75 平方千米。草地的减少去向主要为植树造林，约 247.08 平方千米，占草地减少总面积的 71.38%，其次是建设用地占用，占 20.49%。

### 2.19.3　广东省、香港和澳门2010年至2015年土地利用时空特点

2010~2015 年，广东省、香港和澳门土地利用一级类型变化总面积 3718.64 平方千米，占全区面积的 2.07%。各土地利用类型中城乡工矿居民用地面积净增加最多，草地略有增加；林地面积减少最为显著，其次是耕地，水域和海域略有减少，未利用土地变化最小。

城乡工矿居民用地年均净增加自 2005 年减速后呈现新的增速，年均净增加面积达 275.02 平方千米。土地来源以占用林地和耕地为主，面积分别达 494.34 平方千米和 443.66 平方千米，占城乡工矿居民用地新增加面积的 35.62% 和 31.97%；其次为占用水域 168.56 平方千米，占 12.15%。城乡工矿居民用地新增加面积多集中在珠江三角洲地区以及粤东的汕头和雷州半岛的湛江地区。

林地和耕地都在 2008~2010 年净减少速度较低之后又在 2010~2015 年显著加速至 107.33 平方千米／年和 96.19 平方千米／年，水域在上一时段以年均 30.92 平方千米净增加后又呈净减少态势。林地的变化在珠江三角洲、汕头、雷州半岛以外的区域广泛发生，而耕地的变化主要出现在珠江三角洲、汕头和湛江地区。

## 2.20　广西壮族自治区土地利用

广西壮族自治区的土地利用类型中以林地面积最大，耕地面积位列第二。整个监测时段的 20 世纪 80 年代末至 2015 年，区域的土地利用变化以城乡工矿居民用地增加最显著，水域面积略有增加，其他土地利用类型面积均呈减少变化，并以草地减少最显著，而耕地和林地呈持续减少但变化幅度较小。

### 2.20.1　广西壮族自治区2015年土地利用状况

2015 年广西壮族自治区遥感监测土地面积 237167.24 平方千米，其中林地面积 159295.39 平方千米，占全区面积的 67.17%；其次是耕地，面积 40901.05 平方千米，占 17.26%；草地面积为 13020.52 平方千米，约占全区土地面积的 5.49%；城乡工矿居民用地面积位列第四，面积为 6277.21 平方千米，占全区土地面积的 2.65%；水域面积较少，约为 4476.87 平方千米，占全区土地面积的 1.89%；未利用土地面积最少，只有 15.73 平方千米，占 0.01%。

广西壮族自治区林地面积广阔，并以有林地为主，面积达 108619.70 平方千米，占林地面积的 68.19%；灌木林地面积次之，为 32124.42 平方千米，占全区林地总面积的 20.17%。林地在广西壮族自治区主要分布在山地，包括大容山、六万大山、十万大山和大瑶山等地。

广西壮族自治区的耕地中，半数以上为旱地，面积达 22123.48 平方千米，占全区耕地总面积的 54.09%。耕地广泛分布在广西壮族自治区的东部、南部和中部，包括浔江平原、郁江平原、宾阳平原和南流江三角洲等区域。水田集中分布在东部及南部地势较低平、水源条件较好的地区，而旱地广泛分布于西部和中部地区。

广西壮族自治区的草地以高覆盖度草地为主导类型，面积达 11747.80 平方千米，占全区草地总面积的 90.23%；而中覆盖度草地面积只有 1237.79 平方千米，不足全区草地总面积的 10%；低覆盖度草地最少，不足 40 平方千米，只占全区草地总面积的 0.27%。全区大面积连片草地主要分布在人口稀疏的西部、北部山区，其余地区多为零星分布。

全区城乡工矿居民用地中，农村居民点用地面积最大，约为 3450.03 平方千米，占全区城乡工矿居民用地面积的半数以上（54.96%）；其次为城镇用地和工交建设用地，这两种土地利用类型面积相当，面积分别为 1421.48 平方千米和 1405.70 平方千米，占全区城乡工矿居民用地面积的 22.65% 和 22.39%。广西壮族自治区的城乡工矿居民用地集中分布在盆地中部和东南沿海一带。

广西壮族自治区的水域中水库坑塘面积最大，达到 2036.24 平方千米，占全区水域总面积的 45.48%；河渠次之，面积为 1751.01 平方千米，占全区水域总面积的 39.11%；海涂和滩地的面积相对较小，分别为 453.67 平方千米和 233.82 平方千米，占全区水域总面积的 10.13% 和 5.22%。河渠广泛分布在广西壮族自治区境内，水网密布，有西江流域从西向东贯穿广西，有南流江注入北部湾，西南有属于红河水系的河流。

广西壮族自治区的未利用土地很少，不足 20 平方千米，并以沙地、裸土地和裸岩石砾地为主，分别占区域未利用土地总面积的 32.26%、28.45% 和 24.47%；区域有少量沼泽地分布，占全区未利用土地面积的 14.81%。沙地、裸土地和裸岩石砾地主要分布在广西壮族自治区的沿海一带。

### 2.20.2　广西壮族自治区20世纪80年代末至2015年土地利用变化的时空特点

整个监测时段的 20 世纪 80 年代末至 2015 年，广西壮族自治区土地利用变化中一级类型变化总面积达 4044.36 平方千米，占全区土地面积的 1.71%。其中，城乡工矿居民用地是面积净增加最多的土地利用类型，此外水域面积也呈净增加变化；草地是区域净减少面积最大的土地利用类型，面积净减少变化居第二的是耕地，海域和林地面积略有减少，而未利用土地变化最小（见表 27）。

表 27　广西壮族自治区 20 世纪 80 年代末至 2015 年土地利用分类面积变化

单位：平方千米

|  | 耕地 | 林地 | 草地 | 水域 | 城乡工矿居民用地 | 未利用土地 | 耕地内非耕地 |
|---|---|---|---|---|---|---|---|
| 新增 | 455.77 | 936.64 | 192.76 | 621.14 | 1657.87 | 0.07 | 165.80 |
| 减少 | 979.09 | 1262.76 | 916.99 | 108.82 | 13.31 | 0.25 | 319.94 |
| 净变化 | −523.31 | −326.12 | −724.23 | 512.31 | 1644.56 | −0.18 | −154.14 |

城乡工矿居民用地是变化最显著且增加面积最大的土地类型，整个监测时段其净增加呈持续加速态势（见图 20），相比 20 世纪 80 年代末增加 35.50%。该地类新增面积 1657.87 平方千米，其中 50.04% 是工交建设用地，42.96% 是城镇用地，

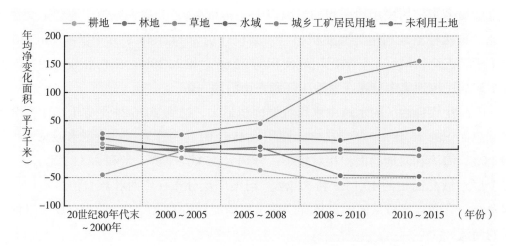

图 20　广西壮族自治区不同时段土地利用分类面积年均净变化

7.00% 是农村居民点用地。新增面积中来自耕地的面积最大，为 767.05 平方千米，占新增面积的 46.27%；其次来自林地，面积 469.90 平方千米，占 28.34%。从时间变化看，耕地作为城乡工矿居民用地主要土地来源的比例呈持续下降态势，该比例从监测初期 20 世纪 80 年代末至 2000 年的 65.67% 下降到 2010~2015 年的 35.69%，而城乡工矿居民用地占用林地的比例逐渐上升至 34.38%，占用草地、水域和海域的比例也略有增加，这从侧面说明广西壮族自治区的开发方式在不断变化。整个监测时段，城乡工矿居民用地面积的增加在广西壮族自治区的大部分区域都有发生，但在南宁市区域最为集中。

　　广西壮族自治区的水域面积变化也以增加为主，并在整个监测时段持续增加，新增面积共计 621.14 平方千米，相比 20 世纪 80 年代末增加了 12.92%。新增的水域类型主要是海涂和水库坑塘，分别占全区新增水域面积的 49.61% 和 32.52%。新增的水域面积主要来自海域，面积达 375.48 平方千米，占全区新增面积的 60.45%，其次来自耕地和林地，分别占 16.71% 和 15.43%。新增水域面积的主要土地来源在各监测时段略有差异，20 世纪 80 年代末至 2000 年主要来自海域，之后耕地、林地所占比例大幅增加，到 2010~2015 年又主要来自海域。

　　草地是广西壮族自治区净减少面积最大的土地利用类型，相比 20 世纪 80 年代末草地面积减少 5.27%。减少的草地面积中绝大部分是高覆盖度草地，占全区草地减少面积的 97.53%。草地面积减少的主要去向是转变为林地，面积约为 777.85 平方千米，占草地减少面积的 84.83%。从时间变化看，草地减少的去向始终以变为林地为主，但该比例从监测初期的 89.59% 不断降低到 2010~2015 年的 52.30%，城乡工矿居民用地占用的比例则逐渐从 1.06% 上升至监测末期的 42.21%。整个监测时段草地持续减少，在监测初期的净减少速度最快，达到年均净减少 45.78 平方千米，之后净减少速度放缓。

广西壮族自治区的耕地在监测初期有短暂净增加，之后呈持续净减少变化，净减少速度也呈加速的态势。相比 20 世纪 80 年代末耕地减少 1.26%，其中减少的耕地中超半数是旱地。减少的耕地面积中有 767.05 平方千米被城乡工矿居民用地占用，占耕地减少面积的 78.34%；耕地减少面积转变为林地和水域次之，分别占耕地减少面积的 10.72% 和 10.60%。在各个监测时段中，城乡工矿居民用地建设占用始终是耕地减少的主要原因，而耕地新增面积的主要土地来源在不同时段略有差异，20 世纪 80 年代末至 2000 年 84.82% 来自林地，之后来自水域、草地和建设用地整理而来的比例逐渐增加。

林地的新增面积和减少面积较为接近，且面积基数大，因此变化并不显著，但其内部二级类型之间转换剧烈。林地变化总体净减少了 326.12 平方千米，相比 20 世纪 80 年代末减少 0.20%，但净减少的速度呈增加的态势。林地的减少面积中 48.18% 是有林地，其次是其他林地，占 40.72%。林地减少去向主要为城乡工矿居民用地占用，占林地减少面积的 37.21%；其次是耕地开垦占用，占 29.91%。

未利用土地面积较小，其在整个监测时期的变化也很小，净减少了不足 0.2 平方千米。

### 2.20.3  广西壮族自治区2010年至2015年土地利用时空特点

城乡工矿居民用地净增加 785.60 平方千米，呈持续加速净增加变化，在 2010~2015 年以年均净增加 157.12 平方千米达到整个监测时期的最大速度，是监测初期变化速度的 5.92 倍。

水域面积净增加 177.86 平方千米，净增加速度在 2010~2015 年达到整个监测时段的最大值，年均净增加 35.57 平方千米。

草地净减少 60.86 平方千米，减少速度在 2008~2010 年明显放缓后在 2010~2015 年有加速的态势，年均净减少面积上升至 12.17 平方千米。草地减少以变为林地为主，面积 41.16 平方千米，其次是城乡工矿居民用地占用，面积为 33.22 平方千米。

广西壮族自治区耕地变化除监测初期净增加外，其他 4 个时段呈持续净减少变化，并在 2010~2015 年达到最大值，年均净增加 62.98 平方千米。

林地变化在 2008 年前的各监测时段净增减变化不明显，在 2008 年之后的两个监测时段持续净减少，并在 2010~2015 年达到净减少变化的最大值，呈加速减少态势，年均净减少面积为 48.50 平方千米。

## 2.21　海南省土地利用

海南省土地利用类型以林地和耕地为主。20世纪80年代末至2015年土地利用变化以城乡工矿居民用地和水域面积增加、耕地和草地面积减少为主要特点，林地新增和减少面积均较多，但净变化面积不大。城乡工矿居民用地扩展在沿海地区较为集中，2008年后扩展速度明显加快，2010~2015年达到历史最高水平；耕地和林地减少速度在2010~2015年也是历史最高，城镇用地和工交建设用地扩展占用是最主要原因。

### 2.21.1　海南省2015年土地利用状况

遥感监测2015年海南省土地利用总面积为3.41万平方千米，涵盖所有一级土地利用类型和其中21个二级土地利用类型。海南省土地利用类型以林地为主，面积21372.32平方千米，占62.60%；其次是耕地，面积6722.89平方千米，占19.69%。其他各种土地利用类型比例较小，水域面积1305.83平方千米，占3.82%；城乡工矿居民用地面积1434.34平方千米，占4.20%；草地面积603.15平方千米，占1.77%；未利用土地最少，面积为61.91平方千米，仅占0.18%；另有耕地内非耕地2639.25平方千米。

林地中有林地的面积最多，占林地面积的56.87%；其次是其他林地，占36.81%；灌木林地和疏林地面积较少，分别占4.48%和1.83%。有林地主要分布在海南岛中部的山地和丘陵区；其他林地分布比较广泛；灌木林地和疏林地仅有零星分布。

耕地以旱地为主，占耕地面积的68.69%，水田占耕地面积的31.31%。耕地主要分布在山地周围的丘陵、台地和阶地平原区。

水域类型较为丰富，其中水库坑塘面积最大，占水域面积的60.74%，其次是滩地和河渠，分别占14.66%和14.46%；湖泊和海涂分布较少，分别占5.81%和4.34%。水域分布范围较广，且较为零散。

城乡工矿居民用地中农村居民点用地面积最多，占城乡工矿居民用地面积的34.37%，城镇用地和工交建设用地面积相当，分别占32.90%和32.74%。城乡工矿居民用地集中分布于海南省的台地和平原区域。

草地几乎全为高覆盖度草地，占草地总面积的91.19%，中覆盖度草地占7.73%，低覆盖度草地仅占1.08%。草地在海南省的分布范围比较广泛，在中部山地和北部沿海相对集中。

未利用土地以沙地为主，占未利用土地面积的78.76%，其次是沼泽地，占19.39%，均主要分布在滨海区域。

### 2.21.2　海南省20世纪80年代末至2015年土地利用时空特点

20 世纪 80 年代末至 2015 年，海南省城乡工矿居民用地面积增加显著，水域面积也有所增加；耕地面积减少最显著，其次为草地，再次为未利用土地和林地（见表 28）。监测期间，海南省土地利用一级类型动态总面积为 1505.78 平方千米，占海南省面积的 4.41%。城乡工矿居民用地面积始终净增加，耕地面积始终净减少，耕地面积减少与城乡工矿居用地面积增加的变化趋势一致（见图 21）。

表 28　海南省 20 世纪 80 年代末至 2015 年土地利用分类面积变化

单位：平方千米

|  | 耕地 | 林地 | 草地 | 水域 | 城乡工矿居民用地 | 未利用土地 | 耕地内非耕地 |
|---|---|---|---|---|---|---|---|
| 新增 | 148.70 | 396.59 | 32.91 | 212.84 | 671.10 | 4.66 | 36.52 |
| 减少 | 455.91 | 433.19 | 270.07 | 57.83 | 3.45 | 78.35 | 150.72 |
| 净变化 | −307.21 | −36.60 | −237.16 | 155.01 | 667.65 | −73.69 | −114.20 |

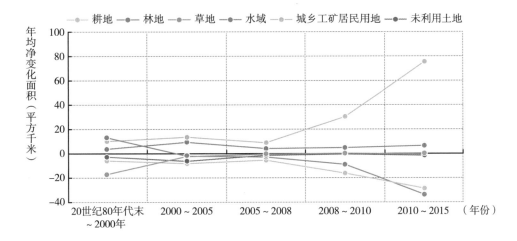

图 21　海南省不同时段土地利用分类面积年均净变化

城乡工矿居民用地净增加面积最多，相比 20 世纪 80 年代末净增加了 87.08%，其中城镇用地和工交建设用地净增加面积相对较多。有 40.13% 的新增城乡工矿居民用地来自耕地，且主要来自旱地；其次来自林地，比例为 34.16%。2008 年后，城乡工矿居民用地扩展速度明显加快，2010~2015 年达到历史最快，年均新增 75.44 平方千米，是 2005~2008 年扩展速度的 8.12 倍。新增城乡工矿居民用地在沿海地区比较集中。

水域面积相比 20 世纪 80 年代末净增加了 13.47%，其中水库坑塘增加面积最多。新增水域面积的 42.01% 来自耕地，且主要来自旱地；另外，分别有 27.45% 和 12.28% 的新增面积来自林地和草地。减少水域面积主要流向城乡工矿居民用地和耕地转换，分别占水域减少面积的 39.70% 和 23.94%。

耕地净减少面积最多，相比 20 世纪 80 年代末净减少了 4.37%。耕地面积始终净减少，在 2010~2015 年减少最快，年均净减少 28.32 平方千米。69.45% 的新增耕地来自林地，且主要来自有林地；有 19.43% 的新增耕地来自沙地。耕地减少以转变为城乡工矿居民用地为主，占耕地减少面积的 59.08%；耕地减少面积的 21.27% 转变为林地，19.61% 转变为水域。

草地面积相比 20 世纪 80 年代末净减少了 28.22%。20 世纪 80 年代末至 2000 年年均净减少面积最多，年均减少 16.92 平方千米。51.06% 的新增草地面积来自林地；28.06% 来自未利用土地，且主要来自其中的沙地；另有 19.95% 来自水域。减少草地主要转变为林地，占草地减少面积的 87.05%；其次转变为水域，占草地减少面积的 9.24%。

未利用土地相比 20 世纪 80 年代末净减少了 54.34%，减少幅度较大。新增未利用土地面积极少；减少的未利用土地 36.87% 开垦为耕地，另有 32.08% 和 11.79% 的减少面积转换为林地和草地。

林地面积比 20 世纪 80 年代末净减少了 0.17%。林地在 20 世纪 80 年代末至 2000 年增加速度最快，此后林地面积不断减少。58.44% 的新增林地面积来自草地，且主要为高覆盖度草地；另有 24.45% 的新增林地面积来自耕地，主要为丘陵区旱地。林地减少以转变为城乡工矿居民用地和开垦为耕地为主，分别占林地减少面积的 52.92% 和 23.84%。

### 2.21.3 海南省2010年至2015年土地利用时空特点

2010~2015 年海南省土地利用一级类型动态总面积 447.73 平方千米，是 20 世纪 80 年代末至 2015 年土地利用动态总面积的 29.73%，是年均动态面积最多的一个时段。该时段土地利用变化以耕地和林地减少、城乡工矿居民用地和水域面积增加为最主要特点。

2010~2015 年城乡工矿居民用地扩展速度历史最快，新增城乡工矿居民用的 38.66% 来自林地，且主要为有林地和其他林地；有 25.62% 来自耕地，且主要为平原区旱地和丘陵区旱地。新增城乡工矿居民用地类型以工交建设用地为主，其次为城镇用地。新增水域类型主要为水库坑塘，且主要来自其他林地和有林地，以及丘陵区旱地和平原区旱地。

耕地和林地减少速度在 2010~2015 年时段都达到历史最快，城市化是该时段耕地和林地减少的主要原因。新增水域增加面积仅为新增城乡工矿居民用地面积的 13.59%，对耕地和林地面积减少影响有限。

## 2.22 重庆市土地利用

重庆市主要土地利用类型为林地和耕地，2015 年耕地面积占全市面积的 33.98%，相比 2010 年呈净减少趋势，减少了 0.51%。20 世纪 80 年代末至 2015 年，重庆市土地利用整体变化表现为先增加后减少，以耕地减少和城乡工矿居民用地增加最为突出。2010~2015 年重庆市土地利用变化略高于整个监测时段的平均水平，为整个时段的 1.09 倍。土地利用变化以重庆市的市辖区周边最为密集。

### 2.22.1 重庆市2015年土地利用状况

2015 年重庆市遥感监测面积 82390.10 平方千米，其中，耕地面积 27996.05 平方千米，占全市面积的 33.98%，相比 2010 年净减少 0.51%。土地利用类型以林地为主，面积为 32739.45 平方千米，占全市面积的 39.74%。草地处于第三位，面积为 8915.16 平方千米，占全市面积的 10.82%。分布相对较少的有城乡工矿居民用地和水域，分别占全市面积的 1.46% 和 2.31%。未利用土地最少；耕地内非耕地有 9626.45 平方千米。

林地主要集中在北部和东南山区。灌木林地是林地中分布面积最大的二级类型，占林地面积的 38.07%，其次是占 30.38% 的有林地，另外，疏林地和其他林地分别占 28.48% 和 3.06%。

耕地明显集中在地势相对低缓的西部和西南地区，主要位于四川盆地的东南边缘。东南和北部地区地势高峻陡峭，耕地分布稀少。旱地占耕地面积的 69.62%，水田占 30.38%。

草地主要分布在西南部茶江水系附近、东北部长江干流、岷江水系附近、东南部乌江、支流黔江附近等区域。不同覆盖度草地面积比例差异明显，其中，中覆盖度草地面积最大，占草地面积的 77.41%，高覆盖度草地与低覆盖度草地分别占 17.45% 和 5.14%。

城乡工矿居民用地中城镇用地分布较为集中，主要分布在长江沿岸的低山丘陵地区，并以西南地区分布最为密集。其他两种类型分布相对分散。城镇用地是城乡工矿居民用地的主要类型，占 51.54%，其后是工交建设用地和农村居民点，分别

占 31.40% 和 17.06%。

长江干流及其主要支流嘉陵江、乌江、岷江和汉江流经重庆市，河渠分布非常密集，是水域面积中最大的二级类型，占 77.88%，水库坑塘处于第二位，占 19.99%，主要分布在东北部的瞿塘峡附近以及东南部黔江沿岸。滩地与湖泊分布较为分散，分别占 1.26% 和 0.86%。

未利用土地主要分布在大巴山、巫山、大娄山等山间峡谷地带的喀斯特地貌区，二级类型全部为裸岩石砾地。

### 2.22.2　重庆市20世纪80年代末至2015年土地利用时空特点

重庆市 20 世纪 80 年代末至 2015 年的土地利用变化整体呈先增加后减少的趋势。各类型土地利用变化以耕地的减少和城乡工矿居民用地的增加最为显著，且分别在 2005~2008 年达到峰值，随后保持高于整个时段年均变化面积的高速变化。林地和草地变化的峰值出现较早，在 2000~2005 年出现峰值，林地主要表现为净增加，草地主要表现为净减少（见图 22、表 29）。

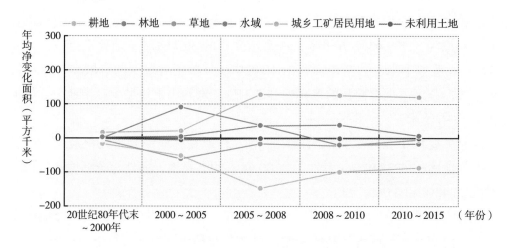

**图22　重庆市不同时段土地利用分类面积年均净变化**

**表29　重庆市 20 世纪 80 年代末至 2015 年土地利用分类面积变化**

单位：平方千米

| | 耕地 | 林地 | 草地 | 水域 | 城乡工矿居民用地 | 未利用土地 | 耕地内非耕地 |
|---|---|---|---|---|---|---|---|
| 新增 | 177.13 | 980.70 | 342.98 | 289.11 | 1626.30 | 0.02 | 52.62 |
| 减少 | 1628.59 | 478.43 | 769.21 | 10.41 | 17.16 | 3.92 | 561.12 |
| 净变化 | -1451.46 | 502.27 | -426.23 | 278.70 | 1609.14 | -3.91 | -508.50 |

2010~2015 年土地利用变化略高于整个时段的平均水平，为整个时段的 1.09 倍，但是低于 2005~2010 年时段的土地利用变化水平。其中，城乡工矿居民用地和耕地在该时段的变化更为突出，分别为整个时段的 2.10 倍和 1.32 倍。20 世纪 80 年代末至 2015 年，表现为净减少的是耕地、草地和未利用土地，净增加的为城乡工矿居民用地、林地和水域。

### 2.22.3　重庆市2010年至2015年土地利用时空特点

2010~2015 年，各土地利用类型中增加面积最大的是城乡工矿居民用地，减少面积最为显著的是耕地，林地和草地次之。2010~2015 年重庆市土地利用变化略高于 20 世纪 80 年代末至 2015 年的平均水平，为整个时段的 1.09 倍。

城乡工矿居民用地变化以新增为主，净增加面积在所有土地利用类型中最大，比 2010 年净增加了 47.75%。新增城乡工矿居民用地主要来源于耕地，占其新增面积的 60.31%。新增城乡工矿居民用地主要分布在重庆的市辖区周边以及沿长江干流河岸一带。

水域呈净增加趋势，比 2010 年净增加了 4.47%。新增水域主要来源于耕地，占新增水域面积的 42.83%。新增水域主要分布在重庆中部和东北部的长江干流沿线地区。

耕地净减少面积最大，比 2010 年净减少了 1.49%。耕地减少以变为城乡工矿居民用地为主，占耕地减少面积的 94.15%，耕地减少主要密集分布在重庆市的市辖区周边。

林地净减少面积处于第二位，比 2010 年净减少了 0.21%。林地减少以转变为城乡工矿居民用地面积最多，占其减少面积的 77.38%，主要分布在重庆市直辖的市区周边山区。

草地净减少面积处于第三位，比 2010 年净减少了 0.26%。草地减少以转变为林地为主，占草地减少面积的 72.26%，北部大巴山区、长江干流沿线和东南武陵山区等地的草地减少较突出。

未利用土地整体面积较小，变化面积很小，只减少了 0.61 平方千米。

## 2.23　四川省土地利用

四川省土地利用半数以上为草地和林地。2015 年耕地面积占全省的 17.78%，相比 2010 年净减少了 0.17%。20 世纪 80 年代末至 2015 年四川省土地利用年均变化呈波动增加趋势，其中 2008~2010 年波动最大，2010~2015 年略有回落，稍低于

整个监测时段的平均水平。2010~2015年四川省土地利用变化以城乡工矿居民用地的增加和耕地的减少最为突出，减少耕地的88.90%转为城乡工矿居民用地。土地利用变化主要分布在四川盆地，并以成都市的市区周边最为密集。

### 2.23.1　四川省2015年土地利用状况

2015年四川省遥感监测面积483760.93平方千米，其中，耕地面积为86005.54平方千米，占全省面积的17.78%，比2010年净减少0.17%。草地是土地利用类型中面积最大的类型，共168919.31平方千米，是全省面积的34.92%。林地是第二大类型，面积为168891.65平方千米，占34.91%。未利用土地、城乡工矿居民用地和水域分布较少，面积分别为17555.03平方千米、5654.31平方千米和4300.82平方千米，各占全省面积的3.63%、1.17%和0.89%；另有耕地内非耕地32434.27平方千米。

草地主要分布在西北部的青藏高原东南边缘和西南部的大凉山区。中覆盖度草地最多，占草地面积的61.17%，最少的是低覆盖度草地，占10.68%，高覆盖度草地处于二者之间，占28.15%。

林地密集分布在东南部大雪山南缘，北部偏东的岷山地区和西南部的大凉山地区。有林地是林地中分布面积最大的二级类型，占44.01%，灌木林地占37.33%，处于第二位，疏林地与其他林地分别占17.77%和0.89%。

耕地主要位于四川盆地，在四川盆地的西南侧和西北侧主要以旱地为主。水田分布较为分散。耕地中旱地为主，占耕地面积的64.39%。

未利用土地主要分布在大巴山西南部、云贵高原的西北部、青藏高原东南部和大凉山东北部等区域。裸岩石砾地是未利用土地面积中最大的二级类型，占76.63%，沼泽地是第二大类型，占22.44%，沙地和裸土地分布较少，分别仅占未利用土地面积的0.60%和0.33%。

城乡工矿居民用地较为集中地分布在四川盆地北缘、西侧和南侧，二级类型中的城镇用地主要集中在成都市区及周边。城镇用地是城乡工矿居民用地中面积最大的类型，占城乡工矿居民用地的41.95%，农村居民点用地和工交建设用地面积相对较少，分别占39.06%和18.99%。

水域主要分布在四川省中西部和东北部。其中，水域二级类型中河渠分布面积最大，占44.41%，水库坑塘占21.91%，处于第二位，冰川与永久积雪占15.92%，是处于第三位的水域类型，滩地和湖泊分布较少，分别占9.58%和8.18%。

### 2.23.2　四川省20世纪80年代末至2015年土地利用时空特点

四川省土地利用在20世纪80年代末至2015年的年均变化面积呈波动增加

趋势，其中 2008~2010 年波动最大，2010~2015 年略有回落，20 世纪 80 年代末至 2008 年变化相对较小（见图 23）。各土地利用类型中增加面积最为显著的是城乡工矿居民用地，草地、未利用土地和水域也表现为净增加，增加面积相对较小。耕地减少面积最为显著，其次，林地也表现为净减少，减少净面积相对较小（见表 30）。

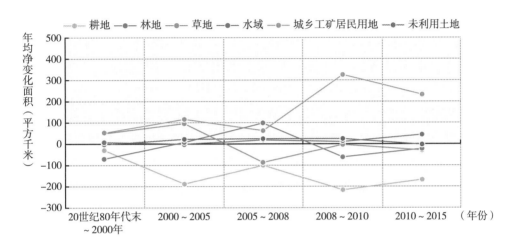

图 23　四川省不同时段土地利用分类面积年均净变化

表 30　四川省 20 世纪 80 年代末至 2015 年土地利用分类面积变化

单位：平方千米

| | 耕地 | 林地 | 草地 | 水域 | 城乡工矿居民用地 | 未利用土地 | 耕地内非耕地 |
|---|---|---|---|---|---|---|---|
| 新增 | 348.30 | 1280.93 | 1939.21 | 486.13 | 3306.08 | 297.91 | 102.90 |
| 减少 | 3199.98 | 2088.38 | 1168.95 | 49.77 | 41.70 | 66.73 | 818.07 |
| 净变化 | −2851.69 | −807.45 | 770.26 | 436.36 | 3264.39 | 231.18 | −715.18 |

监测时段内，耕地持续净减少，城乡工矿居民用地持续净增加，二者净变化的最大值均出现在 2008~2010 年，耕地年均净减少面积为 215.01 平方千米，是整个监测时段内年均净减少耕地的 1.56 倍。城乡工矿居民用地年均净增加面积为 322.98 平方千米，是整个监测时段内城乡工矿居民用地年均净增加值的 2.04 倍。水域、未利用土地、林地和草地在不同监测时期既有净增加又有净减少，林地整体呈净减少趋势，草地、水域和未利用土地表现为净增加。

### 2.23.3　四川省2010年至2015年土地利用时空特点

2010~2015 年四川省土地利用年均变化为 20 世纪 80 年代末至 2015 年均值的

0.94 倍，稍低于整个监测时段土地利用变化的平均水平。该时段较为突出的土地利用变化为城乡工矿居民用地的增加和耕地的减少，其他类型土地利用波动相对较小。各土地利用类型中增加面积最为显著的是城乡工矿居民用地，其次，水域也表现为净增加。减少面积最为显著的土地利用类型是耕地，草地、林地和未利用土地净减少相对较小。

城乡工矿居民用地净增加面积最多，比 2010 年净增加了 26.10%。新增城乡工矿居民用地主要来源于耕地，占其新增面积的 57.17%，城乡工矿居民用地转变成其他类型的面积很少。新增城乡工矿居民用地在四川盆地内成都市区周边较为集中。

水域也表现为净增加，比 2010 年净增加 5.78%。新增水域主要来源于耕地、草地和林地。水域变化集中在四川天然河流沿岸地区。

面积净减少最多的土地利用类型为耕地，比 2010 年净减少了 0.96%。减少的耕地主要变为城乡工矿居民用地，占减少耕地总面积的 88.90%。

面积净减少居第二位的土地利用类型为草地，比 2010 年净减少了 0.08%。草地减少主要转变为水域和城乡工矿居民用地。草地减少在北部岷山北麓和南部大凉山地区较突出。

林地也表现为净减少，比 2010 年净减少 0.07%。林地减少以转变为城乡工矿居民用地和水域为主。林地减少主要集中在北部大巴山、四川盆地西缘和南部的大凉山区。

未利用土地变化面积相对较小，减少面积仅为 1.48 平方千米。

# 2.24 贵州省土地利用

贵州省面积最大的土地利用类型为林地。2015 年耕地面积占全省的 22.76%，比 2010 年减少了 0.38%。20 世纪 80 年代末至 2015 年，土地利用年均净变化无明显方向性趋势。2010~2015 年贵州省土地利用年均变化为整个监测时段的 1.13倍，稍高于整个监测时段的平均水平。主要的土地利用变化为城乡工矿居民用地、林地增加以及耕地、草地减少。贵阳市区周边为贵州省土地利用变化最密集分布区。

### 2.24.1 贵州省2015年土地利用状况

贵州省 2015 年的遥感监测面积为 176109.72 平方千米，其中，耕地面积40086.64 平方千米，占全省面积的 22.76%，比 2010 年减少了 0.38%。土地利用类型以林地为主，面积为 95261.98 平方千米，占全省面积的 54.09%。草地面积为

29369.96 平方千米，占 16.68%。城乡工矿居民用地、水域和未利用土地面积分别为 2086.38 平方千米、685.04 平方千米和 30.09 平方千米，比例相对较小；另有耕地内非耕地 8589.64 平方千米。

贵州省林地主要分布在大娄山、武陵山和梵净山等山区地带。林地中以灌木林为主，占林地面积的 45.75%，其次是疏林地，占 28.56%，有林地处于第三位，占 25.36%，其他林地较少，仅占 0.33%。

贵州省耕地集中分布区包括贵州高原和乌江中下游的河谷、山间平地和丘陵区。以旱地为主，占耕地面积的 71.61%，水田仅占 28.39%。

贵州草地分布范围广泛，在六盘水地区和南盘江水系附近较为密集。以中覆盖度草地为主，占草地面积的 81.30%，高覆盖度草地最少，仅占 8.65%，低覆盖度草地处于二者之间，占 10.05%。

城乡工矿居民用地中主要为城镇用地和工交建设用地，分别占城乡工矿居民用地的 45.78% 和 40.96%，农村居民点相对较少，仅占 13.26%。城镇用地集中分布在贵州中部的山间平地。工交建设用地集中分布在贵州中部的遵义、贵阳以及西南角的兴义市周边地区，农村居民点在中部贵阳市周边较为集中，在其他区域较为分散。

贵州水域主要集中在乌江、清水江和南、北盘江地区。水库坑塘是水域中面积最大的二级类型，占水域总面积的 62.78%，其次是河渠，占 22.22%，湖泊处于第三位，占 14.64%，滩地分布很少，仅占 0.36%。

未利用土地主要分布在喀斯特地区的山间河谷地带，主要是裸岩石砾地，占未利用土地的 99.02%，未利用土地二级类型中还有少量沼泽地和裸土地。

### 2.24.2 贵州省20世纪80年代末至2015年土地利用时空特点

贵州省 20 世纪 80 年代末至 2015 年的土地利用年均净变化无明显方向性趋势（见图 24）。不同类型土地利用变化特征差异显著，草地和耕地的净减少较为显著，其中，草地减少在 2000~2005 年和 2008~2010 年更为突出，占整个监测时段的 84.58%。耕地自 2005~2008 年开始净减少，在 2010~2015 年达到峰值。林地和城乡工矿居民用地则呈显著净增加特征，林地的净增加集中在 2000~2010 年，并且最初五年的年均净增加面积最大。城乡工矿居民用地变化则呈持续增加趋势，并在 2010~2015 年达到最大值，是整个监测时段均值的 3.43 倍。水域的变化也呈持续净增加趋势。水域和未利用土地在不同监测时期既有净增加又有净减少，整体净变化均较小（见表 31）。

2010~2015 年贵州省土地利用年均变化为 20 世纪 80 年代末至 2015 年均值的 1.13 倍，稍高于整个监测时段土地利用变化的平均水平。整个监测时段内显著的

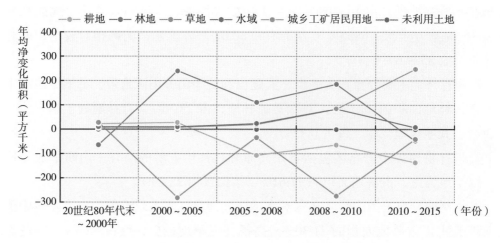

图 24  贵州省不同时段土地利用分类面积年均净变化

土地利用变化特征为城乡工矿居民用地、林地的增加以及耕地和草地的减少，其他类型土地利用波动相对较小。城乡工矿居民用地增加面积最为显著，林地和水域也表现为净增加。草地减少面积最为显著，耕地和未利用土地也表现为净减少。

表 31  贵州省 20 世纪 80 年代末至 2015 年土地利用分类面积变化

单位：平方千米

|  | 耕地 | 林地 | 草地 | 水域 | 城乡工矿居民用地 | 未利用土地 | 耕地内非耕地 |
|---|---|---|---|---|---|---|---|
| 新增 | 996.09 | 2452.11 | 987.58 | 313.35 | 1578.30 | 1.78 | 213.90 |
| 减少 | 1658.85 | 1601.94 | 2923.85 | 7.22 | 3.05 | 12.42 | 335.74 |
| 净变化 | −662.75 | 850.17 | −1936.27 | 306.13 | 1575.25 | −10.64 | −121.84 |

### 2.24.3  贵州省2010年至2015年土地利用时空特点

贵州省 2010 年至 2015 年土地利用类型变化以林地增加和草地减少最为显著，另外，城乡工矿居民用地和水域为净增加，耕地和未利用土地净减少。

城乡工矿居民用地净增加面积最大，比 2010 年增加了 1.47 倍。城乡工矿居民用地净变化表现为波动增加趋势。新增城乡工矿居民用地主要来源于耕地，占其新增面积的 51.05%，其次是林地，占 16.86%，草地占 15.68%。新增城乡工矿居民用地主要分布在贵阳、遵义和兴义市区周边地区。

水域的净增加面积居第二位，比 2010 年净增加了 6.32%。水域增加主要来源于林地、耕地和草地。增加的水域较为集中地分布在乌江上游的威宁地区和中游的贵阳地区。

耕地净减少最为突出，比 2010 年净减少了 1.66%。耕地减少主要变为城乡工矿居民用地，占耕地减少面积的 95.84%。耕地减少在贵阳、遵义和兴义市区周边地区较为密集。

林地和草地也表现为净减少，分别比 2010 年减少了 0.26% 和 0.74%。林地和草地减少均以转变为城乡工矿居民用地面积最多。林地减少主要分布在中部的贵阳市周边区域，草地减少主要集中在中部的贵阳市区南侧以及西北部的大娄山区。

未利用土地也以面积净减少为主，净减少面积仅有 0.12 平方千米。

# 2.25　云南省土地利用

2015 年云南省土地利用以林地和草地为主，耕地面积占云南省的 12.96%，相比 2010 年减少了 0.14%。20 世纪 80 年代末至 2015 年云南省土地利用变化呈先增加后回落的趋势，其中在 2008~2010 年达到波动峰值，2010~2015 年又有所回落。不同类型土地利用变化差异显著，其中林地动态变化最为显著，占全省土地利用变化面积的 36.03%，2010~2015 年云南省土地利用变化为整个监测时段均值的 0.79 倍，稍低于整个监测时段的平均水平。土地利用变化集中分布在昆明市的市区周边。

## 2.25.1　云南省2015年土地利用状况

2015 年云南省遥感监测面积 383102.70 平方千米，其中，耕地面积为 49662.68 平方千米，占 12.96%，相比 2010 年减少 536.38 平方千米，减少了 0.14%；土地利用类型以林地面积最大，面积为 220443.03 平方千米，占全省面积的 57.54%；其次是草地，面积 86173.14 平方千米，占 22.49%；城乡工矿居民用地、水域和未利用土地分布较少，占全省面积的比例分别只有 0.94%、0.88% 和 0.55%；另有耕地内非耕地 17752.67 平方千米。

林地主要分布在横断山、云岭、哀牢山和无量山等区域。林地中灌木林地分布面积最大，占林地面积的 38.73%，其次是有林地，占 38.68%，疏林地占 20.27%，其他林地较少，仅占 2.33%。

草地集中分布在哀牢山以东，无量山以西、高黎贡山和云岭之间的山地、丘陵和高原。草地中以高覆盖度草地为主，占草地面积的 62.65%，中覆盖度草地次之，占 34.35%，低覆盖度草地最少，仅占 2.99%。

云南省耕地密集分布在无量山以西、澜沧江西岸与其支流双江交汇区域的山间平地和丘陵地带，另外，在南盘江上游的河谷地带也比较密集。耕地中以旱地为主，占77.49%，水田占22.51%。

云南省水域以滇池和洱海为代表的湖泊分布面积最大，占水域面积的37.05%，河渠面积占32.18%，居第二位，水库坑塘占21.81%，处于第三位，另外，冰川与永久积雪占5.81%，滩地占3.16%。

云南省城乡工矿居民用地中以农村居民点面积最大，占43.47%，城镇用地居第二位，占34.68%，工交建设用地占21.85%。

未利用土地主要分布在南盘江的山间峡谷以及无量山以西的干热河谷地带，以裸岩石砾地为主，占未利用土地面积的90.54%。另外，二级类型中还有少量沼泽地和裸土地分布，分别占未利用土地面积的5.67%和3.78%。

### 2.25.2 云南省20世纪80年代末至2015年土地利用时空特点

云南省20世纪80年代末至2015年的土地利用年均变化面积呈先增加后回落的趋势，其中在2008~2010年达到波动峰值，2010~2015年又有所回落，20世纪80年代末至2008年变化相对较小（见图25）。不同类型土地利用变化差异显著，其中林地动态变化最为显著，占全省土地利用变化面积的36.03%，城乡工矿居民用地、草地和耕地变化也较为突出，分别占全省土地利用变化面积的19.68%、17.41%和13.60%。未利用土地的动态变化较小，仅占全省土地利用变化的0.45%（见表32）。

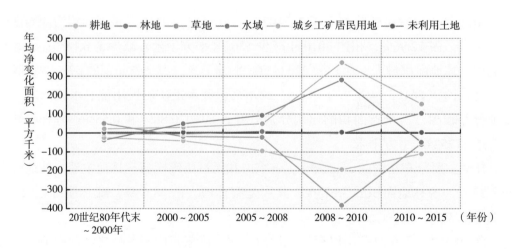

**图25 云南省不同时段土地利用分类面积年均净变化**

表 32　云南省 20 世纪 80 年代末至 2015 年土地利用分类面积变化

单位：平方千米

|  | 耕地 | 林地 | 草地 | 水域 | 城乡工矿居民用地 | 未利用土地 | 耕地内非耕地 |
|---|---|---|---|---|---|---|---|
| 新增 | 652.72 | 3707.75 | 2910.99 | 621.72 | 2094.10 | 7.76 | 256.66 |
| 减少 | 2432.98 | 3340.24 | 3486.91 | 71.72 | 10.75 | 13.70 | 691.29 |
| 净变化 | −1780.26 | 367.51 | −575.92 | 550.00 | 2083.35 | −5.94 | −434.63 |

监测时段内，耕地、草地和未利用土地表现为净减少，其中耕地为持续减少。城乡工矿居民用地、林地和水域表现为净增加，其中城乡工矿居民用地为持续增加，变化较大的草地、城乡工矿居民用地、林地和耕地净变化的峰值均出现在 2008~2010 年。在 2008~2010 年时段内，这四类土地利用变化分别为年均净减少 382.99 平方千米、年均净增加 373.96 平方千米、年均净增加 281.96 平方千米和年均净减少 197.42 平方千米，分别是整个监测时段内年均净变化的 4.43 倍、2.97 倍、4.18 倍和 2.11 倍。水域和未利用土地在不同监测时期既有净增加又有净减少，未利用土地净减少量最小，只有 5.94 平方千米。

### 2.25.3　云南省 2010 年至 2015 年土地利用时空特点

2010~2015 年云南省土地利用年均净变化为 20 世纪 80 年代末至 2015 年均值的 0.79 倍，稍低于整个监测时段土地利用变化的平均水平。2010~2015 年，以城乡工矿居民用地面积增加和耕地减少最为显著，另外，水域和林地也表现为净增加。草地和未利用土地均为净减少。

城乡工矿居民用地净增加面积最多，比 2010 年净增加了 26.80%。新增城乡工矿居民用地有 89.56% 来源于耕地，主要分布在昆明市区周边。

水域表现为净增加，比 2010 年净增加 18.11%。新增水域主要来源于耕地、林地和草地，其变化集中分布在云南西南部的澜沧江和东北部澄江地区。

耕地的面积净减少最多，比 2010 年净减少了 1.07%。耕地减少主要变为城乡工矿居民用地，占耕地减少面积的 65.07%。耕地减少主要密集分布在昆明市区周边地区。

草地净减少面积居第二位，比 2010 年净减少了 0.35%。草地减少主要转为水域和城乡工矿居民用地，分别占草地净减少面积的 47.07% 和 34.86%。草地减少在昆明市区周边以及西南部澜沧江沿岸较为密集。

未利用土地和林地也表现为净减少，分别比 2010 年净减少 0.30% 和 0.11%。

减少的未利用土地主要变为水域，占未利用土地减少面积的92.20%。未利用土地变化面积较小，仅有6.29平方千米。林地减少以转变为城乡工矿居民用地和水域为主。林地减少主要集中在西南部澜沧江地区和昆明市的市区周边。

## 2.26　西藏自治区土地利用

受高原地貌和气候条件影响，西藏的草地面积和水域面积为全国最多，水域中的湖泊面积、冰川和永久积雪面积均为全国第一。20世纪80年代末至2015年，受西部大开发建设和气候变化影响，西藏土地利用也发生了一定的变化，水域、城乡工矿居民用地和林地面积有所增加，草地和耕地面积有所减少，但动态面积较少，仅为同期全国土地利用动态总面积的1.69%。土地利用动态变化主要分布于西藏中部和南部的河谷地区。

### 2.26.1　西藏自治区2015年土地利用状况

西藏自治区遥感监测土地利用面积120.17万平方千米，土地利用类型涵盖了所有一级土地利用类型和其中的23个二级土地利用类型。自治区草地面积最多，其次为未利用土地，再次为林地和水域；耕地和城乡工矿居民用地面积较少，合计仅为自治区土地面积的0.4%。

草地面积835978.34平方千米，占自治区土地面积的69.57%和中国草地总面积的29.64%。高、中、低覆盖度草地分别占草地面积的38.65%、35.14%和26.21%。草地分布广泛，集中分布于西藏中、西部和北部，以及藏东的部分地区。

未利用土地面积为177880.83平方千米，占比为14.80%。未利用土地以裸岩石砾地为主，占未利用土地面积的79.91%；其次为其他未利用土地和盐碱地，分别占9.51%和7.59%。裸岩石砾地和其他未利用土地主要沿藏西、藏南和藏东的高大山脉分布；其他各种未利用土地主要分布于藏北高原。

林地面积为127092.48平方千米，比例为10.58%。有林地的面积最多，占林地面积的82.10%；其次是灌木林地，占16.32%；其他林地和疏林地的面积较少，仅占林地总面积的1.10%和0.48%。林地主要分布于藏东南地区。

水域面积55827.84平方千米，占自治区土地面积的4.65%和中国水域总面积的20.92%。湖泊、冰川与永久积雪各占50.12%和40.18%；其他水域面积相对较少，其中滩地占7.13%，河渠占2.32%，水库坑塘占0.26%。西藏湖泊众多，藏北湖泊分布相对较多，其次为藏南，多属于断层湖；冰川和永久积雪依主要山脉分布；主要河流有雅鲁藏布江干流及其支流。

耕地面积 4574.59 平方千米,比例为 0.38%。95.77% 的耕地为旱地,主要分布于西藏的"一江两河"地区,东部和东南部也有少量分布。

城乡工矿居民用地 298.57 平方千米,比例仅为 0.02%。城镇用地面积最多,占城乡工矿居民用地的 51.90%;其次是工交建设用地,占 29.82%;农村居民点用地的面积比例最少,占 18.29%。藏南的主要城市及其周边城乡工矿居民用地分布比较集中。

### 2.26.2 西藏自治区20世纪80年代末至2015年土地利用时空特点

20 世纪 80 年代末至 2015 年,西藏自治区土地利用一级类型动态总面积 1196.51 平方千米,约为辖区土地面积的千分之一。监测期间,自治区水域面积增加最多,其次是城乡工矿居民用地和林地;草地减少面积最多,其次为耕地(见表 33)。除了 2010~2015 年草地和水域的变化速度比较快外,其他时期各种土地利用类型的变化速度均比较小(见图 26)。

表 33  西藏自治区 20 世纪 80 年代末至 2015 年土地利用分类面积变化

单位:平方千米

|  | 耕地 | 林地 | 草地 | 水域 | 城乡工矿居民用地 | 未利用土地 |
|---|---|---|---|---|---|---|
| 新增 | 12.31 | 149.26 | 8.22 | 697.58 | 137.63 | 191.51 |
| 减少 | 77.36 | 18.13 | 681.34 | 232.59 | 0.17 | 186.91 |
| 净变化 | −65.05 | 131.12 | −673.11 | 464.98 | 137.46 | 4.60 |

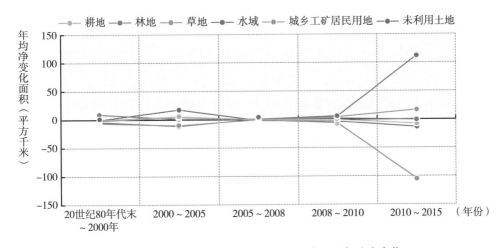

图 26  西藏自治区不同时段土地利用分类面积年均净变化

水域面积相比 20 世纪 80 年代末净增加了 0.84%。2005 年以前水域面积减少较多，2005~2008 年保持稳定，2008 年后水域面积逐渐恢复，2010~2015 年水域增加速度最快，除冰川与永久积雪外，各种水域类型的面积较监测初期均有所增加，其中湖泊和滩地净增加面积相对较多。新增水域面积主要来自草地，其中低、中覆盖度草地各占 30.47% 和 23.03%；其次，有 24.25% 来自未利用土地，且主要为盐碱地。减少水域面积主要转为未利用土地，其中 43.69% 为盐碱地；其次转为林地，其中 29.41% 为其他林地。

城乡工矿居民用地面积相比 20 世纪 80 年代末净增加了 85.32%，增加幅度较大，且城镇用地增加面积最多。城乡工矿居民用地面积持续增加，2010~2015 年增加速度达到最快。新增城乡工矿居民用地面积主要来自草地，占新增面积的 46.91%；其次是耕地，占新增面积的 43.50%。新增城乡工矿居民用地主要分布在拉萨市和日喀则市周边。

林地变化幅度较小，相比 20 世纪 80 年代末面积净增加了 0.10%。林地面积在 20 世纪 80 年代末至 2000 年和 2008~2010 年两个阶段增加较快，在其他时段相对稳定。林地增加面积远大于减少面积，并且基本为其他林地面积增加。新增林地面积主要来自水域和草地，分别为新增林地面积的 48.72% 和 44.77%。新增林地在藏南雅鲁藏布江河谷分布较多。

未利用土地增加和减少面积相当，数量较多。未利用土地与水域相互转变面积较多，且主要为盐碱地与湖泊之间的相互转化。湖泊转为盐碱地面积占新增未利用土地面积的 53.07%，盐碱地转为湖泊面积占未利用土地减少面积的 67.65%。2000~2005 年和 2010~2015 年两个阶段未利用土地变化面积较多，相关动态主要分布于藏北和藏南雅鲁藏布江河谷。

草地相比 20 世纪 80 年代末仅减少了 0.08%，变化幅度较小。监测期间，草地面积持续减少，且在 2005 年以前减少较快，2005~2008 年面积相对稳定，2008 年后减少速度再次加快。新增草地面积的 51.77% 来自水域，23.26% 来自林地，17.55% 来自耕地。草地减少以转变为水域为主，占草地减少面积的 74.42%；其次是转变为林地，占草地减少面积的 9.81%；再次是转变为城乡工矿居民用地，占草地减少面积的 9.48%。草地动态集中分布在藏南谷地，低覆盖度草地和高覆盖度草地减少面积较多。

耕地面积缓慢下降，相比 20 世纪 80 年代末减少了 1.40%。新增耕地面积很少，主要来自草地和水域，分别为新增耕地面积的 81.08% 和 18.92%。有 77.39% 的减少耕地面积流向城乡工矿居民用地，且主要流向城镇用地；有 20.72% 的减少面积流向水域。耕地动态主要分布在藏南谷地。

### 2.26.3 西藏自治区2010年至2015年土地利用时空特点

2010~2015 年西藏自治区土地利用一级类型动态总面积 820.10 平方千米，是 20 世纪 80 年代末至 2015 年土地利用动态总面积的 68.54%，是年均动态面积最多的一个时段。该时段土地利用变化以水域面积增加、草地和未利用土地面积减少为主要特点。

2010~2015 年是自治区水域面积增加速度最快的时期，该时期新增水域面积 639.04 平方千米，减少水域面积 78.39 平方千米，水域面积净增加了 560.66 平方千米。各类草地转为湖泊引起水域面积增加最多，合计占新增水域面积的 69.13%，未利用土地中盐碱地转为湖泊面积占新增水域面积的 18.67%；水域面积减少以湖泊转为未利用土地为主。大范围湖泊面积增加可能与气候变暖有关。

该时期城乡工矿居民用地扩展速度历史最快，引起的耕地面积减少速度也历史最快。新增城乡工矿居民用地 84.66 平方千米，其中 44.93% 来自耕地，40.52% 来自草地，8.55% 来自未利用土地。新增城乡工矿居民用地类型以工交建设用地为主，其次为城镇用地。西藏自治区耕地稀少，工程建设加快的同时应注意对优质耕地及生态环境的保护。

## 2.27 陕西省土地利用

陕西省土地利用率较高，草地、耕地和林地是主要土地利用类型。20 世纪 80 年代末至 2015 年，陕西省林地、城乡工矿居民用地和草地面积增加明显，耕地和未利用土地减少明显，水域面积相对稳定。陕北北部林地、草地增加面积较多，与"三北"防护林建设、退耕还林还草工程实施以及沙地治理等有很大关系。2000 年后城乡工矿居民用地扩展速度明显加快，关中盆地新增城乡工矿居民用地比较集中，耕地是新增城乡工矿居民用地最主要的土地来源。

### 2.27.1 陕西省2015年土地利用状况

2015 年，陕西省遥感监测土地利用面积 205732.91 平方千米。草地所占比重最大，其次为耕地，再次为林地，合计占土地总面积的 89.04%。城乡工矿居民用地、未利用土地和水域面积相对较少。监测土地面积包括耕地内非耕地 11484.32 平方千米。

草地面积最多，面积为 77293.55 平方千米，占省域面积的 37.57%。草地覆盖度良好，中覆盖度草地和高覆盖度草地面积较多。中覆盖度草地全省均有分布；高覆盖度草地主要分布于陕南、陕北南部的山地和丘陵区；低覆盖度草地主要分布于陕北北部。

耕地面积 58107.75 平方千米，土地垦殖率为 28.24%，高于全国的 14.87%。旱地和水田各占 89.39% 和 10.61%。关中平原区旱地分布比较集中，其次为陕北黄土高原区。汉中盆地水田分布最为集中，陕南山地和丘陵坪坝区的水田分布比较分散。

林地面积 47780.32 平方千米，林地覆盖率为 23.22%，略低于全国平均水平。有林地面积最多，其次为灌木林地和疏林地，其他林地面积最少，比例分别为 39.04%、30.98%、26.46% 和 3.52%。林地主要分布于陕南秦巴山地，以及陕北南部的子午岭和黄龙山。

未利用土地 4411.41 平方千米，占省域面积的 2.14%。沙地占未利用土地的比例高达 93.82%，重点分布于陕北北部的毛乌素沙漠。

城乡工矿居民用地 4797.96 平方千米，占省域面积的 2.33%。农村居民点面积最多，其次为城镇用地，再次为工交建设用地，比例分别为 25.57%、57.04% 和 17.38%。关中平原和汉中盆地的城镇用地规模相对较大，农村居民点密布。工交建设用地分布相对分散，主要分布于关中平原和陕北北部。

水域面积 1857.60 平方千米，仅占省域面积的 0.90%，主要为河流沟渠和滩地，汾渭谷地分布面积相对较多。

### 2.27.2 陕西省20世纪80年代末至2015年土地利用时空特点

20 世纪 80 年代末至 2015 年，陕西省土地利用一级类型动态总面积 8462.54 平方千米，是省域面积的 4.11%。城乡工矿居民用地、林地和草地面积表现为净增加，耕地、未利用土地面积表现为净减少（见表 34）。受退耕还林影响，2000~2005 年林地增加速度最快，耕地减少速度也最快。监测期间城乡工矿居民用地面积持续增加，2010~2015 年扩展速度达到最快（见图 27）。

表 34　陕西省 20 世纪 80 年代末至 2010 年土地利用分类面积变化

单位：平方千米

| | 耕地 | 林地 | 草地 | 水域 | 城乡工矿居民用地 | 未利用土地 | 耕地内非耕地 |
|---|---|---|---|---|---|---|---|
| 新增 | 1131.16 | 1883.45 | 2678.49 | 389.91 | 1971.85 | 207.93 | 612.87 |
| 减少 | 3178.45 | 366.80 | 2103.32 | 330.75 | 13.48 | 1856.86 | 199.74 |
| 净变化 | −2047.29 | 1516.64 | 575.17 | 59.16 | 1958.37 | −1648.93 | −413.13 |

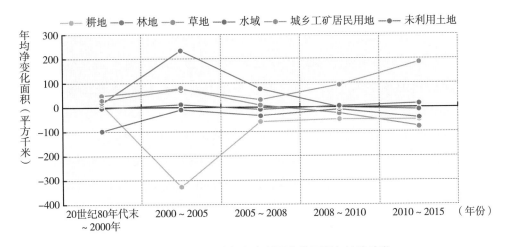

**图27　陕西省不同时段土地利用分类面积年均净变化**

城乡工矿居民用地面积净增加了 68.97%。城乡工矿居民用地动态基本呈增加变化，其中工交建设用地新增面积最多，其次为农村居民点，再次为城镇用地。2000 年后城乡工矿居民用地扩展速度加快明显，2010~2015 年达到最快，年均净增加 184.08 平方千米。耕地是新增城乡工矿居民用地最主要的土地来源，比例达 56.79%。草地和未利用土地分别占新增城乡工矿居民用地土地来源的 17.82% 和 7.11%。

林地面积净增加了 3.39%。由于"三北"防护林建设和退耕还林工程的实施，20 世纪 80 年代末至 2008 年林地面积持续净增加，其间 2000~2005 年林地面积增加最快；2008 年后林地面积表现为净减少，但减少面积非常有限。林地与耕地、草地之间的相互转化频繁，耕地是新增林地的第一土地来源，其次为草地，新增林地类型主要为其他林地，其次为灌木林地；林地减少以林地变草地为主，其次为林地变耕地，有林地和灌木林地面积减少相对较多。新增林地主要分布于陕北北部，减少林地的空间分布比较分散。

草地面积净增加了 0.75%。与林地变化情况类似，2008 年以前草地面积持续净增加，2008 年后净减少，但减少面积比较有限。草地新增面积和减少面积均非常多，新增草地主要来自未利用土地和耕地，因沙地治理使得低覆盖度草地新增面积较多，占新增草地面积的 51.43%；撂荒及退耕还草使得耕地转为草地面积相当多，占新增草地面积的 32.13%。减少草地主要转变为林地和耕地，以中覆盖度草地减少为主。新增草地集中于陕北长城沿线，减少草地主要分布在陕北的黄土高原区。

耕地净减少面积最多，净减少了 3.40%。2000 年以前耕地面积表现为净增加，2000 年后始终净减少，其间 2000~2005 年减少速度最快，年均减少 360.03 平方千米，后期减少速度趋缓。退耕还林工程实施以及城市化是耕地减少的主因，也是旱地面积减少的主因。2000~2008年减少耕地主要变为林地和草地，占耕地减少面积的79.38%；2008~2015年减少耕地主要变为城乡工矿居民用地，占耕地减少面积的82.18%。新增耕地基本为旱地，各个时期草地和水域均是新增耕地的主要土地来源，分别占新增耕地面积的61.33%和17.38%。耕地减少在关中平原和陕北均比较普遍；新增耕地主要分布于陕北南部，陕北北部偏西也有少量分布。

未利用土地面积净减少了27.21%。未利用土地变化主要表现为沙地面积减少，多分布于陕北北部的毛乌素沙漠边缘，20世纪80年代末至2015年沙地变为低覆盖度草地1377.68平方千米，占未利用土地减少面积的74.19%。

### 2.27.3 陕西省2010年至2015年土地利用时空特点

2010~2015年是陕西省土地利用一级类型动态总面积820.10平方千米，是20世纪80年代末至2015年土地利用动态总面积的16.05%。该时段土地利用变化以城乡工矿居民用地增加，草地、耕地和未利用土地面积减少为主要特点。

2010~2015年是陕西省城乡工矿居民用地增加速度最快的时期，扩展速度是2008~2010年的2.01倍。新增城乡工矿居民用地的土地来源中，43.50%来自耕地，29.17%来自草地，11.46%来自未利用土地。增加的城乡工矿居民用地类型中67.43%为工交建设用地，30.47%为城镇用地。关中平原地区特别是西安市周边新增城乡工矿居民用地最为集中，位于陕北北端和鄂尔多斯高原南部的神木县和府谷县新增城乡工矿居民用地也较多。

草地类型中的中、低覆盖度草地，未利用土地类型中的沙地流向耕地的面积也相对较多，仅次于流向城乡工矿居民用地的面积。新增的耕地主要分布于陕北地区，减少的耕地主要分布于关中地区，新增与减少耕地质量不匹配，并对区域水土保持工作带来一定压力。

## 2.28 甘肃省土地利用

甘肃省土地利用类型丰富，土地利用率偏低。未利用土地和草地所占比例较大，耕地、林地和城乡工矿居民用地所占比例较小，水域面积不足百分之一。20世纪80年代末至2015年未利用土地和草地净减少面积较多，城乡工矿居民用地、耕地和林地净增加面积较多。2000年后城乡工矿居民用地扩展速度明显加快，耕地、未利用土地和草地是新增城乡工矿居民用地的主要土地来源。受生态退耕和植树造林影响，2000~2008年林地和草地新增面积较多。

### 2.28.1 甘肃省2015年土地利用状况

2010 年，甘肃省遥感监测土地利用面积 404627.15 平方千米。土地利用类型丰富，涵盖了除海涂之外的所有二级土地利用类型。未利用土地和草地面积合计占 72.74%，耕地、林地、城乡工矿居民用地和水域面积偏少。

未利用土地面积 152948.09 平方千米，比例为 37.80%。位于甘肃省西部的河西走廊与北山山地，其未利用土地分布较广，戈壁、裸岩石砾地和沙地等合计占未利用土地面积的 85.01%。盐碱地在河西走廊内陆河下游面积较多，占未利用土地面积的 4.66%。

草地面积 139347.52 平方千米，比例为 34.44%。高覆盖度草地面积占草地总面积的 19.16%，主要分布于甘南高原和陇南山地以及河西走廊的祁连山地；中覆盖度草地占 42.87%，主要分布于陇中和陇东黄土高原；低覆盖度草地占 37.97%，主要分布于河西走廊与陇中黄土高原。

耕地面积 56820.35 平方千米，比例为 14.04%。基本为旱地，陇中和陇东黄土高原区、陇南山地的河谷区，以及河西走廊的绿洲地带是主要的旱地耕作区。

林地面积 38716.66 平方千米，比例为 9.57%。灌木林地面积最多，其次为有林地，再次为疏林地，各占林地总面积的 42.48%、36.42%、18.86%。林地主要分布于祁连山地、甘南高原、陇南山地，以及陇东东部的子午岭。

城乡工矿居民用地面积 4870.98 平方千米，比例为 1.20%。城乡工矿居民用地中，农村居民点比重较大，占总面积的 63.05%，城镇用地和工交建设用地分别占 19.85% 和 17.10%。

水域面积 3228.78 平方千米，比例为 0.80%。主要为河渠与滩地，合计占水域面积的 62.11%，其次为冰川与永久积雪，面积占 25.85%，湖泊与水库坑塘偏少。

### 2.28.2 甘肃省20世纪80年代末至2015年土地利用时空特点

20 世纪 80 年代末至 2015 年，甘肃省土地利用一级类型动态总面积 8263.28 平方千米，是省域面积的 2.04%。城乡工矿居民用地、耕地和林地面积变化表现为净增加；未利用土地、草地和水域面积变化表现为净减少（见表 35）。监测期间未利用土地面积持续减少，并且在 2000 年后面积一直保持高速减少；城乡工矿居民用地扩展速度 2005 年后不断加快，在 2010~2015 年达到最快；林地和草地面积经历了 2000~2010 年的恢复期后，面积又开始下降（见图 28）。

表35  甘肃省20世纪80年代末至2015年土地利用分类面积变化

单位：平方千米

|  | 耕地 | 林地 | 草地 | 水域 | 城乡工矿居民用地 | 未利用土地 | 耕地内非耕地 |
|---|---|---|---|---|---|---|---|
| 新增 | 2809.30 | 749.72 | 2288.96 | 171.36 | 1526.89 | 265.03 | 452.02 |
| 减少 | 2191.25 | 561.80 | 2410.52 | 195.58 | 4.99 | 2545.30 | 353.83 |
| 净变化 | 618.05 | 187.92 | −121.56 | −24.22 | 1521.90 | −2280.28 | 98.19 |

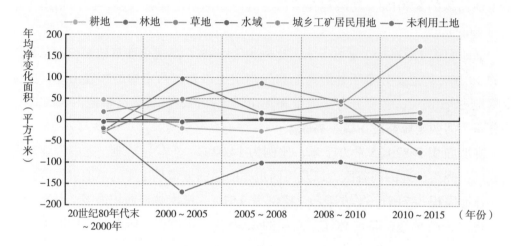

图28  甘肃省不同时段土地利用分类面积年均净变化

城乡工矿居民用地净增加面积最多，净增加了45.44%。城乡工矿居民用地类型中，工交建设用地新增面积最多，其次为城镇用地，再次为农村居民点，相比20世纪80年代末，城镇用地面积增加了121.10%，农村居民点面积增加了14.76%，工交建设用地面积增加了253.36%。新增的城乡工矿居民用地中，有50.08%来自耕地，21.86%来自未利用土地，16.08%来自草地，而且各个时期耕地所占的比例均为最高。

耕地面积净增加了1.10%。20世纪80年代末至2000年甘肃省耕地净增加面积较多，耕地总量在2000年达到最高，2000~2008年由于退耕还林还草等表现为净减少变化，2008年后耕地面积又有所增加。草地是新增耕地最主要的土地来源，其次为未利用土地，占新增耕地面积的比例分别为49.52%和44.13%。耕地减少以耕地变草地、城乡工矿居民用地和林地为主，占耕地减少面积的比例分别为47.30%、34.90%和12.21%。

林地净增加面积最少，净增加了0.49%。2000年以前林地面积变化表现为净减少，2000~2008年退耕还林和植树造林实施后，林地面积净增加，但2008年后又开始减少，并且减少的速度加快。林地动态主要表现为林地与草地、林地与耕地之间的相互转化，草地、耕地变林地面积分别为新增林地面积的 55.49% 和 35.70%，新增林地类型以其他林地和灌木林地为主；林地变草地、耕地面积分别为减少林地面积的 68.70% 和 18.51%，减少林地类型以灌木林地和疏林地为主。陇东北部新增林地面积较多，甘南高原北部和陇东南部林地减少面积较多。

未利用土地净减少面积最多，减少了 1.47%。未利用土地面积减少主要发生在 2000 后，年均减少 133.17 平方千米，沙地、戈壁和盐碱地变为耕地和草地的面积较多，集中分布于河西走廊地区。

草地面积净减少了 0.18%。草地新增和减少面积均非常多，2000 年以前草地面积变化表现为净减少，2000~2010 年净增加面积较多，2010~2015 年再次净减少。新增草地主要来自耕地、未利用土地和林地，分别占新增草地面积的 45.28%、28.77% 和 16.86%。草地减少主要流向耕地、林地和城乡建设用地，分别占草地减少面积的 57.71%、17.26% 和 10.25%。

水域面积净减少了 0.74%。河西走廊中部滩地、冰川和永久积雪减少面积相对较多，全省湖泊和水库坑塘面积有所增加。

### 2.28.3 甘肃省2010年至2015年土地利用时空特点

2010~2015 年甘肃省土地利用一级类型动态总面积 820.10 平方千米，是 20 世纪 80 年代末至 2015 年土地利用动态总面积的 18.26%。该时段土地利用变化以城乡工矿居民用地和耕地面积增加、未利用土地和草地面积减少为主要特点。

2010~2015 年是甘肃省城乡工矿居民用地增加速度最快的时期，年均扩展 177.38 平方千米，是 2008~2010 年扩展速度的 4.29 倍。新增城乡工矿居民用地面积的 38.19% 来自耕地，29.52% 来自未利用土地，21.87% 来自草地。增加的城乡工矿居民用地类型以工交建设用地为主，其次为城镇用地。城乡工矿居民用地在兰州周边和河西走廊绿洲地带的扩展较为明显；在甘南、陇南和陇东地区扩展规模较小，空间分布较为分散。

耕地面积年均净增加 22.61 平方千米，增加速度仅次于 20 世纪 80 年代末至 2000 年。新增耕地面积的 65.52% 来自未利用土地，且主要来自戈壁；32.99% 来自草地，且主要来自低覆盖度草地。减少耕地基本流向城乡工矿居民用地。河西走廊绿洲边缘新增耕地面积较多，甘南高原也有少许分布；减少耕地主要分布于陇中和陇东的黄土高原区，以及陇南山区。新增耕地主要位于西部干旱与风沙分布区，对区域水资源和生态环境带来一定压力。

## 2.29　青海省土地利用

受地形和气候条件影响，草地和未利用土地是青海省主要土地利用类型，林地和水域偏少，耕地和城乡工矿居民用地均不足百分之一。青海省天然草地辽阔，是我国五大牧区之一，三江源和环青海湖地区是重要草场。20世纪80年代末至2015年青海省土地利用动态以草地面积减少和水域、城乡工矿居民用地面积增加为典型特征。草地和水域虽然变化面积较大，但变化幅度较小，草地沙化是草地面积减少的主因。城乡工矿居民用地面积比20世纪80年代末增加了145.42%，未利用土地和草地是主要土地来源。

### 2.29.1　青海省2015年土地利用状况

遥感监测青海省土地面积为71.67万平方千米，其土地利用类型丰富，涵盖了所有一级土地利用类型和其中24个二级土地利用类型。草地面积最多，为379303.73平方千米，占52.93%；其次是未利用土地，面积为267917.22平方千米，占37.38%；其他各种土地利用类型面积较少，水域和林地面积分别为30571.85平方千米和28195.78平方千米，分别占4.27%和3.93%；耕地和城乡工矿居民用地面积分别为6704.20平方千米和2249.55平方千米，分别占0.94%和0.31%；另有耕地内非耕地1737.05平方千米。

草地类型中，低覆盖度草地面积最多，占草地面积的55.67%；中覆盖度草地占35.71%；高覆盖度草地占8.62%。青海省西北部地区以外，草地基本覆盖全省。

未利用土地以裸岩石砾地为主，占未利用土地面积的33.42%；其次是戈壁，占22.68%；再次为沙地，占16.74%；其他未利用土地类型面积较少。裸岩石砾地、戈壁等主要分布于海拔较高地区，沙地、盐碱地主要分布在西北部的柴达木盆地。

水域类型较为丰富，其中湖泊的面积最大，占水域面积的44.74%；其次是滩地，占33.55%；再次为冰川与永久积雪，占15.78%；河渠和水库坑塘分布较少，分别占3.20%和2.74%。水域分布广泛，湖泊、河流集中分布在青海省的东北部和西南部，冰川与永久积雪集中分布在祁连山山脉、昆仑山山脉和西南部的唐古拉山山脉。

林地中灌木林地面积最多，占林地总面积的72.57%；其次是灌木林地和有林地，分别占16.97%和10.44%；其他林地面积较少。青海省东北部和东南部林地分布较多，在柴达木盆地边缘也有一定分布。

耕地几乎全为旱地，主要分布在青海省东北部，黄河谷地和湟水谷地比较集中，东南部也有少量分布。

城乡工矿居民用地中，工交建设用地面积最多，占 62.00%；其次是农村居民点用地，占 27.44%；城镇用地仅占 10.56%。城乡工矿居民用地主要分布在青海省东北部海拔相对较低的地区。

### 2.29.2　青海省20世纪80年代末至2015年土地利用时空特点

20 世纪 80 年代末至 2015 年，青海省土地利用一级类型动态面积 5939.59 平方千米，是省域面积的 0.83%，土地利用动态度较低。监测期间，城乡工矿居民用地和水域净增加面积较多，耕地净增加面积较少；草地面积净减少最显著，其次为未利用土地，再次为林地（见表 36）。监测期间，城乡工矿居民用地扩展速度不断加快；水域面积在监测初期净减少，此后一直净增加；未利用土地面积在 2005 年前净增加，其后一直净减少，且减少速度加快；草地面积始终净减少，并且在 2000~2005 年减少速度最快；耕地和林地在各时段的变化面积均较少（见图 29）。

表 36　青海省 20 世纪 80 年代末至 2010 年土地利用分类面积变化

单位：平方千米

|  | 耕地 | 林地 | 草地 | 水域 | 城乡工矿居民用地 | 未利用土地 | 耕地内非耕地 |
|---|---|---|---|---|---|---|---|
| 新增 | 391.89 | 90.87 | 649.10 | 1771.96 | 1356.52 | 1566.17 | 113.08 |
| 减少 | 239.33 | 131.97 | 2453.09 | 659.56 | 23.58 | 2368.20 | 63.86 |
| 净变化 | 152.56 | −41.10 | −1803.99 | 1112.40 | 1332.94 | −802.03 | 49.22 |

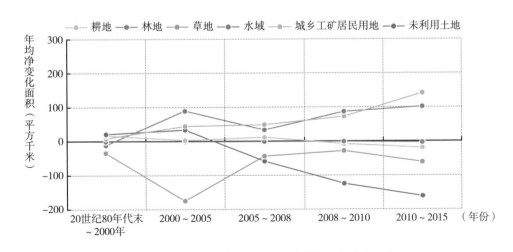

图 29　青海省不同时段土地利用分类面积年均净变化

城乡工矿居民用地相比20世纪80年代末净增加了145.42%。其扩展速度持续加快，2010~2015年达到143.01平方米/年。工交建设用地净增加面积最多，占城乡工矿居民用地净增加面积的86.19%。新增城乡工矿居民用地面积的52.03%来自未利用土地，且主要来自盐碱地和沼泽地；其次有26.68%来自草地。

水域面积相比20世纪80年代末净增加了3.78%。青海省水域面积在2000年前有所减少，但在2000年后持续增加。有71.11%的新增水域面积来自未利用土地，主要为盐碱地、沼泽地和沙地；另外，有24.23%的新增水域面积来自草地。水域减少主要转变为未利用土地，占水域减少面积的61.84%；另外，23.02%的减少水域面积转变为草地。

耕地面积相比20世纪80年代末净增加了2.33%。2008年以前耕地面积持续增加，后期略有减少。有88.05%的新增耕地面积来自草地，6.07%来自林地。减少的耕地主要流向城乡工矿居民用地，占耕地减少面积的65.30%，另外分别有14.72%和14.25%变为水域和草地。

未利用土地总面积保持稳定，但新增和减少面积均较多。未利用土地面积在2005年前有所增加，在2005年后减少速度加快。新增未利用土地面积的72.46%来自草地；其次有26.04%来自水域。减少未利用土地主要转变为水域，是减少面积的53.21%，其次转变为城镇工矿居民用地和草地，分别占29.80%和16.02%。

草地面积减少量最大，但相比20世纪80年代末仅减少了0.47%，主要为低覆盖度草地面积减少。草地面积变化始终为净减少，2000~2005年减少最快，年均减少174.07平方千米。新增草地主要来自未利用土地，占新增草地面积的58.46%；其次来自水域和林地，分别占23.39%和10.83%。草地减少主要变为未利用土地，占草地减少面积的46.26%；其次变为水域和耕地，分别占草地减少面积的17.50%和14.07%。

林地面积相比20世纪80年代末净减少了0.15%。林地动态面积较少，新增林地面积有90.53%来自草地；林地减少面积有53.26%变为草地，另有18.03%变为耕地。青海省的东北部和南部有零星林地动态变化。

### 2.29.3 青海省2010年至2015年土地利用时空特点

2010~2015年青海省土地利用一级类型动态总面积820.10平方千米，是20世纪80年代末至2015年土地利用动态总面积的21.77%。该时段土地利用变化以城乡工矿居民用地和水域面积增加、未利用土地和草地面积减少为主要特点。

2010~2015年青海省城乡工矿居民用地扩展速度历史最快，年均净增加143.01平方千米，是2008~2010年扩展速度的1.93倍。虽然这个时期城镇用地的扩展速度达历史新高，但相比工交建设用地要低很多，工交建设用地面积年均净增加 126.50 平方千米，扩展速度是城镇用地的 8.08 倍。新增城乡工矿居民用地主要分布于青海省的东北部，柴达木盆地的湖泊周边、湟水谷地等区域分布也较多。

水域面积增加速度也较快，年均增加 103.73 平方千米。未利用土地转为水域面积最多，占新增水域面积的 76.11%，以盐碱地和沼泽地变为水库坑塘为主。三江源地区、青海省东北部和青海湖周围水域动态分布较多。

另外，耕地减少速度在该时期也达到历史最快，并主要流向城镇用地和工交建设用地。青海省耕地稀少，工程建设加快的同时应注意对优质耕地及生态环境的保护。

## 2.30　宁夏回族自治区土地利用

宁夏回族自治区土地利用类型以草地和耕地为主。20 世纪 80 年代末至 2015 年，自治区城乡工矿居民用地、耕地、林地水域面积净增加，草地和未利用土地面积净减少。城乡工矿居民用地净增加面积最多，2010 年以前城乡工矿居民用地扩展速度相对缓慢，2010~2015 年扩展速度剧烈加快，耕地、草地和未利用土地是主要的土地来源，新增城乡工矿居民用地在自治区北部铁路与黄河沿线比较集中。耕地总量在 2000 年达到最高，之后于 2000~2005 年减少面积较多，但总体增加。宁夏是全国唯一全境列入"三北"工程的省份，其林地总面积持续增加，南部黄土高原区与东部鄂尔多斯台地区林地面积增加较多。

### 2.30.1　宁夏回族自治区2015年土地利用状况

2015 年，宁夏回族自治区遥感监测土地利用面积 51782.76 平方千米。土地总面积虽小，但土地利用类型丰富，涵盖所有 6 个一级土地利用类型和其中的 22 个二级土地利用类型。草地和耕地是主要土地利用类型，面积合计占辖区总面积的 74.22%，未利用土地、林地、城乡工矿居民用地和水域面积相对较小。

草地面积 23509.44 平方千米，占自治区土地面积的 45.40%。低覆盖度草地和中覆盖度草地面积较多，分别占草地总面积的 44.92% 和 44.07%，高覆盖度草地偏少，比例为 6.01%。低覆盖度草地主要分布于黄土高原丘陵区，中覆盖度草地主要分布于东部的鄂尔多斯台地区，高覆盖度草地主要分布于北部的贺兰山和南部的六盘山。

耕地面积 14924.00 平方千米，比例为 28.82%。水田和旱地分别占耕地总面积的 21.88% 和 78.12%。水田主要分布于宁夏平原的引黄灌区，旱地主要分布于南部的黄土高原区。

未利用土地面积4565.39平方千米，比例为8.82%。主要为沙地和戈壁，分别占未利用土地面积的53.23%和22.39%。沙地主要分布于西部的腾格里沙漠，以及东部的鄂尔多斯台地，戈壁分布于贺兰山东麓。

林地面积2854.07平方千米，比例为5.51%。灌木林地面积最多，其次为疏林地，再次为其他林地，有林地面积最少。林地主要分布于北部的贺兰山和南部的六盘山。

城乡工矿居民用地面积1944.74平方千米，比例为3.76%。农村居民点面积最多，占城乡工矿居民用地总面积的44.80%；城镇用地和工交建设用地相对较少，比例分别为34.38%和20.81%。宁夏平原区的城乡工矿居民用地分布比较密集。

水域面积1001.05平方千米，比例为1.93%。主要包括滩地、水库坑塘和河流沟渠等水域类型。黄河干流自西向东北斜贯宁夏平原，两侧滩地和水库坑塘分布较多。

### 2.30.2　宁夏回族自治区20世纪80年代末至2015年土地利用时空特点

20世纪80年代末至2015年，宁夏回族自治区土地利用一级类型动态总面积8035.66平方千米，为自治区土地面积的15.52%，土地利用动态度较大，其间城乡工矿居民用地、耕地、林地和水域面积净增加，草地和未利用土地面积净减少（见表37）。由于退耕还林还草，2000~2005年林地和草地面积增加速度最快，耕地减少速度也最快。城乡工矿居民用地面积持续增加，2010~2015年扩展速度达到最快（见图30）。

表37　宁夏回族自治区20世纪80年代末至2015年土地利用分类面积变化

单位：平方千米

| | 耕地 | 林地 | 草地 | 水域 | 城乡工矿居民用地 | 未利用土地 | 耕地内非耕地 |
|---|---|---|---|---|---|---|---|
| 新增 | 2867.88 | 631.03 | 1481.29 | 410.14 | 1171.29 | 831.97 | 642.06 |
| 减少 | 1714.41 | 195.81 | 3988.15 | 335.42 | 4.72 | 1427.09 | 370.06 |
| 净变化 | 1153.47 | 435.22 | −2506.86 | 74.73 | 1166.57 | −595.12 | 271.99 |

城乡工矿居民用地面积净增加了149.91%。2010年以前，城乡工矿居民用地扩展速度相对缓慢，年均扩展21.03平方千米，2010年后扩展速度剧烈加快，年均扩展136.54平方千米，扩展速度为历史最高。新增城乡工矿居民用地中工交建设用地面积居多，其次为城镇用地，再次为农村居民点，占新增城乡工矿居民用地面积的比例分别为53.25%、29.49%和17.26%。新增城乡工矿居民用地主要来自耕地、草地和未利用土地，比例分别为33.64%、32.24%和19.06%。

耕地面积净增加了8.38%。耕地面积增加主要发生在2000年以前，之后因退

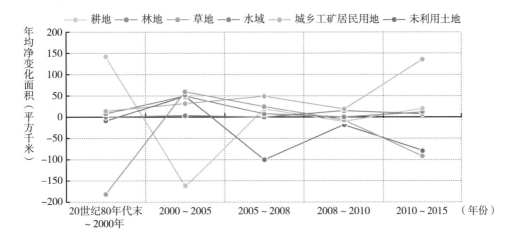

图 30　宁夏回族自治区不同时段土地利用分类面积年均净变化

耕还林还草的实施，2000~2005 年耕地净减少面积最多，2005~2010 年耕地总量基本保持稳定，2010~2015 年耕地面积有所恢复。监测期间，减少耕地主要流向草地，占耕地减少面积的 45.71%，其次为城乡工矿居民用地，比例为 22.98%，再次为未利用土地，比例为 15.82%。2000 年以前新增耕地主要来自草地，2000 年以后新增耕地土地来源中未利用土地和水域所占比例上升。

　　林地面积净增加了 17.99%，各监测阶段林地面积始终表现为净增加。监测期间年均新增林地面积 22.54 平方千米，其间 2000~2005 年林地增加速度最快，年均新增 56.56 平方千米。林地减少面积相对较少，20 世纪 80 年代末至 2015 年年均减少林地面积 6.99 平方千米。新增林地面积有一半以上来自草地，其次来自耕地和未利用土地，其他林地新增面积最多，其次为灌木林地和疏林地。灌木林地减少面积较多，主要转变为未利用土地、耕地和草地。自治区南部的黄土高原区和东部的鄂尔多斯台地区新增林地面积较多；减少林地主要分布于宁夏平原区。

　　水域面积净增加了 8.07%。除 2005~2008 年水域面积净减少外，其他监测时段水域面积变化均为净增加。水域与耕地、草地和未利用土地之间的相互转化面积较多。新增水域以水库坑塘、湖泊以及河流沟渠为主，减少水域主要为滩地。沿黄河水域变化比较集中，银川西北部新增水域面积较多。

　　草地面积净减少了 9.64%。2000 年以前草地减少面积较多，2000~2008 年草地面积净增加，之后草地面积再次净减少。早期，减少草地主要转变为耕地，土地沙化与盐碱化原因使得部分草地变为未利用土地，随着城市化的加快，城乡工矿居民用地扩展占用草地面积增加。新增草地主要来自耕地和未利用土地。减少草地空间分布比较广泛，北部沿黄河两岸比较集中；新增草地主要集中于南部黄土高原区与

东部鄂尔多斯台地区。

未利用土地净减少了 11.53%。2005~2008 年和 2010~2015 年两个时期未利用土地减少速度较快。未利用土地与草地、耕地类型之间的相互转化面积较多。减少未利用土地类型以沙地、戈壁和盐碱地为主，新增未利用土地类型以沙地和裸土地为主。贺兰山东麓和鄂尔多斯台地区的未利用土地减少面积较多，宁夏平原向黄土高原过渡区新增未利用土地面积较多。

### 2.30.3 宁夏回族自治区2010年至2015年土地利用时空特点

2010~2015 年宁夏回族自治区土地利用一级类型动态总面积 1499.69 平方千米，是 20 世纪 80 年代末至 2015 年土地利用动态总面积的 18.67%。该时段土地利用变化以城乡工矿居民用地和耕地面积增加、草地和未利用土地面积减少为主要特点。

2010~2015 年是宁夏回族自治区城乡工矿居民用地增加速度最快的时期，年均扩展 136.54 平方千米，是 2008~2010 年扩展速度的 6.27 倍。新增城乡工矿居民用地面积的 38.99% 来自草地，23.87% 来自未利用土地，24.95% 来自耕地。工交建设用地增加面积居多，其次为城镇用地。新增城乡工矿居民用地主要分布于自治区北部的铁路与黄河沿线。

耕地面积年均净增加 20.80 平方千米，增加速度仅次于 20 世纪 80 年代末至 2000 年。新增耕地面积的 50.44% 来自草地，38.46% 来自未利用土地。二级土地利用类型中，中、低覆盖度草地以及沙地和戈壁为新增耕地提供的土地面积较多。

## 2.31 新疆维吾尔自治区土地利用

新疆维吾尔自治区（简称新疆）土地利用以未利用土地为主，其次为草地，两者面积占到全区土地利用面积的九成以上。区内土地利用动态主要表现为城乡工矿居民用地和耕地的净增加以及草地和林地的净减少。

### 2.31.1 新疆维吾尔自治区2015年土地利用状况

2015 年，新疆土地总面积 1640011.03 平方千米，其中，未利用土地面积最大，达 1085960.86 平方千米，占比为 66.22%，较 2010 年下降 0.26 个百分点。草地面积次之，为 398866.09 平方千米，占比为 24.32%，比 2010 年低 0.35 个百分点。其余土地利用类型面积占比均不到 5%。耕地面积为 69627.16 平方千米，占 4.25%，高出 2010 年 0.37 个百分点；水域面积为 33508.38 平方千米，占 2.04%；城乡工矿居民用地面积最小，为 7911.96 平方千米，仅占 0.48%。

新疆未利用土地以沙地、裸岩石砾地和戈壁为主，占未利用土地总面积的 33.83%、32.23% 和 28.20%，相比 2010 年，沙地和裸岩石砾地的占比略有提升而戈壁有所下降。草地主要分布在各山区河流及湖泊周边地区，以低覆盖度草地为主，占比为 45.27%；其次是高覆盖度草地，占 32.08%。较 2010 年，中低覆盖度草地面积占比有所下降，而高覆盖度草地比例上升 0.35%。新疆的耕地基本全部为旱地，占比为 99.74%，较 2010 年上升 0.3%；主要分布于各绿洲及山前洪积扇地区。水域一半以上是冰川与永久积雪，比例为 52.87%，但较 2010 年下降 1.00%。湖泊和滩地面积位居第二、第三，比例分别为 19.23% 和 16.75%，前者较 2010 年上升 0.67 个百分点。其余水域二级类型占水域总面积的比例均在 10% 以下。林地中，有林地和疏林地面积最大，占比分别为 42.66% 和 36.07%；其中有林地面积占比较 2010 年上升 0.13 个百分点。城乡工矿居民用地以农村居民用地最多，占比为 41.66%。

### 2.31.2 新疆维吾尔自治区20世纪80年代末至2015年土地利用时空特点

20 世纪 80 年代末至 2015 年，新疆土地利用动态总面积为 50127.10 平方千米，占土地利用总面积的 3.06%。六种土地利用类型中，新增面积最大的是耕地，达 23462.81 平方千米（见表 38）相当于 20 世纪 80 年代末该类型面积的 47.54%；主要分布在沿天山一带、阿勒泰地区、伊犁盆地和阿克苏等地区。新增来源主要是草地，占比达 73.86%。耕地同时存在面积减少的现象，但减少面积仅为新增面积的 13.58%，耕地最终表现为净增加，面积为 20276.45 平方千米，增幅达 41.09%。

草地虽然大面积减少，达 26910.24 平方千米，新疆境内仍有不少新增草地，面积仅次于新增耕地面积，为 5031.57 平方千米；减少最多的是低覆盖度草地，占 57.49%。新增草地主要来源于耕地，占比为 29.08%；可见，新疆耕地和草地间的转化非常明显，且草地的变化分布与耕地变化高度吻合。

表 38　新疆维吾尔自治区 20 世纪 80 年代末至 2015 年土地利用分类面积变化

单位：平方千米

| | 耕地 | 林地 | 草地 | 水域 | 城乡工矿居民用地 | 未利用土地 | 耕地内非耕地 |
|---|---|---|---|---|---|---|---|
| 新增 | 23462.81 | 968.94 | 5031.57 | 2951.88 | 3822.77 | 3885.23 | 5903.14 |
| 减少 | 3186.36 | 1461.81 | 26910.24 | 1640.22 | 23.60 | 11990.18 | 813.94 |
| 净变化 | 20276.45 | −492.86 | −21878.67 | 1311.67 | 3799.16 | −8104.94 | 5089.19 |

城乡工矿居民用地新增量位居第三，面积为 3822.77 平方千米。不同于大多数省份，新疆城乡工矿居民用地的主要来源是未利用土地，占比 39.61%；耕地仅为

其第二大来源，占比 27.83%。城乡工矿居民用地的减少面积非常小，仅为新增面积的 0.62%，因此最终呈净增加态势，增幅在六大类型中最高，为 92.37%；其变化的分布主要散布于各大绿洲。

未利用土地的减少面积仅次于草地，位居第二，达 11990.18 平方千米；减少面积最大的是戈壁，占 37.02%。未利用土地的新增面积为减少面积的 32.40%，因此，其最终表现为净减少态势，减少面积 8104.94 平方千米，减幅为 0.74%。

从动态变化的时间过程来看（见图 31），新疆耕地始终保持净增加状态，且年均净增加量呈波动上升的态势；与此对应，新增耕地的主要来源类型——草地则一直呈现净减少状态，且年均减少量呈波动上升态势。城乡工矿居民用地同样一直保持净增加状态，年均净增加量稳步上升，且 2010~2015 年年均净增加面积上升明显，是前一时段的 2.76 倍。未利用土地除 20 世纪 80 年代末呈净增加外，其余时段始终保持净减少态势，且年均净减少量稳步上升。水域面积的变化则在净增加和净减少间不断变换。

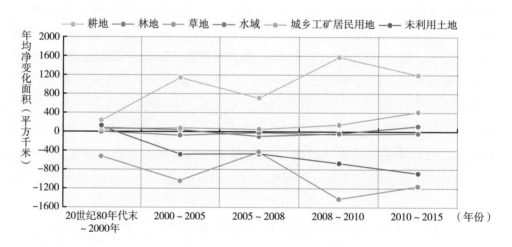

**图 31　新疆不同时段土地利用分类面积年均净变化**

### 2.31.3　新疆维吾尔自治区2010年至2015年土地利用时空特点

2010~2015 年，新疆新增面积最大的依然是耕地，达 6645.90 平方千米。该时段耕地呈净增加，净增面积占 20 世纪 80 年代末至 2015 年整个时段的 29.90%，年均净变化面积仅次于 2008~2010 年，为 1212.64 平方千米。新增耕地分布与此前各时段相似，主要分布在天山两侧、阿勒泰地区等。城乡工矿居民用地的增加在 2010~2015 年十分明显，净增加 2162.50 平方千米；短短 5 年时间，净增加量却占整个时段的 56.92%。水域的净增加面积为 620.42 平方千米，占整个时段的 47.30%。

草地减少面积最大，为 6230.14 平方千米，除去新增面积，净减少 5733.04 平方千米，占整个时段的 26.20%。减少草地主要分布在天山两侧。未利用土地在 2010~2015 年净减少 4379.02 平方千米，占整个时段的比例高达 54.03%。减少的未利用土地主要分布在天山南侧和阿勒泰地区。林地的净减少面积在整个时段占比也非常高，在三分之一以上。总体来说，新疆各类型土地利用动态程度较以往大多数时期更剧烈。

## 2.32 台湾省土地利用

遥感监测表明，林地始终是台湾省居第一位的土地利用类型，耕地为居第二位的土地利用类型。20 世纪 80 年代末至 2015 年的整个监测时期，城乡工矿居民用地净增加了 12.66%，主要发生在台湾省西侧沿海地区，并以 2000~2005 年城乡工矿居民用地面积增加最显著。整个监测时段，台湾省的耕地呈显著净减少变化，但耕地作为台湾省城乡工矿居民用地新增面积主要土地来源的比例逐渐下降，而占用林地的比例不断升高。水域和未利用土地整个监测时段略有增加，林地和草地呈净减少变化。

### 2.32.1 台湾省2015年土地利用状况

2015 年，台湾省遥感监测土地面积 36436.71 平方千米，其中林地 24546.83 平方千米，占全省面积的 67.37%，台湾省的林业优势十分明显。耕地面积 6524.34 平方千米，占 17.91%；城乡工矿居民用地面积 2562.04 平方千米，占 7.03%；水域面积和草地面积均分布较少，面积分别为 1718.80 平方千米和 1002.55 平方千米，占台湾省土地总面积的 4.72% 和 2.75%；未利用土地面积最少，只有不足 90 平方千米，只占台湾省土地总面积的 0.23%。

林地作为台湾省的主要土地利用类型，以有林地为主，占全省林地面积的 86.75%；其次是疏林地，占 5.83%；灌木林地和其他林地面积均很小，分别占全省林地面积的 3.96% 和 3.46%。台湾省的林地主要分布在其中部的中央山脉、雪山山脉、玉山山脉和阿里山山脉等山区。

台湾省的耕地中水田占绝对多数，占全省耕地面积的 90.85%，主要集中分布在台湾省的沿海平原，尤其是西部的嘉南平原、屏东平原及东部的宜兰平原等区域。

台湾省的城乡工矿居民用地以城镇用地面积最大，占全省城乡工矿居民用地面积的55.68%；其次为农村居民用地，占32.70%；工交建设用地面积较少，占11.36%。

水域中水库坑塘与河渠所占面积较大，分别占水域面积的35.58%和32.82%；其后是海涂和滩地，分别占全省水域面积的18.32%和10.17%；水域中湖泊面积最小，只占全省水域面积的3.11%。水域在台湾省的沿海与内陆均有分布，在其内陆地区分布较均匀，但总体上西部多于东部；其中河渠、湖泊和滩地主要集中在东部的花莲溪、秀姑峦溪和卑南溪等区域。

台湾省的草地类型以高覆盖度草地面积最大，占全省草地面积的73.50%，中覆盖度草地和低覆盖度草地分别占全省草地面积的17.08%和9.42%。全省的草地分布较零散，在中部山脉有较为集中连片的草地，大部分零星散布于台湾岛周边的临海地区。台湾省的未利用土地类型面积最小，以裸土地为主，占全省未利用土地面积的54.30%，其次是裸岩石砾地，占45.70%。台湾省未利用土地类型总体面积不大，较为分散地分布在台湾省各地。

## 2.32.2　台湾省20世纪80年代末至2015年土地利用时空特点

20世纪80年代末至2015年，台湾省土地利用一级类型动态总面积788.07平方千米，占全省面积的2.16%。各土地利用类型中城乡工矿居民用地面积增加最多，未利用土地和水域略呈净增加变化；耕地净减少变化较明显，此外林地和草地均呈净减少变化（见表39）。

表39　台湾省20世纪80年代末至2015年土地利用分类面积变化

单位：平方千米

|  | 耕地 | 林地 | 草地 | 水域 | 城乡工矿居民用地 | 未利用土地 | 耕地内非耕地 |
|---|---|---|---|---|---|---|---|
| 新增 | 44.02 | 200.29 | 147.74 | 88.71 | 291.45 | 15.86 | 0.00 |
| 减少 | 241.86 | 291.20 | 189.99 | 30.24 | 3.63 | 0.34 | 0.00 |
| 净变化 | -197.84 | -90.91 | -42.25 | 58.48 | 287.82 | 15.53 | 0.00 |

整个监测时段，台湾省的城乡工矿居民用地净增加了287.82平方千米，是增加面积最大的土地利用类型，其中城镇用地、农村居民点用地和工交建设用地新增面积分别占全省城乡工矿居民用地新增面积的46.35%、25.43%和28.22%。新增的城乡工矿居民用地主要来自耕地，面积194.19平方千米，占新增面积的66.63%；其次来自林地，面积67.11平方千米，占新增面积的23.03%；来自水域和草地的面积

均较小。从时间变化来看，占用耕地作为城乡工矿居民用地新增面积的主要土地来源，其所占比例逐渐下降，从监测初期的 73.65% 下降到 2010~2015 年的 44.22%。整个监测时期，台湾省城乡工矿居民用地呈持续增加态势，其中 2000~2005 年增加速度最快，年均净增加面积达 35.32 平方千米（见图 32）。

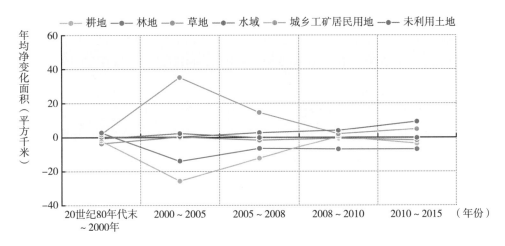

**图 32　台湾省不同时段土地利用类型面积年均净变化**

未利用土地净增加了 15.53 平方千米，由于其基数小，变化幅度在各地类中最大，相比 20 世纪 80 年代末，2015 年台湾省未利用土地增加了 23.30%。增加的未利用土地面积主要来自林地退化和耕地撂荒，面积均不足 8 平方千米，占全省未利用土地新增面积的 46.51% 和 37.02%；未利用土地的变化速度一直较小，没有明显起伏。

整个监测时段，台湾省水域面积净增加 58.48 平方千米，变化幅度较小，其中新增水域面积多来自林地，面积为 39.61 平方千米，占新增面积的 44.65%；其次是来自海域和耕地，面积分别为 25.21 平方千米和 23.13 平方千米，占全省新增水域面积的 28.42% 和 26.07%。水域的变化除 2000~2005 年为净减少外，其他 4 个时段均呈持续净增加，并有加速的态势。

耕地净减少 197.84 平方千米，是净减少最多的地类，相比 20 世纪 80 年代末减少了 2.94%。耕地减少面积为 241.86 平方千米，其中大部分为城乡工矿居民用地占用，面积达 194.19 平方千米，占全省耕地减少面积的 80.29%，少量变为水域和林地。新增耕地主要来自林地，面积约为 30.71 平方千米，占全省新增耕地面积的 69.76%。整个监测时段，台湾省的耕地变化总体呈不断减少态势，在 2000~2005 年净减少速度达到整个监测时期的最大值，之后净减少速度减缓。

林地属于新增面积和减少面积均较大的地类，并表现为其内部二级类型的转换变化剧烈。由于台湾省林地的基数较大，其变化幅度在所有土地利用类型中反而最小，整个监测时段，台湾省林地总体净减少了 90.91 平方千米，相较于 20 世纪 80 年代末减少了 0.37%。台湾省的林地减少以退化为草地为主，占全省林地减少面积的 50.27%；其次转变为城乡工矿居民用地，占全省林地减少面积的 23.05%。全省新增林地的主要来源为草地，占新增面积的 88.74%，且主要为高覆盖度草地转变为有林地。整个监测时段，台湾省林地变化在监测初期呈净增加变化，之后的 4 个监测时段均为净减少变化，并在 2000~2005 年的净减少速度最大，年均净减少 13.28 平方千米。

草地的新增面积和减少面积较为相近，最终净减少 42.25 平方千米。整个监测时期，台湾省草地减少面积约 195.12 平方千米，其中 91.09% 转变为林地，4.97% 转变为城乡工矿居民用地；新增草地面积约 152.87 平方千米，其中来自林地的面积占新增草地面积的 95.77%，且主要是从有林地和灌木林地转变而来。

### 2.32.3　台湾省2010年至2015年土地利用时空特点

台湾省 2010~2015 年土地利用变化量呈增加态势，由上一个监测时段（2008~2010 年）的 14.19 平方千米增加到 157.51 平方千米，增加 10.10 倍。

水域面积净增加最大，面积为 45.91 平方千米，城乡工矿居民用地也呈净增加变化。林地是净减少最多的类型，面积为 30.73 平方千米，其次是海域和耕地，净减少面积分别为 28.06 平方千米和 14.24 平方千米。草地呈净减少变化，而未利用土地几乎没有变化。总体上，台湾省的土地利用变化不剧烈，土地开发强度不大。

**参考文献**

张增祥、赵晓丽、汪潇等:《中国土地利用遥感监测》，星球地图出版社，2012。

顾行发、李闽榕、徐东华等:《中国可持续发展遥感监测报告（2016）》，社会科学文献出版社，2017。

赵晓丽、张增祥、汪潇等:《中国近 30 年耕地变化时空特征及其主要原因分析》，《农业工程学报》2014 年第 3 期。

# 专题报告

G. 3
## 中国植被状况

植被是地球表面植物群落的总称，是生态环境的重要组成部分。植被的种类、数量和分布是衡量区域生态环境是否安全和适宜人类居住的重要指标。生态环境保护首先是地表植被的保护，由于大量砍伐森林、开荒种地，生态环境受到破坏、水土流失严重。近年来，越来越多的人认识到保护大自然包括保护植物资源在内的自然资源，就是保护人类自己。中国在自然资源保护方面出台相关政策，实施退耕还林、还草，2017年10月"必须树立和践行绿水青山就是金山银山的理念"被写进党的十九大报告。因此，开展中国现有植被状况及近二十年的变化特征分析对推进生态环境保护具有重要意义。

（1）森林覆盖率

森林覆盖率是指森林面积占土地总面积的比例，一般用百分比表示，是反映一个国家（或地区）森林资源和林地占有的实际水平的重要指标。我国森林覆盖率系指郁闭度0.2以上的乔木林、竹林、国家特别规定的灌木林地面积，以及农田林网和村旁、宅旁、水旁、路旁林木的覆盖面积的总和占土地面积的百分比。遥感获取的森林覆盖率是指遥感像元内森林面积占像元面积的百分比。本报告使用2015~2017年250米分辨率的MODIS森林覆盖产品(MOD44B)分析我国

"十三五"中期评估指标的森林覆盖变化情况，包括 2017 年中国森林覆盖率空间分布现状，以及与 2015 年对比分析中国森林覆盖变化状况。

（2）叶面积指数

叶面积指数（Leaf Area Index, LAI）定义为单位地表面积上植物叶表面积总和的一半，是描述植被冠层功能的重要参数，也是影响植被光合作用、蒸腾以及陆表能量平衡的重要生物物理参量。本报告使用 2003~2018 年 500 米分辨率的 MODIS C6 版 LAI 产品分析中国植被生长状况及其变化。报告采用年平均叶面积指数作为评价指标，取值范围为 0~8，计算方法为该年全年叶面积指数的平均值，0 表示区域内没有植被，取值越高，表明区域内植被生长状态越好。

（3）植被覆盖度

植被覆盖度（Fractional Vegetation Coverage，FVC）定义为植被冠层或叶面在地面的垂直投影面积占植被区总面积的比例，是衡量地表植被状况的一个重要指标。本报告使用 2003~2018 年 1 千米分辨率的 GEOV1 FVC 产品分析中国植被覆盖程度变化状况。报告使用年最大植被覆盖度作为评价指标，计算方法为该年中植被覆盖度的最大值，取值范围为 0~100%，0 表示地表像元内没有植被即裸地，取值越高，表明区域内植被覆盖度越大。

（4）植被指数

归一化差值植被指数（Normalized Differential Vegetation Index，NDVI）定义为近红外波段的反射值与红光波段的反射值之差比上两者之和，是反映地表植被覆盖状况的一种遥感指标。本报告使用 2003~2018 年 30 米分辨率的 Landsat 卫星 NDVI 产品分析重点区植被生长状态变化情况。报告使用年最大NDVI 作为评价指标，NDVI 取值范围为 –1~1，负值表示地面覆盖为水、雪等，0 表示有岩石或裸土等，正值表示有植被覆盖；植被覆盖度越高，NDVI 值越大。

（5）变化率

本报告采用回归分析方法研究植被参数长时间序列变化特征。根据最小二乘法原理，计算植被特征参量（如年平均叶面积指数、年最大植被覆盖度、年最大 NDVI）与时间的回归直线，结果是一幅斜率影像。具体计算过程为：针对2003~2018 年植被特征参量遥感产品，基于每一个像元，求取 16 年的变化率。

变化率的计算公式如下：

$$K=\frac{n\times\sum_{i=1}^{n}i\times Temp_i-(\sum_{i=1}^{n}i)(\sum_{i=1}^{n}Temp_i)}{n\times\sum_{i=1}^{n}i^2-(\sum_{i=1}^{n}i)^2}$$

其中 $n$ 表示年数，本报告中取值为 16，$Temp_i$ 指第 $i$ 年对应像元的植被特征参量，K 为该像元长期的变化趋势。

（6）净叶面积增量

基于叶面积指数变化率，考虑不同纬度带面积系数，统计各区域内所有叶面积变化率的净叶面积增量。具体计算公式为：

$$NLAI = \sum\nolimits_{i=1}^{p} K \cdot Area \cdot N_{year}$$

其中 $NLAI$ 为统计区域的净叶面积增量，$p$ 为统计区域的像元个数，$K$ 为该像元长期的变化趋势，$Area$ 是不同纬度带面积系数，$N_{year}$ 表示年数，本报告中取值为16。

## 3.1 "十三五"中期指标评估：森林覆盖率变化

我国森林资源分布地区差异很大，森林主要分布在东北、西南山区和台湾山地及东南丘陵地区（见图1）。东北地区大兴安岭、小兴安岭和长白山地区以针叶林及针阔叶混交林为主，森林覆盖率介于40%~50%；华北地区以落叶阔叶林为主，太行山脉、秦岭山脉附近森林覆盖率为40%~60%；大部分南方地区以常绿阔叶林为主，森林覆盖率介于50%~70%，局部山区森林覆盖率最高达80%；青藏高原东南部以高山针叶林和针阔叶混交林为主，森林覆盖率最高达80%；北回归线以南的海南岛及南海诸岛、台湾南部及云南南部的热带雨林区域，森林覆盖率为60%~80%。

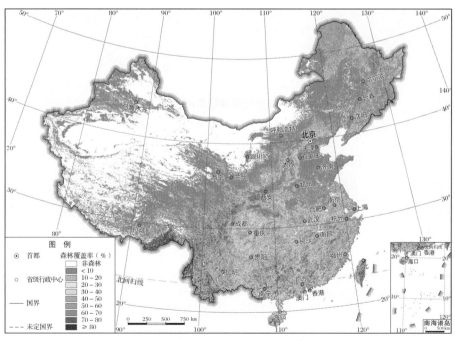

图 1　2017 年森林覆盖空间分布

统计我国各省、自治区、直辖市 2017 年的森林覆盖率情况（见图 2），分省统计得到的区域森林覆盖率是区域内的森林面积占总陆地面积（去除水体后）的百分比。台湾森林覆盖率最高，为 48.7%，全国森林覆盖率超过 30% 的有黑龙江省 (31.9%)、福建省 (42.9%)、江西省 (35.8%)、浙江省 (37.5%)、广西壮族自治区 (42.1%)、海南省 (39.1%)、广东省（统计数据含香港、澳门)(36.0%)、湖南省 (34.5%)、重庆市 (34.3%)、贵州省 (32.2%)、云南省 (37.5%)；西北地区森林资源贫乏，新疆维吾尔自治区森林覆盖率低于 2%，青海省和宁夏回族自治区森林覆盖率低于 4%。

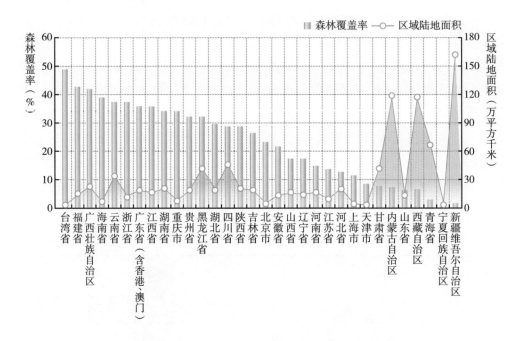

**图 2    2017 年各省份森林覆盖率及陆地面积情况**

统计我国各个省份 2017 年与 2015 年的森林覆盖率情况（见图 3），相比 2015 年，2017 年广西、台湾、海南、广东（含香港、澳门）的森林覆盖率增加超过区域陆地面积的 2%；河南省和云南省森林覆盖率轻微增加约 1%；北京市、湖南省、四川省、福建省和黑龙江省森林覆盖率轻微降低 1% 左右；江西省、浙江省、重庆市和贵州省的森林覆盖率降低超过 2%；其余省份变化在 1% 以内，可认为森林覆盖率无变化。

## 3.2    2018年中国植被状况

中国 2018 年植被年平均叶面积指数空间分布差异显著（见图 4），呈现由西北向东南

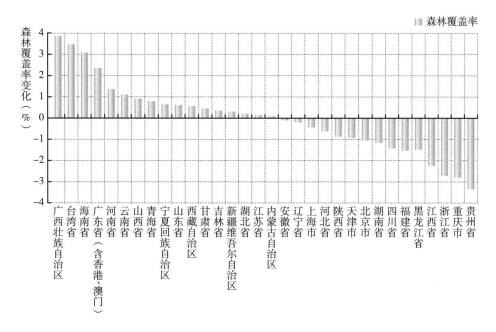

**图3 2015~2017年各省份森林覆盖率变化分省统计结果**

地区逐渐增加的趋势。年平均叶面积指数高值区（4~6）主要分布在青藏高原南端、云南南部、广西和广东丘陵区、海南、台湾等地区；中值区（2~4）主要分布在东南沿海、云南西双版纳、四川和重庆部分区域，以及大小兴安岭林区；低值区（0.5~2）主要分布在除高值区和中值区外的南部广大地区、华北平原、东北平原和三江平原的农作物区，以及在青藏高原东南部、内蒙古高原东部、天山山脉等；低值区（小于0.5）则主要分布于藏北高原区、塔里木盆地、柴达木盆地、吐鲁番盆地和内蒙古高原中西部地区。

2018年中国年最大植被覆盖度空间分布差异显著，呈现由西北向东南地区逐渐增加的趋势。年最大植被覆盖度空间分布与地表植被类型密切相关，我国东北地区、华北地区和华南地区以森林为主的区域年最大植被覆盖度超过90%，以草地和农田为主的区域年最大植被覆盖度接近80%；新疆西北部和甘肃河西走廊绿洲区年最大植被覆盖度介于60%~85%；青藏高原东南部、甘肃东南部和内蒙古中部地区以草地类型为主，年最大植被覆盖度介于40%~60%；青藏高原中部海拔较高地区、内蒙古中西部地区的年最大植被覆盖度低于20%；青藏高原西北部、新疆南部和西及内蒙古西部的沙漠地区年最大植被覆盖度低于5%（见图5）。

统计我国各个省份2018年植被年平均叶面积指数和年最大植被覆盖度变化情况发现，位于黑龙江省和吉林省的大、小兴安岭地区年最大植被覆盖度最高，但由于地理位置偏北，山区森林生长季节较短，年平均叶面积指数低于南方森林区；福建省、台湾省、海南省、广东省（含香港、澳门）、广西壮族自

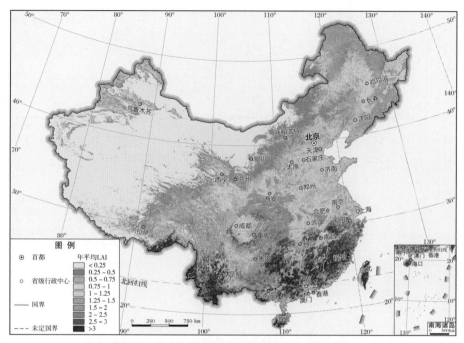

**图4  2018年中国植被年平均叶面积指数分布**

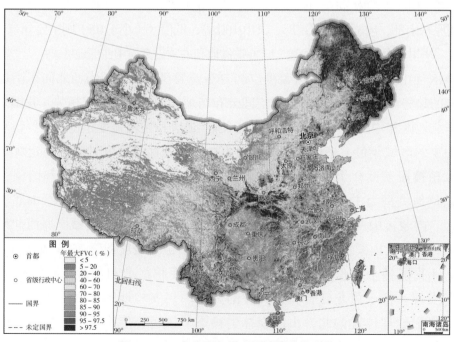

**图5  2018年中国年最大植被覆盖度分布**

治区、江西省和云南省的植被水热条件优越，植被生长期较长，年平均叶面积指数都高于 2，年最大植被覆盖度普遍高于 80%（见图 6）。

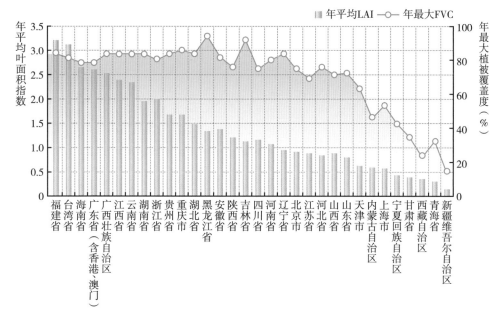

图 6　2018 年各省份植被年平均叶面积指数和年最大植被覆盖度统计结果

## 3.3　2003~2018年中国植被变化及对世界绿度的贡献

### 3.3.1　全球植被年平均叶面积指数变化率

根据 2003 年至 2018 年全球植被年平均叶面积指数变化率，整体上全球植被叶面积指数处于降低趋势，南美洲的亚马孙热带雨林和巴西东部地区、非洲大范围的植被都呈现显著降低趋势，每年下降 0.05；此外，在 50°N–60°N 范围内，部分地区植被叶面积指数每年降低 0.025。显著增加区域包括中国南部、印度、澳大利亚东南部、刚果河流域、巴西南部、美国北部、欧洲、加拿大及墨西哥地区的叶面积指数每年增加量超过 0.025，其中中国南部每年增加量最高为 0.05，中国近些年的生态环境保护政策对植被恢复具有显著作用（见图 7）。

统计全球各国净叶面积增量以及叶面积增加比例（表 1 列举了排名前十位的国家），统计结果与 2003~2018 年全球植被年平均叶面积指数变化率分布图（见图 7）吻合，中国净叶面积增量（$14.44 \times 10^5$ km²）和叶面积增加比例（17.17%）显著高于其他国家；其次是俄罗斯，净叶面积增量（$11.88 \times 10^5$ km²）位居世界第二，叶面积增加比例 13.24%；再次是加拿大，净叶面积增量为 $7.02 \times 10^5$ km²，位居世界第三，叶面积增加比例 11%。

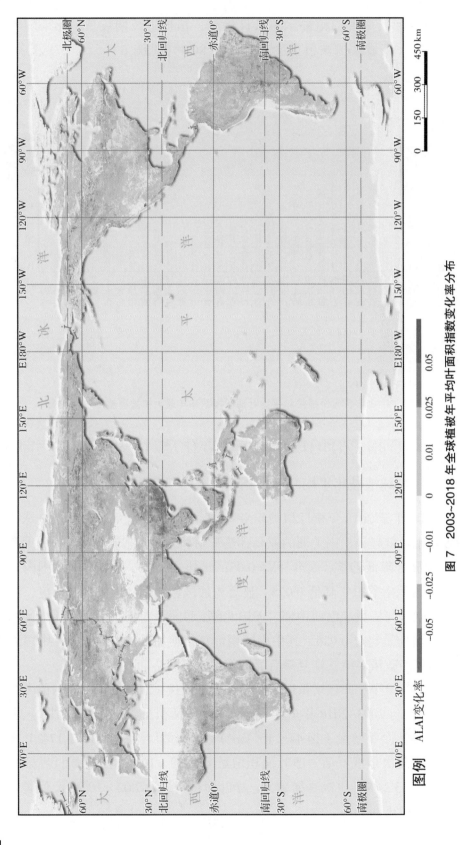

**图例** ΔLAI变化率

图 7  2003~2018 年全球植被年平均叶面积指数变化率分布

表 1 叶面积增量变化及叶面积增加比例全球前十名国家统计

| 排名 | 国家名称 | 净叶面积增量 (×10⁵ km²) | 国家名称 | 叶面积增加 比例 (%) |
|------|----------|--------------------------|----------|---------------------|
| 1 | 中国 | 14.44 | 中国 | 17.17 |
| 2 | 俄罗斯 | 11.88 | 印度 | 15.03 |
| 3 | 加拿大 | 7.02 | 巴西 | 13.86 |
| 4 | 澳大利亚 | 4.42 | 俄罗斯 | 13.24 |
| 5 | 印度 | 4.21 | 加拿大 | 11.00 |
| 6 | 美国 | 2.13 | 墨西哥 | 10.80 |
| 7 | 阿根廷 | 1.54 | 刚果民主 共和国 | 9.91 |
| 8 | 哈萨克斯坦 | 1.46 | 阿根廷 | 8.62 |
| 9 | 墨西哥 | 1.41 | 美国 | 8.03 |
| 10 | 苏丹 | 1.38 | 澳大利亚 | 7.36 |

### 3.3.2 中国植被年平均叶面积指数变化率

在全球范围内，中国的南部植被叶面积指数增加明显（见图 7），中国植被变绿的趋势已经受到广泛关注。因此，进一步分析 2003 年至 2018 年中国植被年平均叶面积指数变化率分布情况显示（见图 8），结果其空间分布差异显著，整体呈现由西北向东南地区逐渐增加的趋势。植被年平均叶面积指数变化率增加区域主要分布在东北松嫩平原腹地，我国南方浙江、福建、广东、海南等沿

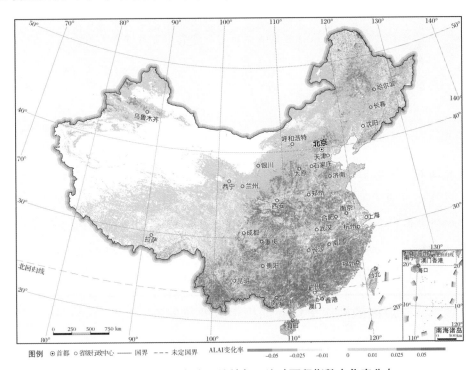

图 8 2003~2018 年中国植被年平均叶面积指数变化率分布

海城市，以及广西、云南、江西、湖南等丘陵地区；植被年平均叶面积指数变化率降低区域主要分布在东北大兴安岭、长白山区以及青藏高原地区、内蒙古东南部。

同时考虑年平均叶面积指数变化率数值大小与区域植被面积差异，统计我国各个省份 2003 年至 2018 年净叶面积增量（见图 9）。除天津市和上海市外，我国其余各省份叶面积都呈现增加趋势，其中云南省和广西壮族自治区净叶面积增量最高；此外，内蒙古自治区三北防护林以及草原恢复效果显著，净叶面积增量与几个南方省份如广东（含香港、澳门）、湖南省、江西省、四川省和福建省的净叶面积增量相近。

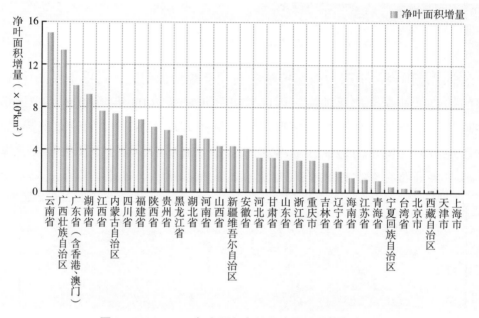

图 9　2003~2018 年中国各省份净叶面积增量统计结果

考虑到不同植被类型的叶面积变化差异，统计我国各个省份 2003 年至 2018 年农田、森林和草地三种植被类型的净叶面积增量（见图 10），其中农田净叶面积增量 $75.28 \times 10^4$ km$^2$，占总增量的 52.21%；森林净叶面积增量 $58.84 \times 10^4$ km$^2$，占总增量的 40.81%；草地净叶面积增量 $8.31 \times 10^4$ km$^2$，占总增量的 5.76%；其余所有类型占比不足总增量的 1.22%。

### 3.3.3　重点区植被年平均叶面积指数变化率

结合 2003 年至 2018 年中国植被年平均叶面积指数变化率分布情况（见图 8），针对农田、森林和草地三种植被类型，分别挑选 3 个农田样区（见图 11）、4 个

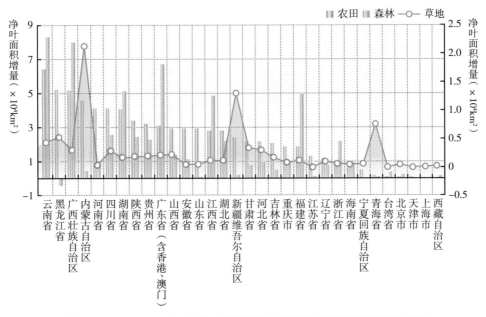

图 10　2003~2018 年中国各省份不同植被类型净叶面积增量统计结果

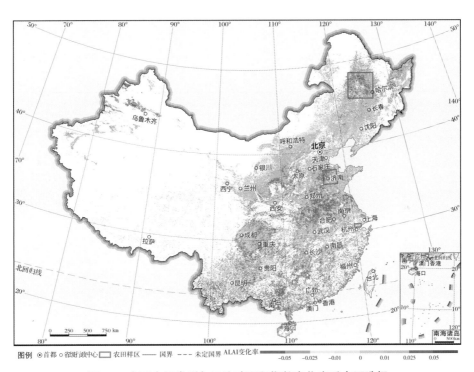

图 11　中国农田类型年平均叶面积指数变化率重点区选择

森林样区（见图 12）和 2 个草地样区（见图 13），利用 30 米分辨率年最大植被指数 (NDVI) 变化率、500 米分辨率年平均叶面积指数 (LAI) 变化率和 1 千米分辨率年

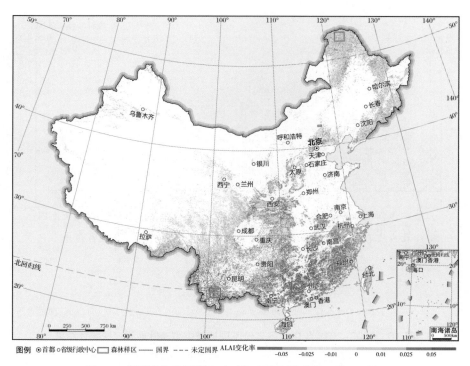

**图 12　中国森林类型年平均叶面积指数变化率重点区选择**

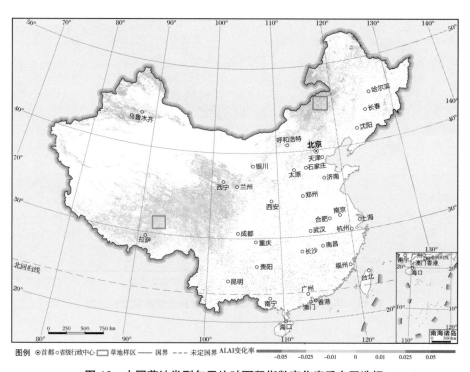

**图 13　中国草地类型年平均叶面积指数变化率重点区选择**

最大植被覆盖度 (FVC) 变化率，进一步分析多年植被生长状态的时空变化特征。

针对农田类型选择 3 个农田样区，其中年平均叶面积指数变化率显著增加的区域选择东北的松嫩平原，农作物以一年一熟为主；年平均叶面积指数变化率轻微增加的区域选择位于山东省西北部的农田区，农作物以一年两熟 / 两年三熟为主；年平均叶面积指数变化率降低的区域选择长江中下游平原浙江省北部的农田区，农作物以一年两熟为主。

针对森林类型选择 4 个森林样区涵盖我国三大林区，其中年平均叶面积指数变化率显著降低的区域选择黑龙江省大兴安岭北部森林区，属于东北林区，以针叶林及针阔叶混交林为主；其次选择近些年生态恢复效果显著的塞罕坝林区，位于内蒙古高原与河北北部山地的交接处，以针叶林、针阔叶混交林和次生林为主。年平均叶面积指数变化率显著增加的区域选择云南东南部林区，属于西南林区，以常绿阔叶林和针阔混交林为主。此外，在东南林区，选择了年平均叶面积指数变化率显著增加的区域，位于广西壮族自治区东部，以常绿阔叶林为主。

针对草地类型选择 2 个草地样区，其中年平均叶面积指数变化率显著增加的区域选择位于内蒙古的锡林郭勒盟草地样区，属于温带草原类型，草原类型复杂、生物多样性比较丰富；年平均叶面积指数变化率降低的区域选择位于西藏自治区的那曲地区，平均海拔超过 4000 米，以高寒草原为主。

### 1. 松嫩平原农田样区长势变好

松嫩平原是东北平原的最大组成部分，位于大小兴安岭与长白山山脉及松辽分水岭之间松辽盆地的中部区域，主要由松花江和嫩江冲积而成。松嫩平原是中国重要的商品粮生产地区之一，粮食作物以春小麦、玉米、高粱、谷子为主。2003 年至 2018 年，松嫩平原植被长势整体呈增加趋势（见图 14），其中年最大植

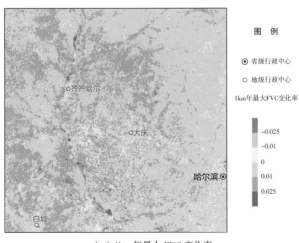

（a）1km 年最大 FVC 变化率

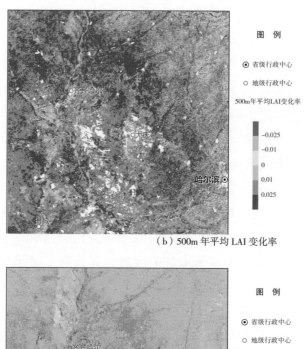

（b）500m 年平均 LAI 变化率

（c）30m 年最大 NDVI 变化率

**图 14　松嫩平原农田样区植被参数变化率空间分布**

被覆盖度和植被指数变化率每年增加超过 0.01，年平均叶面积指数变化率每年增加超过 0.025。从 2003 年至 2018 年年最大植被覆盖度、年平均叶面积指数和年最大植被指数时间序列曲线可以看出（见图 15），松嫩平原地区植被长势逐渐变好。

2. 山东省西北部农田样区植被长势增加与降低趋势并存

山东省西北部农田样区位于华北平原（又称黄淮海平原），是以旱作为主的农业区，农作物以一年两熟/两年三熟为主，粮食作物以小麦、玉米为主，主要经济作物有棉花和花生。2003 年至 2018 年，山东省西北部农田样区植被长势增加与降低趋势并存（见图 16），其中年最大植被覆盖度变化率以降低为主，每年降低 0.01~0.025，表明作物种植面积减少；年平均叶面积指数变化率每年增加超过 0.025，年最大植被指数变化率每年增加超过 0.01，表明作物长势变好。从 2003 年至 2018 年年最大植

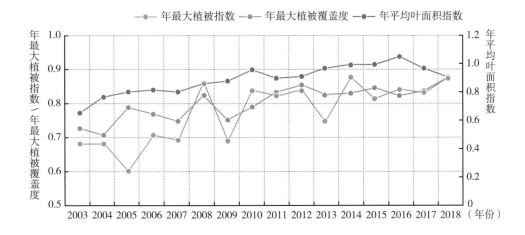

图15 松嫩平原农田样区 2003~2018 年植被参数时间序列曲线

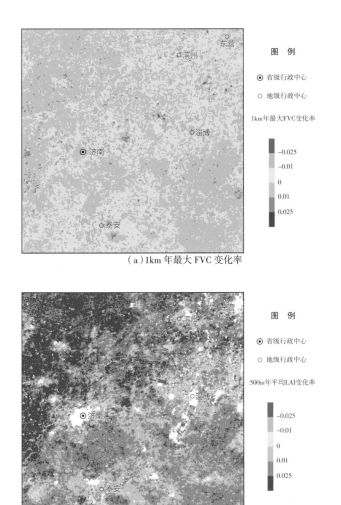

（a）1km 年最大 FVC 变化率

（b）500m 年平均 LAI 变化率

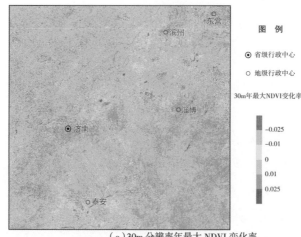

（c）30m 分辨率年最大 NDVI 变化率

图16　山东省西北部农田样区植被参数变化率空间分布

被覆盖度、年平均叶面积指数和年最大植被指数时间序列曲线可以看出（见图17），年最大植被指数变化率变化最为显著，作物长势变好，但覆盖面积降低。

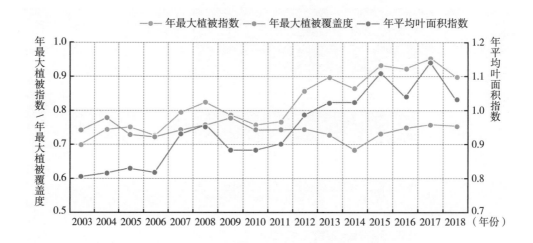

图17　山东省西北部农田样区 2003~2018 年植被参数时间序列曲线

### 3. 浙江省北部农田样区长势变差

位于长江中下游平原的浙江省北部农田样区包括嘉兴市和湖州市，农作物以一年两熟/两年三熟为主，作物类型以粮、油、棉为主。2003 年至 2018 年，浙江省北部农田区作物长势整体呈降低趋势（见图18），其中年最大植被覆盖度和植被指数变化率每年降低 0.01，年平均叶面积指数变化率每年增加超过 0.025。从 2003 年至 2018 年年最大植被覆盖度、年平均叶面积指数和年最大植被指数时间序列曲线可以看出（见图19），年最大植被覆盖度降低程度最大，浙江省北部农田区作物长势变差。

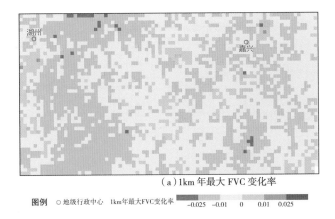

（a）1km 年最大 FVC 变化率

图例 ○ 地级行政中心 1km年最大FVC变化率 　-0.025 -0.01 0 0.01 0.025

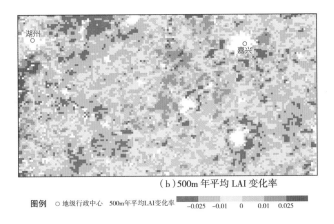

（b）500m 年平均 LAI 变化率

图例 ○ 地级行政中心 500m年平均LAI变化率 　-0.025 -0.01 0 0.01 0.025

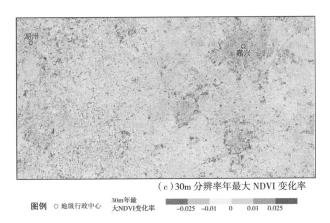

（c）30m 分辨率年最大 NDVI 变化率

图例 ○ 地级行政中心 30m年最大NDVI变化率 　-0.025 -0.01 0 0.01 0.025

**图 18　浙江省北部农田样区植被参数变化率空间分布**

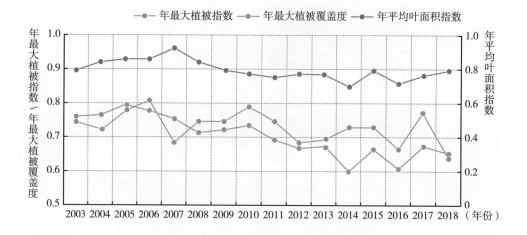

— 年最大植被指数 — 年最大植被覆盖度 — 年平均叶面积指数

图 19　浙江省北部农田样区 2003~2018 年植被参数时间序列曲线

#### 4. 大兴安岭南部林区森林生长状态变差

大兴安岭是兴安岭的西部组成部分，位于黑龙江省、内蒙古自治区东北部，是内蒙古高原与松辽平原的分水岭。大兴安岭原始森林茂密，森林类型以兴安落叶松林为主，是中国重要的林业基地之一。自 2003 年至 2018 年，大兴安岭南部林区森林年平均叶面积指数变化率每年降低 0.01~0.025；年最大植被覆盖度和植被指数变化率增加与降低趋势并存，部分地区每年增加 0.01（见图 20）。与 2003 年至 2018 年年最大植被覆盖度、年平均叶面积指数和年最大植被指数时间序列曲线对比发现（见图 21），在森林生长季，森林年最大植被指数和植被覆盖度逐年增加，表明森林长势较好；但该区域处于中国最北端，冬长夏短，植被生长期较短，年平均叶面积指数基本低于 2，森林年平均叶面积指数呈先增加后降低趋势，2017 年和 2018 年森林年平均叶面积指数低于 1.7。

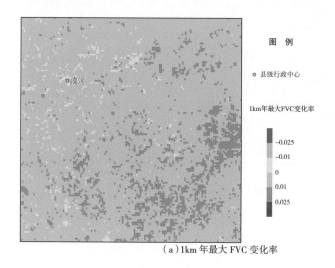

（a）1km 年最大 FVC 变化率

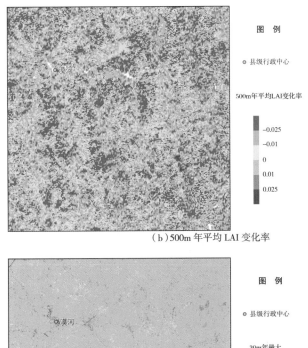

（b）500m 年平均 LAI 变化率

（c）30m 分辨率年最大 NDVI 变化率

图 20　大兴安岭森林样区植被参数变化率空间分布

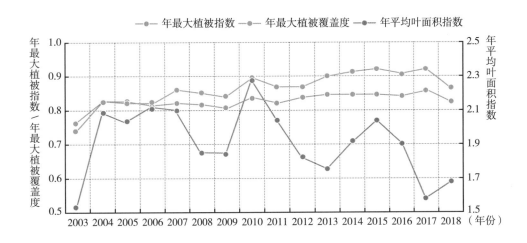

图 21　大兴安岭森林样区 2003~2018 年植被参数时间序列曲线

145

5. 塞罕坝自然保护区森林生长状态变好

　　塞罕坝国家级自然保护区位于内蒙古高原的东南缘，地处内蒙古高原与冀北山地的交接处，地理坐标位于北纬 42° 22′ ~42° 31′，东经 116° 53′ ~117° 31′。塞罕坝国家级自然保护区属森林生态系统类型自然保护区，森林类型以针叶林、针阔叶混交林和次生林为主，森林覆盖率达 80.74%。2003 年至 2018 年，塞罕坝国家级自然保护区森林长势整体呈增加趋势（见图 22），其中年最大植被覆盖度和植被指数变化率每年增加超过 0.01，年平均叶面积指数变化率每年增加 0.01–0.025。从 2003 年至 2018 年年最大植被覆盖度、年平均叶面积指数和年最大植被指数时间序列曲线

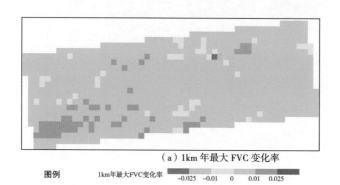

（a）1km 年最大 FVC 变化率

图例　　1km年最大FVC变化率　　　−0.025　−0.01　0　0.01　0.025

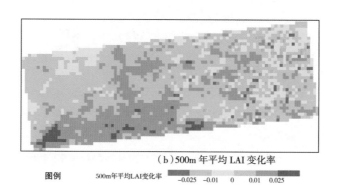

（b）500m 年平均 LAI 变化率

图例　　500m年平均LAI变化率　　　−0.025　−0.01　0　0.01　0.025

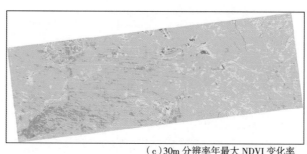

（c）30m 分辨率年最大 NDVI 变化率

图例　　30m年最大NDVI变化率　　　−0.025　−0.01　0　0.01　0.025

图 22　塞罕坝森林样区植被参数变化率空间分布

可以看出（见图23），森林最大植被覆盖度和年最大植被指数呈逐年增加趋势；森林年平均叶面积指数在2003年已达到较高值，随后波动增加。

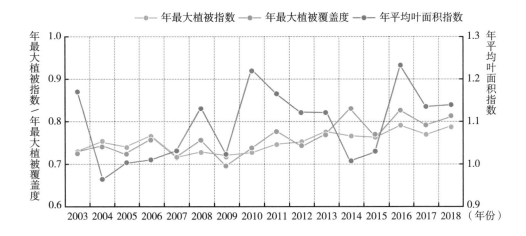

**图23 塞罕坝森林样区2003~2018年植被参数时间序列曲线**

### 6. 云南东南部林区森林生长状态显著变好

西南林区是我国第二大天然林区，地理位置介于四川、云南和西藏三省区交界处的横断山区、雅鲁藏布江大拐弯地区，以及西藏东南部的喜马拉雅山南坡等地区。根据图12森林类型年平均叶面积指数变化率空间分布图选择云南东南部林区呈显著增加的区域，该地区隶属西南林区。云南东南部林区地处热带与亚热带的过渡区，以亚热带季风常绿阔叶林为主，森林覆盖率达94.5%。2003年至2018年，云南东南部林区森林长势整体呈显著增加趋势（见图24），其中年最大植被覆

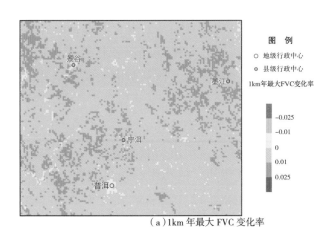

（a）1km年最大FVC变化率

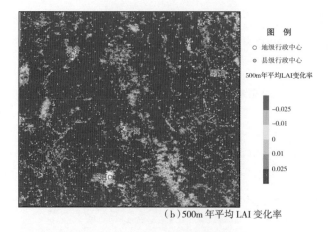

（b）500m 年平均 LAI 变化率

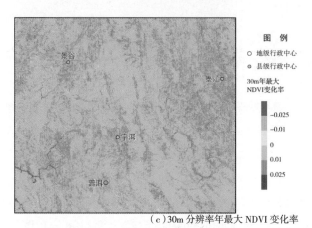

（c）30m 分辨率年最大 NDVI 变化率

图 24　云南东南部森林样区植被参数变化率空间分布

盖度和植被指数变化率每年增加 0.01~0.025，年平均叶面积指数变化率每年增加超过 0.025。与 2003 年至 2018 年年最大植被覆盖度、年平均叶面积指数和年最大植被指数时间序列曲线对比发现（见图 25），云南东南部林区森林年平均叶面积指数介于 3~4，显著高于东北林区；而且年平均叶面积指数变化程度从 3.1 升高到 4.1，显著高于年最大植被指数和植被覆盖度。这从侧面表明西南林区植被生长状态显著变好。

7. 广西东部林区森林生长状态显著变好

东南林区属于我国第三大林区，是指秦岭、淮河以南，云贵高原以东的广大地区。东南林区气候温暖、雨量充沛，植物生长条件良好，树木种类丰富，是我国热带和亚热带的森林宝库。根据图 12 中国森林类型年平均叶面积指数变化率空间分布选择广西东部林区呈显著增加的区域，该地区隶属东南林区。广西东部林区

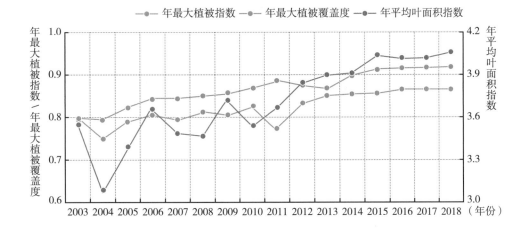

**图25　云南东南部森林样区2003~2018年植被参数时间序列曲线**

森林类型以热带和亚热带常绿阔叶林为主，森林覆盖率达71.6%。2003年至2018年，广西东部林区森林长势整体呈显著增加趋势（见图26），其中年最大植被覆盖度和植被指数变化率每年增加0.01~0.025，年平均叶面积指数变化率每年增加超过0.025。与2003年至2018年年最大植被覆盖度、年平均叶面积指数和年最大植被指数时间序列曲线对比发现（见图27），与云南东南部森林样区分析结果相似，广西东部林区森林年平均叶面积指数普遍高于3.1，显著高于东北林区；而且年平均叶面积指数变化程度从3.1升高到4，显著高于年最大植被指数和植被覆盖度。这从侧面表明东南林区植被生长状态显著变好。

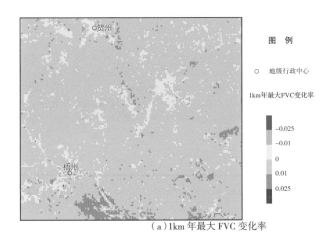

（a）1km年最大FVC变化率

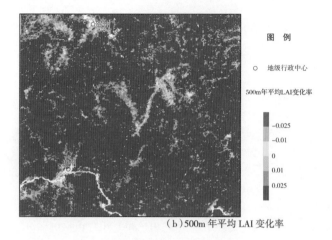

（b）500m 年平均 LAI 变化率

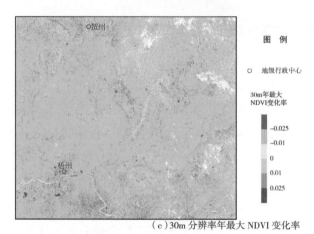

（c）30m 分辨率年最大 NDVI 变化率

图 26　广西东部森林样区植被参数变化率空间分布

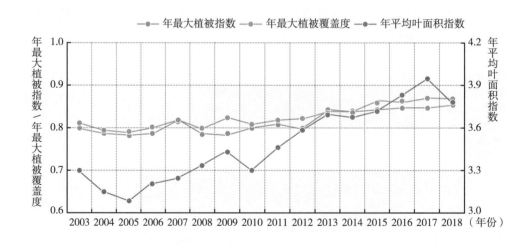

图 27　广西东部森林样区 2003~2018 年植被参数时间序列曲线

## 8. 内蒙古锡林郭勒草地样区草地长势波动增加

锡林郭勒草原位于内蒙古自治区中东部，是距京津唐地区最近的草原牧区，是国家重要的畜产品基地。锡林郭勒盟拥有丰富的自然资源，以草场类型齐全、动植物种类繁多等特征成为中国四大草原之一。2003年至2018年，锡林郭勒草地样区长势整体以增加为主，部分地区呈降低趋势（见图28），年最大植被覆盖度、年平均叶面积指数和年最大植被指数变化率每年增加0.01~0.025，部分地区年最大植被覆盖度变化率每年降低0.01。从2003年至2018年年最大植被覆盖度、年平均叶面积指数和年最大植被指数时间序列曲线可以看出（见图29），除2007年、2009年和2016年呈现显著降低趋势外，其余年份锡林郭勒草地样区年平均叶面积指数呈增加趋势；最大植被覆盖度和年最大植被指数整体上趋于稳定，表明草地生长状态和覆盖范围相对稳定。

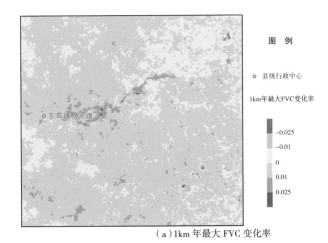

（a）1km 年最大 FVC 变化率

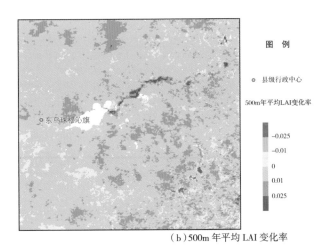

（b）500m 年平均 LAI 变化率

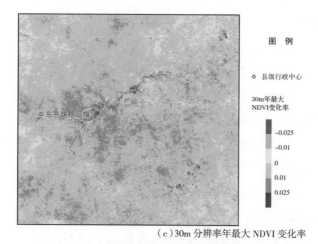

（c）30m 分辨率年最大 NDVI 变化率

**图 28    内蒙古锡林郭勒草地样区植被参数变化率空间分布**

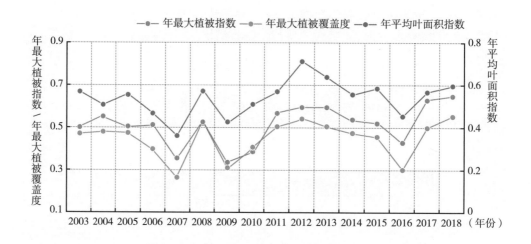

**图 29    内蒙古锡林郭勒草地样区 2003~2018 年植被参数时间序列曲线**

9. 西藏那曲草地样区草地长势变差

那曲地区地处西藏自治区北部，位于青藏高原腹地，平均海拔 4500 米以上，是长江、怒江、拉萨河、易贡河等大江大河的源头。那曲高寒草原被《中国国家地理》评为中国最美的六大草原之一。2003 年至 2018 年，那曲草地样区年最大植被覆盖度、年平均叶面积指数和年最大植被指数变化率每年降低 0.01，部分地区年最大植被覆盖度和植被指数变化率每年增加 0.01（见图 30）。从 2003 年至 2018 年年最大植被覆盖度、年平均叶面积指数和年最大植被指数时间序列曲线可以看出（见图 31），那曲草地类型年最大植被覆盖度和植被指数轻微增加，表明草地生长状态和覆盖范围轻微增加；考虑到高寒草原受气候影响较大，年平均叶面积指数逐渐降低，表明草地有效生长期缩短。

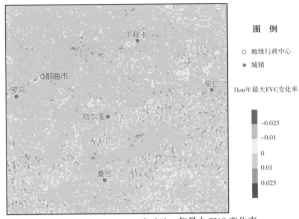

（a）1km 年最大 FVC 变化率

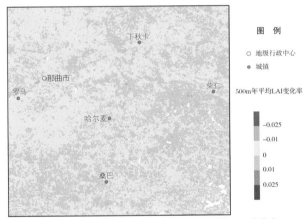

（b）500m 年平均 LAI 变化率

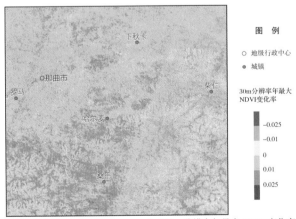

（c）30m 分辨率年最大 NDVI 变化率

图 30　西藏那曲草地样区植被参数变化率空间分布

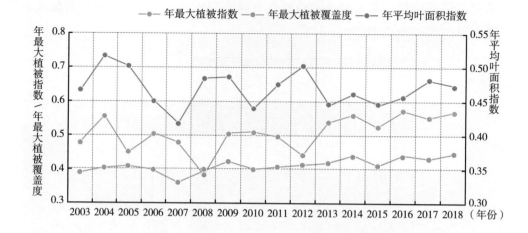

图31　西藏那曲草地样区 2003~2018 年植被参数时间序列曲线

## 参考文献

顾行发、李闽榕、徐东华等:《中国可持续发展遥感监测报告 (2016)》,社会科学文献出版社,2017。

顾行发、李闽榕、徐东华等:《中国可持续发展遥感监测报告 (2017)》,社会科学文献出版社,2018。

绿色百科:《森林覆盖率》,《吉林环境》2012 年第 2 期。

赵英时:《遥感应用分析原理与方法》,科学出版社,2003。

佟玉欣:《松嫩平原黑土区种植结构调整对 SOC、土壤 pH 和侵蚀的影响》,中国农业大学博士学位论文,2018。

曹艳萍、秦奋、庞营军、赵芳、黄金亭:《2002~2016 年华北平原植被生长状况及水文要素时空特征分析》,《生态学报》2019 年第 5 期。

曲学斌、张煦明、孙卓:《大兴安岭植被 NDVI 变化及其对气候的响应》,《气象与环境学报》2019 年第 2 期。

## 4.1  2018年中国水分收支状况

　　水是维系人类乃至整个生态系统生存发展的重要自然资源，也是经济社会可持续发展的重要基础资源。人多水少、水资源时空分布不均是我国的基本国情和水情。根据2010年10月国务院批复的《全国水资源综合规划》对全国水资源调查评价成果，全国多年平均（1956~2000年平均）水资源总量为28412亿立方米，水资源总量居世界第6位，其中地表水资源量为27388亿立方米，地下水资源量为8218亿立方米，地下水资源与地表水资源重复计算量为7194亿立方米。我国人口约占全球的20%，人均水资源量为2100立方米，不足世界人均值的30%，是全球人均水资源最贫乏的国家之一。目前我国正处于城市化和工业化的快速发展期，随着人口持续增长、经济规模的不断扩张以及全球气候变化影响加剧，人均水资源量不断减少，水资源短缺已成为制约经济社会可持续发展的瓶颈。创建节水型社会，提高水资源利用效率和效益，不仅是解决我国日益复杂的水资源问题的迫切要求，也是事关经济社会可持续发展的重大任务。

　　降水、蒸散和径流是陆表水循环过程的三个主要环节，决定区域水量动态平衡和水资源总量。降水（包括降雨和降雪）和蒸散（包括土壤和水体的水分蒸发以及植物的水分蒸腾）是垂直方向上的水分收支交换过程，是水分在地表和大气之间循环、更新的基本形式。降水是水资源的根本性源泉（广义水资源），降水量扣除蒸散量以后所形成的地表水及与地表水不重复的地下水，就是通常所定义的水资源总量（狭义水资源）。因此，针对全国水资源时空分布不均的基本特征，基于遥感估算降水、蒸散及二者之间的差值（称为水分盈亏，正值表示水分盈余，负值表示水分亏缺，反映了不同气候背景下大气降水的水分盈余、亏缺特征），对于分析中国水分收支在2018年的特征及其相对于2001~2018年的距平变化具有重要意义。

　　本部分根据多源卫星遥感数据、欧洲中期天气预报中心（ECMWF）大气再分析数据以及地表蒸散遥感估算模型ETMonitor生产了2001~2018年中国蒸散产品，空间分辨率为1千米，时间分辨率为1天。本部分使用的中国降水数据来自多

源卫星遥感数据与气象站点观测数据融合的 CHIRPS 降水产品（低于 50°N）和 ECMWF ERA5 降水产品（高于 50°N），空间分辨率分别为 5 千米和 25 千米，时间分辨率为 1 天。在上述水循环遥感数据产品基础上构建水分盈亏指标，定量监测 2018 年中国水分收支状况。

本部分按水资源一级区和省级行政区分别统计分析 2018 年的水分收支状况及其相对于 2001~2018 年的距平变化。水资源一级区按以下划分分别进行统计：北方 6 区，包括松花江区、辽河区、海河区、黄河区、淮河区、西北诸河区；南方 4 区，包括长江区（含太湖流域）、东南诸河区、珠江区、西南诸河区等。行政分区按以下划分分别进行统计：东部 11 个省级行政区北京、天津、河北、辽宁、上海、江苏、浙江、福建、山东、广东（含香港和澳门）、海南，中部 8 个省级行政区山西、吉林、黑龙江、安徽、江西、河南、湖北、湖南，西部 12 个省级行政区四川、重庆、贵州、云南、西藏、陕西、甘肃、青海、宁夏、新疆、广西、内蒙古，以及台湾等。

2018 年，全国平均降水量为 668.0 毫米（降水资源总量为 63489 亿立方米），比 2001~2018 年平均值（624.1 毫米）偏多 7.0%，属于丰水年份。其中，北方大部降水偏多，南方大部降水接近常年。在各水资源一级区中，松花江区增幅最大，松花江区、黄河区、西北诸河区属于异常丰水年份；在各省级行政区中，宁夏增幅最大，宁夏、甘肃、四川、青海、内蒙古、黑龙江、海南属于异常丰水年份。

2018 年，全国平均蒸散量为 493.4 毫米（蒸散总量为 46894 亿立方米），比 2001~2018 年平均值（444.7 毫米）偏多 10.95%。其中，在各水资源一级区中，西南诸河区增幅最大；在各省级行政区中，西藏增幅最大。

2018 年，全国平均水分盈余量为 174.6 毫米（水分盈余总量为 16595 亿立方米），与 2001~2018 年平均值（179.4 毫米）基本持平。其中，在各水资源一级区中，松花江区增加最多；在各省级行政区中，海南省增加最多。

### 4.1.1 降水

2018 年降水空间分布的总趋势是从东南沿海向西北内陆递减，总体上南方多、北方少，东部多、西部少，山区多、平原少（见图 1）。东南沿海大部分地区降水量在 2000 毫米以上，其中台湾东部达到 3000 毫米；长江区中部及其东北部与淮河区交界地带、珠江区中部和西南诸河区东南部降水量达到 1600 毫米；淮河、秦岭一带以及辽东半岛降水量为 800~1600 毫米；黄河下游、海河流域以及东北大兴安岭以东大部分地区降水量为 400~800 毫米；大兴安岭以西至阴山、贺兰山的半干旱区降水量为 200~400 毫米；西北内陆干旱区降水量通常小于 200 毫米，最小不足 50 毫米，而在西北内陆地区的高大山区（如天山、祁连山）随着海拔升高降水量

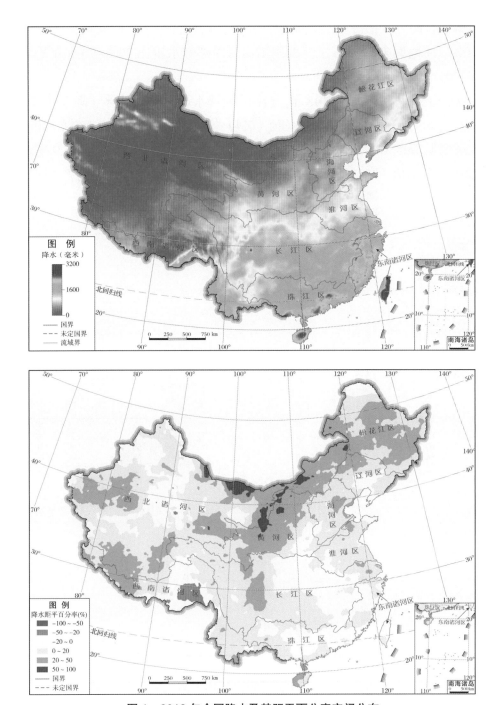

图1　2018年全国降水及其距平百分率空间分布

达到 400 毫米以上。

从降水距平百分率空间分布来看，2018 年，北方大部降水量比 2001~2018 年平均值偏多，南方大部降水接近常年。其中，黄河区北部、西北诸河区东部偏多 20%~50%，局地偏多 50% 以上。西南诸河区中部降水量比 2001~2018 年平均值偏少 20%~50%。

区域平均统计分析显示，2018 年，全国平均降水量为 668.0 毫米（降水资源总量为 63489 亿立方米），比 2001~2018 年平均值（624.1 毫米）偏多 7.0%，属于丰水年份。

从水资源分区看（见图 2），2018 年，北方 6 区平均降水量为 405.9 毫米，比 2001~2018 年平均值（353.0 毫米）偏多 15.0%，属于异常丰水年份；南方 4 区平均降

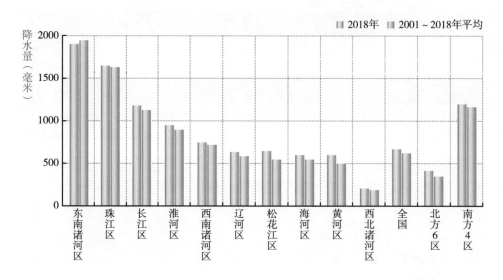

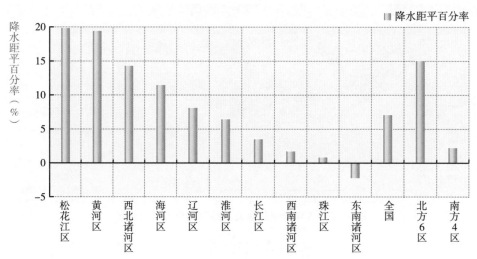

图 2　2018 年各水资源一级区降水量及其距平百分率

水量为 1196.0 毫米，与 2001~2018 年平均值（1170.3 毫米）基本持平，属于正常年份。在各水资源一级区中，松花江区降水量增幅最大，比 2001~2018 年平均值偏多 20.0%，而东南诸河区降水量偏少 2.3%。根据各水资源一级区年降水资源量丰枯评估指标，松花江区、黄河区、西北诸河区属于异常丰水年份，海河区属于丰水年份，其余大部分水资源一级区均属正常年份。2018 年没有发生大范围流域性暴雨洪涝灾害，年内暴雨洪涝灾害总体上较常年偏轻。但汛期暴雨过程频繁，导致农田渍涝、城市内涝严重。

从行政分区看（见图 3），2018 年，东部地区平均降水量为 1183.8 毫米，比

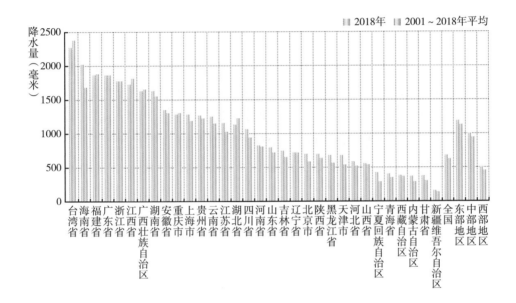

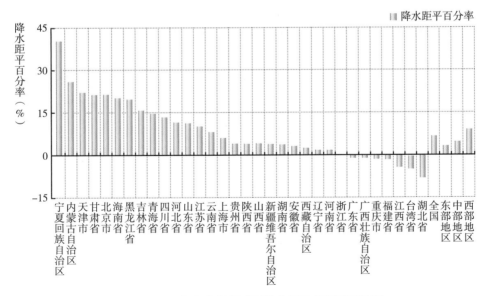

**图 3　2018 年各省级行政区降水量及其距平百分率**

2001~2018 年平均值（1138.0 毫米）偏多 4.0%，属于正常年份；中部地区平均降水量为 992.6 毫米，比 2001~2018 年平均值（945.8 毫米）偏多 4.9%，属于正常年份；西部地区平均降水量为 496.1 毫米，比 2001~2018 年平均值（452.5 毫米）偏多 9.6%，属于异常丰水年份。在各省级行政区中，全国共有 24 个省份平均降水量比 2001~2018 年平均值偏多，其中宁夏偏多 40.2%；8 个省份降水量偏少，其中湖北偏少 8.0%。根据各省级行政区年降水资源量丰枯评估指标，宁夏、甘肃、四川、青海、内蒙古、黑龙江、海南属于异常丰水年份，北京、天津、河北、山东、江苏、吉林、西藏、云南属于丰水年份，其余大部分省级行政区均属正常年份。

## 4.1.2 蒸散

全国地表蒸散的空间分布格局主要由不同气候条件下的区域热量条件（太阳辐射、气温）和水分条件（降水、土壤水）所决定。由于水热条件差异影响，东南沿海气候湿润地区的蒸散量高达 1000 毫米，而西北内陆干旱区的蒸散量则低于 100 毫米，呈现由低纬至高纬、沿海至内陆逐渐递减的趋势（见图 4）。西北干旱半干旱地区地处中纬度地带的亚欧大陆腹地，以山区、盆地相间地貌格局为特点，河流均发源于山区，水资源时空分布和补给转化等方面的特点十分鲜明。在山麓及山前平原地带，由于人类活动对水资源的开发和利用，依靠河流及地下水的灌溉而发育了较大面积的耕地类型，土壤肥沃，灌溉条件便利，形成温带荒漠背景下的灌溉绿洲景观。这些地区在植被生长季节（5~9 月）水热资源充足，有利于植物光合作用及蒸腾作用的进行，因而年蒸散量达到 500 毫米以上。

区域平均统计分析显示，2018 年，全国平均蒸散量为 493.4 毫米（蒸散总量为 46894 亿立方米），比 2001~2018 年平均值（444.7 毫米）偏多 10.95%。

从水资源分区看（见图 5），2018 年，北方 6 区平均蒸散量为 343.0 毫米，比 2001~2018 年平均值（311.3 毫米）偏多 10.2%；南方 4 区平均蒸散量为 796.2 毫米，比 2001~2018 年平均值（713.5 毫米）偏多 11.6%。各水资源一级区平均蒸散量比 2001~2018 年平均值偏多 3.3%~15.8%，其中淮河区增幅最小，西南诸河区增幅最大。

从行政分区看（见图 6），2018 年，东部地区平均蒸散量为 890.6 毫米，比 2001~2018 年平均值（821.9 毫米）偏多 8.4%；中部地区平均蒸散量为 747.8 毫米，比 2001~2018 年平均值（684.0 毫米）偏多 9.3%；西部地区平均蒸散量为 363.4 毫米，比 2001~2018 年平均值（322.1 毫米）偏多 12.8%。各省级行政区平均蒸散量比 2001~2018 年平均值偏多 1.5%~19.8%，其中海南增幅最小，西藏增幅最大。

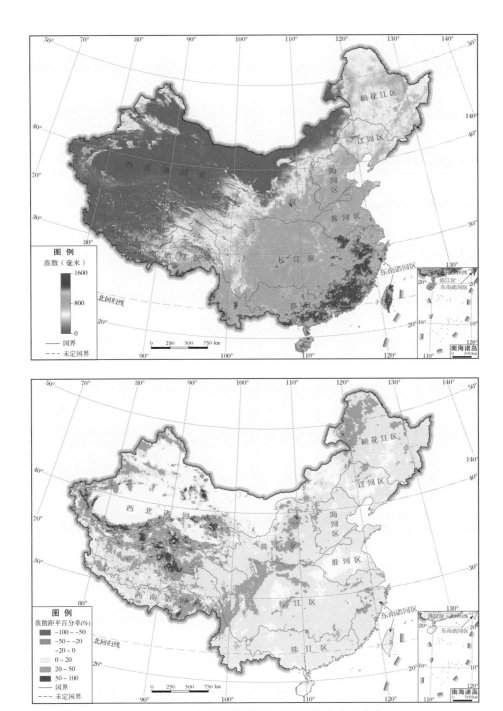

图4　2018年全国蒸散及其距平百分率空间分布

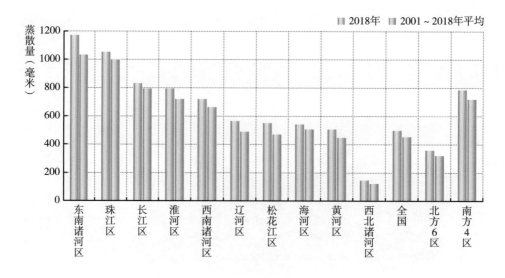

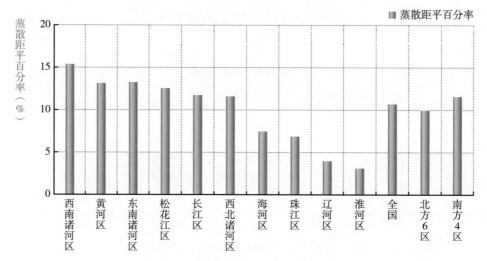

图5　2018年各水资源一级区蒸散量及其距平百分率

### 4.1.3 水分盈亏

降水大于蒸散说明降水有盈余，降水小于蒸散说明降水不能满足蒸散耗水需求，需要水平方向上径流的补给。利用降水与蒸散遥感数据产品之间的差值分析2018年中国水分盈亏空间分布格局，水分盈余区的整体空间分布特征与降水相一致，而水分亏损区则主要分布在水资源开发利用集约化程度高的农业灌区以及部分

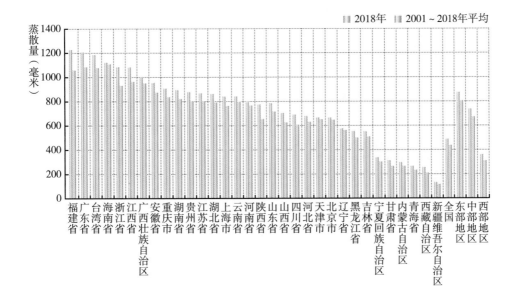

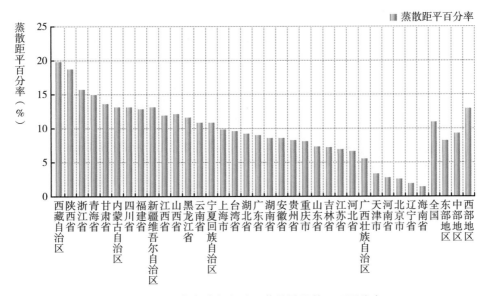

图6　2018年各省级行政区蒸散量及其距平百分率

发生干旱灾害的地区（见图7）。

　　水分亏损区主要分布在华北平原以及成斑块状散布于西北干旱地区山麓和山前平原的灌溉绿洲区，大气降水无法满足农田蒸散耗水需求，水分亏缺量达到200~500毫米。丝绸之路沿线的河西走廊（石羊河、黑河、疏勒河）、塔里木河流域等绿洲区农田蒸散耗水主要来自盆地周边高寒山区降水和冰雪融水灌溉补给，生

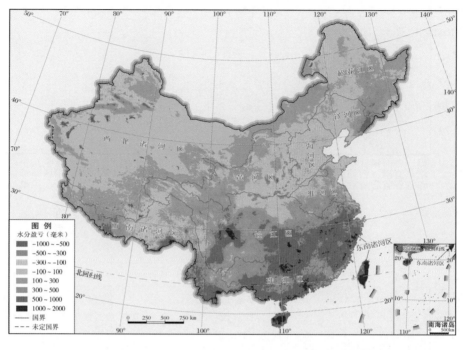

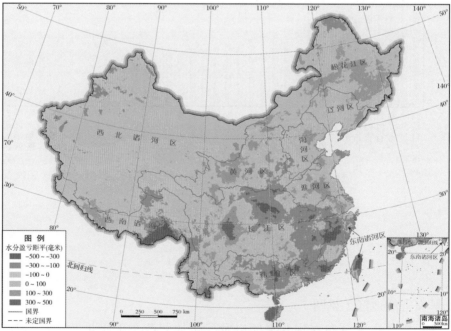

图 7　2018 年全国水分盈亏及其距平空间分布

产用水与生态用水之间矛盾突出，绿洲农业用水挤占生态环境用水，导致下游地区生态环境退化、土地荒漠化等问题，直接威胁区域可持续发展。因而需要加深对气候变化和人类活动影响的内陆河流域生态—水文过程机理的理解，提升对内陆河流域水资源形成及其转化机制的认知水平和可持续性的调控能力。沿黄河分布的河套平原等农业生产所需要的灌溉用水主要依靠河流和水库的灌渠引水，华北平原的耕地除了依赖引黄灌溉以及太行山、燕山的出山径流之外，地下水也是重要的水资源开发利用来源之一。

对于水分盈余丰富的地区，其水资源总量较丰沛，河网水系发达，水利资源和水能资源丰富，通过建立水电站来开发利用水能资源，促进清洁、可再生能源的有效利用。此外，水资源丰富的地区可以作为跨流域水资源配置的重要水源地。例如，长江区是中国水资源配置的重要水源地，通过南水北调工程的实施来实现水资源南北调配、东西互济的合理配置格局，改善黄淮海地区的生态环境状况，缓解水资源短缺对中国北方地区可持续发展的制约。

2018 年，北方大部水分盈亏量与 2001~2018 年平均值相比基本持平或偏多，南方大部水分盈亏接近常年或偏少。其中，长江区北部和东部、珠江区北部和东部、东南诸河区大部、西南诸河区中部水分盈亏量比 2001~2018 年平均值偏少 100 毫米以上，部分地区偏少 300 毫米以上。

区域平均统计分析显示，2018 年，全国平均水分盈余量为 174.6 毫米（水分盈余总量为 16595 亿立方米），与 2001~2018 年平均值（179.4 毫米）基本持平。

从水资源分区看（见图 8），2018 年，北方 6 区平均水分盈余量为 62.8 毫米，比 2001~2018 年平均值（41.7 毫米）偏多 21.1 毫米；南方 4 区平均水分盈余量为 399.8 毫米，比 2001~2018 年平均值（456.8 毫米）偏少 57.0 毫米，降幅较为明显。在各水资源一级区中，松花江区平均水分盈余量增幅最大，比 2001~2018 年平均值偏多 43.5 毫米；东南诸河区平均水分盈余量降幅最大，比 2001~2018 年平均值偏少 180.4 毫米。

从行政分区看（见图 9），2018 年，东部地区平均水分盈余量为 293.2 毫米，比 2001~2018 年平均值（316.1 毫米）偏少 22.9 毫米；中部地区平均水分盈余量为 244.8 毫米，比 2001~2018 年平均值（261.8 毫米）偏少 17.0 毫米；西部地区平均水分盈余量为 132.6 毫米，与 2001~2018 年平均值（130.4 毫米）基本持平。在各省级行政区中，海南平均水分盈余量增幅最大，比 2001~2018 年平均值偏多 330.7 毫米；台湾平均水分盈余量降幅最大，比 2001~2018 年平均值偏少 220.4 毫米。

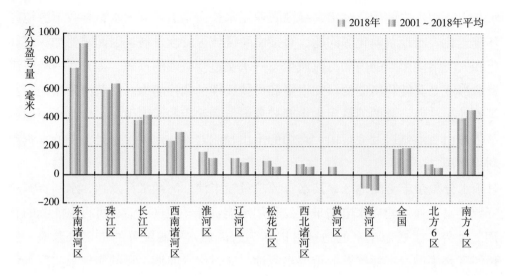

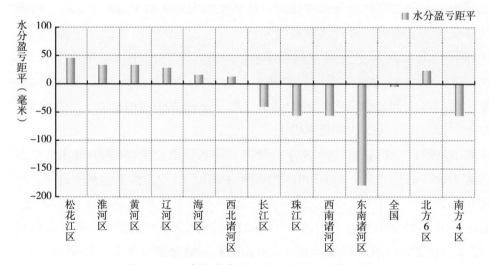

**图8　2018年各水资源一级区水分盈亏量及其距平**

## 4.2　水库

### 4.2.1　中国水库类型

（1）水库的定义

水库，通常是指在山沟或河流的狭口处通过人工拦河筑坝形成的集水区域，可作防洪、发电、灌溉、蓄水、供水和水产养殖等用途，在维持经济发展、改善生态环境等方面发挥着重要作用。

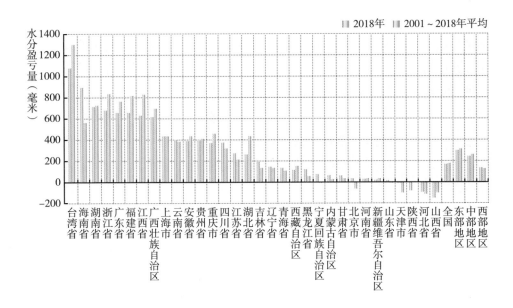

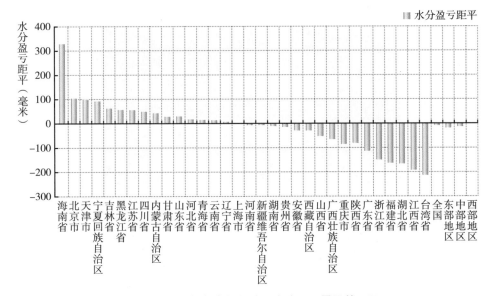

图 9　2018 年各省级行政区水分盈亏量及其距平

（2）中国水库的类型

根据水库容量，水库划分为大型、中型和小型水库。在我国，总库容在 1 亿立方米及以上的水库为大型水库（如三峡水库、龙滩水库），总库容在 1000 万（含 1000 万）~1 亿立方米的水库为中型水库（如斗山桥水库），库容在 10 万（含10 万）~1000 万立方米的水库为小型水库（如桂坑水库）。

根据来水性质，水库可以分为抽水型和非抽水型水库。大镜山水库位于广东省珠海市区，是一座中型抽水型水库［见图 10 (a)］。其无入库河流，为满足珠海市和澳门市的供水需求，抽水成为大镜山水库的主要入库水源。同样位于广东省珠海市的木头冲水库则为小型非抽水型水库［见图 10 (b)］。

根据水流特点，水库分为山谷型水库、平原型水库和河道型水库。观音阁水库位于辽东山区本溪县境内，为典型的山谷型水库［见图 11 (a)］。位于东营市的孤东水库为平原型水库［见图 11 (b)］。位于赣江中游的万安水库为大型河道型水库［见图 11 (c)］。

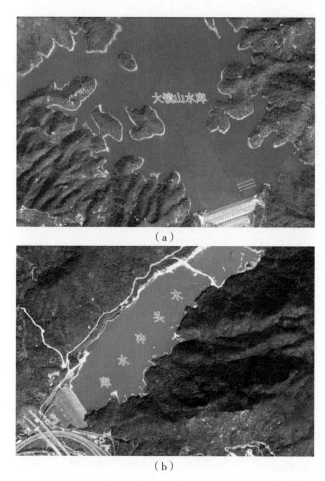

图 10　抽水型水库（大镜山水库）(a) 与非抽水型水库（木头冲水库）(b)

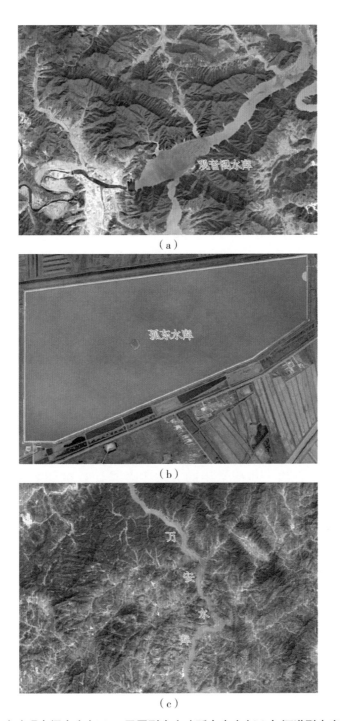

（a）

（b）

（c）

图 11　山谷型水库（观音阁水库）(a)、平原型水库（孤东水库）(b) 与河道型水库（万安水库）(c)

### 4.2.2　水库的遥感提取方法

（1）水体的提取方法

快速、准确地从卫星遥感影像中提取水体信息已经成为水资源调查、水资源宏观监测及湿地保护的重要手段。目前，较为常用的水体提取方法主要包括波段阈值法、波段组合法和多光谱混合分析法等。由于水体对近红外波段的反射率较低，易与其他地物区分，因此，可通过对近红外波段设置阈值来提取水体。刘建波等（1996）利用密度分割法从 TM 影像中提取水体的分布范围。McFeeters（1996）根据水体的光谱特征，提出了归一化水体指数（NDWI），利用绿波段和近红外波段的比值可以抑制植被信息、突出水体在影像上的表现。徐涵秋（2005）提出用改进的归一化差异水体指数（MNDWI）提取水体信息。周成虎等（1996）提出基于光谱知识的 AVHRR 影像水体自动提取识别的水体描述模型，并应用于太湖、淮河和渤海等地区。

水体存在类型差异（因成因、分布、水体深度及所含化学物质不同）、季节性差异（如湖泊冬季会结冰或被冰雪覆盖），此外，光学影像中云层的覆盖对水体提取也是一个较大的干扰，目前，利用遥感影像对水体进行提取还存在不少困难。

（2）水库的遥感提取方法

从目前的水体遥感信息提取研究来看，计算机分类还主要停留在水体这一级别，如何对水体的亚类进行更加准确高效提取仍处于小尺度区域实验阶段。在大尺度水库提取方面，目前常用的方法主要是计算机分类和人工目视判别相结合。

本文主要利用以 2015 年为基准年的 30 米分辨率陆地卫星等遥感影像，同时结合天地图和 Google Earth 提供的高分辨率遥感影像，通过采用目视判读的方法，在 ArcGIS 平台中将屏幕比例尺设置于 1：20000~1：10000，对分布于中国境内的水库进行了识别和矢量化提取。

### 4.2.3　中国水库的数量、面积与分布特征

（1）中国水库的面积及分布

从水库的提取结果来看，中国水库总面积约为 22504 平方千米，在各省份分布十分不均衡，在南北方和东西部等也存在较大的地域分布差异。

从分布区域来看，黑龙江省是中国水库面积最大的省份，水库面积约为

2025 平方千米；其次为湖北（1875 平方千米）；河南、广东、新疆、江西、吉林、湖南、安徽、浙江和广西九个省份拥有水库面积 1000~1500 平方千米；山东、辽宁、云南、内蒙古、海南、四川和福建七个省份水库面积为 500~1000 平方千米；河北、青海、江苏、甘肃等 15 个省份水库面积小于 500 平方千米（见图 12）。

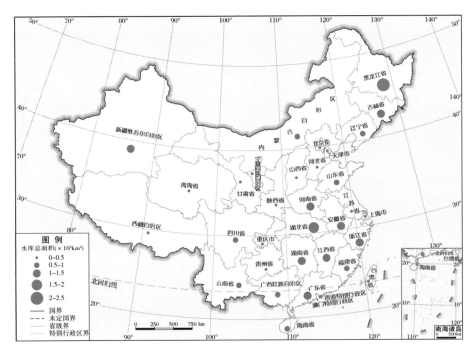

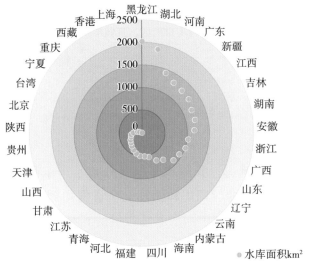

图 12　中国各省（自治区、直辖市）水库面积

由于我国各省（自治区、直辖市）面积差异巨大，用水库的分布密集程度来描述水库的空间分布更加直观，且具有更好的可比性。从各省份每1万平方千米内分布的水库面积这一指标的统计结果来看，天津、海南和湖北三省区水库密度指数最大（>100/10000）；其次为浙江、河南、安徽、江西、广东、北京、吉林、辽宁、山东、湖南、黑龙江、广西、福建、江苏、河北、云南、山西、台湾、贵州、四川等省份，水库密度指数为10/10000~100/10000；陕西、甘肃、新疆等各省份水库密度较小，小于10/10000（见图13）。

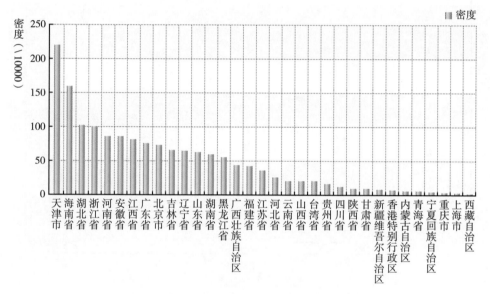

图13　中国各省（自治区、直辖市）水库密度

（2）水库数量及分布

从水库数量统计结果来看，我国水库主要分布于华东和中南地区。其中，江西、广东、湖北、湖南、广西、四川和浙江七个省份均拥有水库5000座以上，这些区域水库总数约50000座，占中国水库总数量的63%以上；其次，安徽、云南、山东、福建、江苏、河南、贵州、黑龙江和陕西九个省份分别拥有水库1000~5000座，占中国水库总数量的27%左右；其余各省份拥有水库数量不到总数的10%（见图14、图15）。

图 14 中国水库地理分布示意

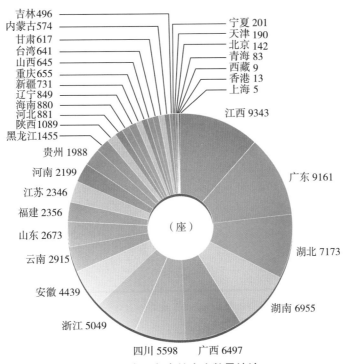

图 15 中国各省份水库数量统计

　　从中国各流域内水库数量来看，我国水库主要分布于长江流域（47%）和珠江流域（23%），约占中国水库总数量的70%；东南诸河、淮河、松辽河和黄河流域共拥有25%的水库；海河、内陆河和西南诸河等流域拥有水库数量不到总量的5%（见图16、图17）。

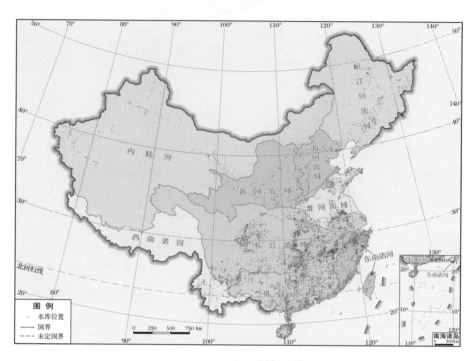

**图16　中国各流域水库地理位置及其分布**

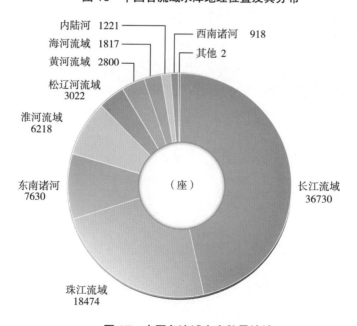

**图17　中国各流域水库数量统计**

### 4.2.4 地表水资源的人工影响

地表水由分布于地球表面的各种水体组成。作为水资源的地表水，一般是指陆地上可实施人为控制、水量调度分配和科学管理的水。水库作为拦洪蓄水和调节水流的水利工程建筑物，是地表水资源受人工影响的典型表现。修建水库可以解决径流在时间和空间上的重新分配问题，实现径流调节，使天然来水较好地满足工农业生产等部门的需求。

我们对 2007 年和 2015 年中国各大流域的径流量以及水库总库容进行了统计和对比分析，以此来探究 2007 年和 2015 年地表水资源受人工的影响情况。

中国一级流域边界矢量数据来源于中国科学院资源环境科学数据中心。该数据将中国划分为九大流域，分别为松辽河流域、海河流域、淮河流域、黄河流域、长江流域、珠江流域、东南诸河、西南诸河以及内陆河，各流域的划分边界见图 18。

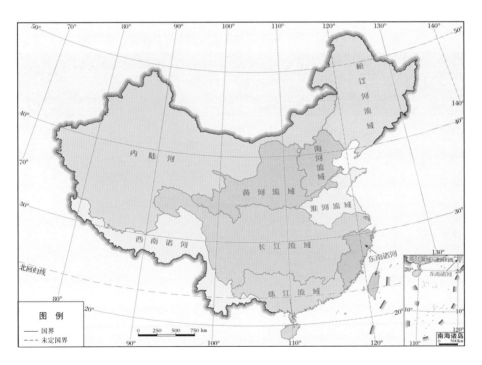

**图 18　中国九大流域**

Yang 等 (2014) 建立了通过水库面积估算水库库容量的方程:

$$C=25.841A^{1.05} \tag{1}$$

式中，$C$ 是水库库容量（$10^6 m^3$），$A$ 是水库表面积（$km^2$）。

根据方程 (1)，利用完成的 2015 年水库面积计算出九大流域的水库库容，结合各流域的径流量 ( 中华人民共和国水利部 , 2016)，得出 2015 年总库容与径流量的比值（见表 1）。在中国九大流域中，松辽河、海河流域的水库库容量近似等于流域长期年径流量（1.07yr、1.33yr），说明这两个流域的河流被大坝拦截的可能性较大。快速城市化、高人口密度、工业活动的增加是上述情况的可能驱动因子。相对于中国北部的流域而言，中国南部流域的河流被大坝拦截的情况较为缓和。

将 2015 的结果与 2007 年的结果 (Yang X, 2014) 进行比较，我们发现黄河流域在 2007 年的水库总库容是流域长期年径流量的 3 倍左右（3.14yr），而在 2015 年该值降为 0.69yr。出现该现象的原因可能与黄河流域的水利调蓄有关。其他流域的水库总库容以及河流被大坝的拦截情况在 2007 年和 2015 年基本一致。

表 1  2007 年及 2015 年中国九大流域的水库总库容、径流量

| 流域片 | 2015 | | | 2007 | | |
|---|---|---|---|---|---|---|
| | 水库总库容 ($km^3$) | 径流量 ($km^3 yr^{-1}$) | 总库容 / 径流量 (yr) | 水库总库容 ($km^3$) | 径流量 ($km^3 yr^{-1}$) | 总库容 / 径流量 (yr) |
| 松辽河流域 | 177.52 | 165.3 | 1.07 | 141 | 131.4 | 1.07 |
| 海河流域 | 30.23 | 22.8 | 1.33 | 33 | 22.8 | 1.45 |
| 淮河流域 | 63.71 | 74.1 | 0.86 | 58 | 62.2 | 0.93 |
| 黄河流域 | 45.75 | 66.1 | 0.69 | 65 | 20.7 | 3.14 |
| 长江流域 | 250.99 | 951.3 | 0.26 | 262 | 951.3 | 0.28 |
| 珠江流域 | 90.73 | 468.5 | 0.19 | 106 | 333.8 | 0.32 |
| 东南诸河 | 46.29 | 255.7 | 0.18 | 56 | | |
| 西南诸河 | 9.82 | 585.3 | 0.02 | 57 | | |
| 内陆河 | 44.45 | 106.4 | 0.42 | 16 | | |

## 参考文献

Biemans, H., Haddeland, I., Kabat, P. et al., 2011. Impact of Reservoirs on River Discharge and Irrigation Water Supply during the 20th Century. *Water Resources Research*, 47(3).

McFeeters, S. K. The Use of the Normalized Difference Water Index (NDWI) in the Delineation of Open Water Features. *International Journal of Remote Sensing*, 1996, 17: 1425–1432.

Yang X, Lu X, 2014. Drastic Change in China's Lakes and Reservoirs over the Past Decades. *Scientific Reports*, 4.

韩博平:《中国水库生态学研究的回顾与展望》,《湖泊科学》2010 年第 2 期。

刘建波、戴昌达:《TM 图像在大型水库库情监测管理中的应用》,《环境遥感》1996 年第 1 期。

徐涵秋:《利用改进的归一化差异水体指数（MNDV_I）提取水体信息的研究》,《遥感学报》2005 年第 5 期。

中华人民共和国水利部:《中国水利统计年鉴（2016）》，2016。

周成虎、杜云艳:《基于知识的 AVHRR 影像的水体识别方法和模型》,《自然资源学报》1996 年第 3 期。

# G. 5
# 中国主要粮食与经济作物

## 5.1　2018年中国粮食主产区病虫害发生发展状况

　　粮食安全既是国际社会关注的热点，也是关系中国经济发展、社会稳定和国家自立的全局性重大战略问题。在当前全球气候变化的背景下，作物病虫害的发生范围和为害面积，以及流行和扩散趋势日益严峻。中国每年因作物病虫害导致的粮食损失约400亿千克，占粮食总产量的8.8%。病虫害已成为威胁粮食安全、制约农业生产的重要因素之一。近年来，随着国内外高时空分辨率遥感卫星的发射，逐渐构筑起一个高时间、高空间分辨率的对地观测系统，加之不断加密的气象站点数据，提供了多样性的地表信息产品，以及一些多源信息融合算法、深度学习算法的快速发展，为中国粮食主产区重大病虫害发生发展状况定量监测提供了丰富的数据源和算法基础。

　　综合利用国内高分（GF）系列、环境（HJ）系列等，以及美国MODIS和Landsat TM、欧盟Sentinel系列等卫星遥感数据，结合气象数据和地面植保调查数据完成了2018年中国小麦、水稻、玉米、大豆等主要粮食作物重大病虫害发生发展状况的定量监测，主要包括小麦条锈病、纹枯病、蚜虫和赤霉病，水稻稻飞虱、稻纵卷叶螟和纹枯病，玉米黏虫和大斑病，大豆花叶病和蚜虫，监测结果为粮食主产区作物重大病虫害的绿色防控提供科学依据和数据支持。

### 5.1.1　小麦主产区病虫害发生发展状况

　　2018年冬繁区小麦发病偏早，受冬季低气温影响，条锈病及纹枯病等病害扩散较慢，其中条锈病总体呈轻度发生态势，病害在黄淮及西南麦区流行发生，纹枯病在黄淮及华北麦区偏重发生。2018年麦区降水量较往年同期偏高，蚜虫等虫害种群密度低于往年，虫害在西南、黄淮、华北、西北等麦区发生。此外，受田间小麦赤霉病菌源量大的影响，且小麦抽穗扬花期长江中下游、江淮及黄淮麦区降雨偏多，大部分麦区气温偏高，赤霉病在长江中下游和江淮麦区大流行，在江汉平原北部、黄淮大部麦区偏重发生。综合来看，2018年小麦主产区病虫害总体较往年偏轻，其中，小麦条锈病、纹枯病、蚜虫发生面积约2.2亿亩，与往年相比减少

21.4%；小麦赤霉病在河南、安徽、江苏、湖北四个省份的发生面积约 2105 万亩，总体呈偏重发生态势，发生面积同比增长 23.0%。主要病虫害的空间分布情况和发生面积具体监测结果如下。

1. 小麦条锈病

2018 年小麦条锈病在全国发生面积约 1561 万亩。4 月上旬，条锈病在我国西北麦区、西南麦区和江汉平原麦区显病，4 月中下旬至 5 月中旬，条锈病在我国处于为害盛期，其流行扩散区主要包括西南麦区、华中麦区和黄淮麦区。条锈病空间分布情况及为害面积见图 1 和表 1。

**表 1　2018 年全国小麦条锈病时序发生面积统计**

单位：万亩

| 地理分区 | 4 月上旬 | 4 月中下旬 | 5 月中旬 | 总种植面积 |
|---|---|---|---|---|
| 东北区 | 0 | 0 | 2 | 128 |
| 华北区 | 38 | 90 | 193 | 5369 |
| 华东区 | 117 | 267 | 572 | 12834 |
| 华南区 | 0 | 0 | 0 | 25 |
| 华中区 | 90 | 203 | 447 | 10065 |
| 西北区 | 47 | 106 | 230 | 5064 |
| 西南区 | 23 | 57 | 117 | 2743 |
| 全国合计 | 315 | 723 | 1561 | 36228 |

A. 4 月上旬

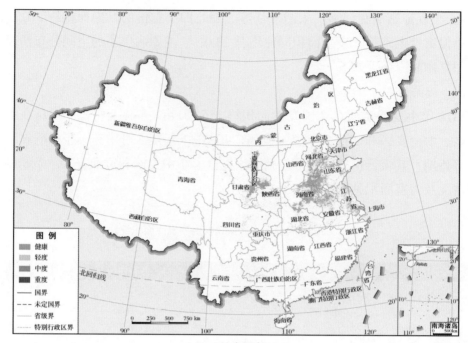

B. 4 月中下旬

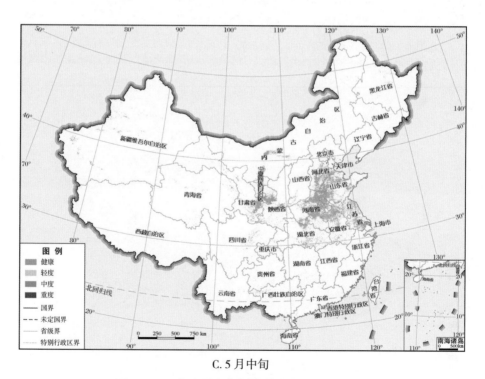

C. 5 月中旬

**图 1 2018 年全国小麦条锈病时序遥感监测结果**

2. 小麦纹枯病

2018 年小麦纹枯病在全国发生面积约 9939 万亩，4 月上旬，纹枯病在我国华北麦区和黄淮麦区显病，4 月中下旬，纹枯病主要在西北麦区、华北麦区和黄淮麦区流行，5 月中旬，纹枯病在我国处于为害盛期，在华北麦区、华中麦区和华东麦区大面积发生，在西北麦区轻度发生。纹枯病空间分布情况及为害面积见图 2 和表 2。

表 2 　2018 年全国小麦纹枯病时序发生面积统计

单位：万亩

| 地理分区 | 4月上旬 | 4月中下旬 | 5月中旬 | 总种植面积 |
|---|---|---|---|---|
| 东北区 | 9 | 11 | 15 | 128 |
| 华北区 | 812 | 939 | 1318 | 5369 |
| 华东区 | 2314 | 2640 | 3596 | 12834 |
| 华南区 | 4 | 5 | 7 | 25 |
| 华中区 | 1808 | 2067 | 2827 | 10065 |
| 西北区 | 924 | 1059 | 1456 | 5064 |
| 西南区 | 474 | 536 | 720 | 2743 |
| 全国合计 | 6345 | 7257 | 9939 | 36228 |

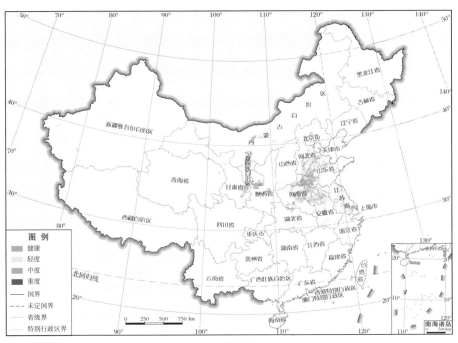

A. 4 月上旬

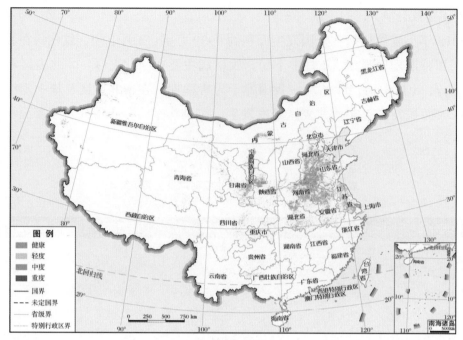

B. 4月中下旬

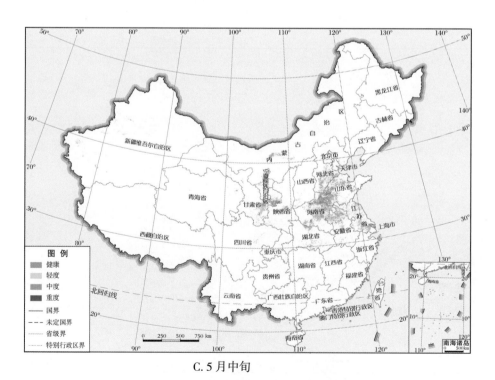

C. 5月中旬

图2  2018年全国小麦纹枯病时序遥感监测结果

### 3. 小麦蚜虫

2018 年小麦蚜虫在全国发生面积约 1.1 亿亩，4 月上旬，蚜虫在我国西南麦区和黄淮海麦区局部发生，5 月中旬，蚜虫在我国处于为害盛期，在华北麦区和黄淮麦区大面积发生，在西北大部麦区和四川盆地偏重发生。蚜虫空间分布情况及为害面积见图 3 和表 3。

表 3　2018 全国小麦蚜虫时序发生面积统计

单位：万亩

| 地理分区 | 4 月上旬 | 4 月中下旬 | 5 月中旬 | 总种植面积 |
|---|---|---|---|---|
| 东北区 | 3 | 3 | 13 | 128 |
| 华北区 | 334 | 435 | 1594 | 5369 |
| 华东区 | 871 | 1138 | 4155 | 12834 |
| 华南区 | 1 | 1 | 9 | 25 |
| 华中区 | 681 | 889 | 3256 | 10065 |
| 西北区 | 350 | 457 | 1662 | 5064 |
| 西南区 | 158 | 206 | 721 | 2743 |
| 全国合计 | 2398 | 3129 | 11410 | 36228 |

A. 4 月上旬

B. 4 月中下旬

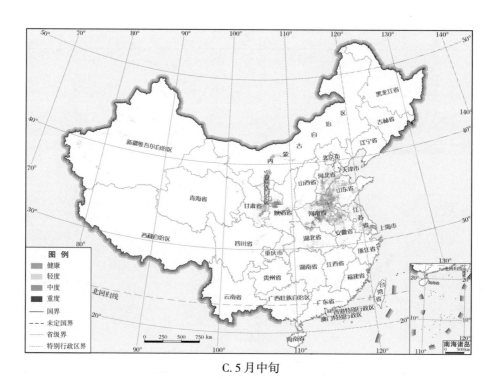

C. 5 月中旬

**图 3  2018 年全国小麦蚜虫时序遥感监测结果**

#### 4. 小麦赤霉病

2018 年安徽省小麦赤霉病累计发生面积约 880 万亩，主要位于安徽省北部麦区，其中阜阳市、亳州市、宿州市及蚌埠市偏重发生；江苏省小麦赤霉病累计发生面积约 580 万亩，主要分布在盐城市、徐州市及宿迁市；河南省小麦赤霉病累计发生面积约 387 万亩，主要分布于南阳市、驻马店市、周口市及商丘市；湖北省小麦赤霉病累计发生面积约 258 万亩，主要位于湖北省北部麦区，其中襄阳市、荆门市偏重发生。赤霉病在 4 个省份的空间分布情况及危害面积见图 4 和表 4。

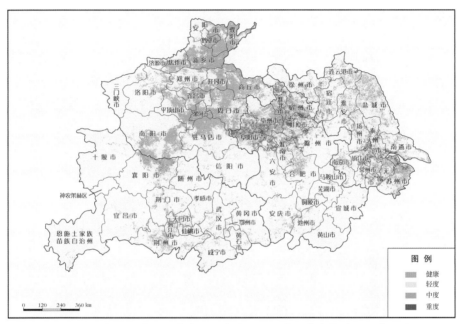

图 4　2018 年安徽省、江苏省、河南省及湖北省小麦赤霉病遥感监测结果

表 4　2018 年安徽省、江苏省、河南省及湖北省小麦赤霉病发生面积统计

单位：万亩

| 省 | 市 / 区 / 县 | 健康 | 轻度 | 中度 | 重度 | 总种植面积 |
|---|---|---|---|---|---|---|
| 安徽省 | 阜阳市 | 473 | 2 | 31 | 200 | 706 |
| | 亳州市 | 482 | 4 | 31 | 71 | 588 |
| | 宿州市 | 333 | 24 | 56 | 98 | 511 |
| | 滁州市 | 374 | 2 | 7 | 28 | 411 |
| | 蚌埠市 | 220 | 6 | 27 | 93 | 346 |
| | 淮南市 | 246 | 5 | 16 | 33 | 300 |
| | 六安市 | 184 | 0 | 17 | 2 | 203 |
| | 淮北市 | 110 | 11 | 38 | 18 | 177 |
| | 合肥市 | 140 | 2 | 3 | 13 | 158 |
| | 宣城市 | 56 | 0 | 11 | 4 | 71 |

续表

| 省 | 市/区/县 | 健康 | 轻度 | 中度 | 重度 | 总种植面积 |
|---|---|---|---|---|---|---|
| 安徽省 | 马鞍山市 | 61 | 0 | 4 | 0 | 65 |
| | 安庆市 | 50 | 1 | 2 | 9 | 62 |
| | 芜湖市 | 34 | 0 | 4 | 2 | 40 |
| | 铜陵市 | 26 | 0 | 2 | 0 | 28 |
| | 池州市 | 7 | 0 | 1 | 2 | 10 |
| | 总计 | 2796 | 57 | 250 | 573 | 3676 |
| 江苏省 | 盐城市 | 532 | 37 | 38 | 5 | 612 |
| | 徐州市 | 425 | 10 | 55 | 10 | 500 |
| | 淮安市 | 368 | 34 | 29 | 4 | 435 |
| | 宿迁市 | 342 | 36 | 38 | 2 | 418 |
| | 连云港市 | 327 | 12 | 14 | 5 | 358 |
| | 扬州市 | 222 | 9 | 33 | 24 | 288 |
| | 泰州市 | 218 | 0 | 35 | 23 | 276 |
| | 南通市 | 211 | 2 | 26 | 11 | 250 |
| | 镇江市 | 93 | 0 | 6 | 11 | 110 |
| | 苏州市 | 75 | 0 | 6 | 16 | 97 |
| | 常州市 | 56 | 0 | 11 | 20 | 87 |
| | 南京市 | 75 | 0 | 2 | 5 | 82 |
| | 无锡市 | 64 | 0 | 2 | 9 | 75 |
| | 总计 | 3008 | 140 | 295 | 145 | 3588 |
| 河南省 | 周口市 | 1257 | 12 | 18 | 8 | 1295 |
| | 驻马店市 | 1102 | 19 | 47 | 15 | 1183 |
| | 商丘市 | 1109 | 9 | 26 | 9 | 1153 |
| | 南阳市 | 821 | 21 | 52 | 18 | 912 |
| | 新乡市 | 700 | 2 | 7 | 3 | 712 |
| | 许昌市 | 469 | 3 | 10 | 6 | 488 |
| | 开封市 | 438 | 5 | 12 | 3 | 458 |
| | 平顶山市 | 391 | 2 | 5 | 1 | 399 |
| | 安阳市 | 341 | 1 | 4 | 2 | 348 |
| | 信阳市 | 303 | 5 | 6 | 31 | 345 |
| | 濮阳市 | 309 | 1 | 2 | 1 | 313 |
| | 漯河市 | 276 | 4 | 6 | 2 | 288 |
| | 焦作市 | 249 | 1 | 1 | 1 | 252 |
| | 鹤壁市 | 141 | 0 | 1 | 1 | 143 |
| | 洛阳市 | 136 | 0 | 1 | 0 | 137 |
| | 郑州市 | 131 | 0 | 2 | 1 | 134 |
| | 济源市 | 27 | 0 | 0 | 0 | 27 |
| | 三门峡市 | 10 | 0 | 0 | 0 | 10 |
| | 总计 | 8210 | 85 | 200 | 102 | 8597 |

| 省 | 市/区/县 | 健康 | 轻度 | 中度 | 重度 | 总种植面积 |
|---|---|---|---|---|---|---|
| 湖北省 | 襄阳市 | 425 | 6 | 18 | 58 | 507 |
| | 荆州市 | 188 | 21 | 10 | 2 | 221 |
| | 荆门市 | 132 | 13 | 13 | 9 | 167 |
| | 孝感市 | 134 | 6 | 5 | 1 | 146 |
| | 随州市 | 105 | 3 | 9 | 18 | 135 |
| | 十堰市 | 82 | 4 | 7 | 9 | 102 |
| | 黄冈市 | 88 | 5 | 3 | 1 | 97 |
| | 天门市 | 52 | 3 | 9 | 2 | 66 |
| | 宜昌市 | 50 | 4 | 3 | 1 | 58 |
| | 潜江市 | 36 | 3 | 2 | 0 | 41 |
| | 仙桃市 | 31 | 1 | 5 | 0 | 37 |
| | 武汉市 | 34 | 0 | 0 | 0 | 34 |
| | 黄石市 | 17 | 1 | 1 | 1 | 20 |
| | 咸宁市 | 14 | 0 | 1 | 0 | 15 |
| | 鄂州市 | 8 | 0 | 0 | 0 | 8 |
| | 恩施自治州 | 8 | 0 | 0 | 0 | 8 |
| | 神农架林区 | 1 | 0 | 0 | 0 | 1 |
| | 总计 | 1405 | 70 | 86 | 102 | 1663 |

## 5.1.2　水稻主产区病虫害发生发展状况

2018 年受台风天气影响，江淮、华南及西南等地田间湿度大，有利于水稻稻飞虱和稻纵卷叶螟的繁殖及纹枯病的扩散蔓延。其中，稻飞虱在华北及西南稻区偏重发生，稻纵卷叶螟在西南及华中稻区偏重发生，纹枯病在西南、华东及华北稻区偏重发生。综合分析，2018 年水稻主产区病虫害总体中等发生，水稻稻飞虱、稻纵卷叶螟、纹枯病累计发生面积约 2.7 亿亩，主要病虫害的空间分布情况和发生面积具体如下。

### 1. 水稻稻飞虱

2018 年水稻稻飞虱在全国累计发生面积约 8637 万亩，其中四川东北部、黑龙江西部重度发生，湖南中部、江西北部、江苏中部、安徽东部中度发生，云南中部、广西中部、湖北中部轻度发生。稻飞虱空间分布情况及危害面积见图 5 和表 5。

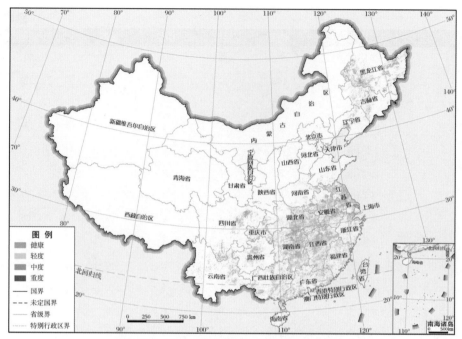

图5 2018年全国水稻稻飞虱遥感监测结果

表5 2018年全国水稻稻飞虱发生情况统计

单位：万亩，%

| 地理分区 | 健康 | 轻度 | 中度 | 重度 | 总种植面积 | 危害比例 |
|---|---|---|---|---|---|---|
| 东北区 | 5230 | 855 | 447 | 287 | 6819 | 23 |
| 华北区 | 95 | 37 | 11 | 6 | 149 | 36 |
| 华东区 | 12185 | 1267 | 657 | 421 | 14530 | 16 |
| 华南区 | 5402 | 402 | 241 | 161 | 6206 | 13 |
| 华中区 | 7949 | 1317 | 634 | 399 | 10299 | 23 |
| 西北区 | 354 | 25 | 8 | 4 | 391 | 9 |
| 西南区 | 5271 | 914 | 345 | 199 | 6729 | 22 |
| 全国合计 | 36486 | 4817 | 2343 | 1477 | 45123 | 19 |

2. 水稻稻纵卷叶螟

2018年水稻稻纵卷叶螟在全国累计发生面积约7598万亩，其中四川东北部、江苏南部、湖南中部重度发生，安徽东部、广西中部、江西中部中度发生，云南东部、黑龙江西部轻度发生。稻纵卷叶螟空间分布情况及危害面积见图6和表6。

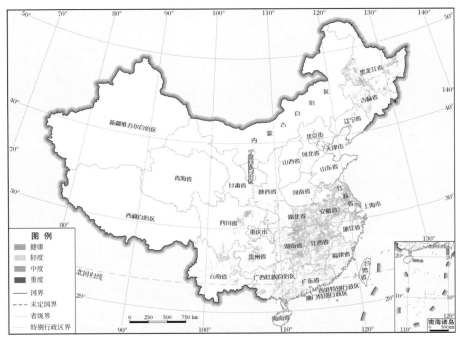

图 6　2018 年全国水稻稻纵卷叶螟遥感监测结果

表 6　2018 年全国水稻稻纵卷叶螟发生情况统计

单位：万亩，%

| 地理分区 | 健康 | 轻度 | 中度 | 重度 | 总种植面积 | 危害比例 |
|---|---|---|---|---|---|---|
| 东北区 | 5420 | 755 | 392 | 252 | 6819 | 21 |
| 华北区 | 102 | 32 | 10 | 5 | 149 | 32 |
| 华东区 | 12465 | 1119 | 576 | 370 | 14530 | 14 |
| 华南区 | 5498 | 354 | 212 | 142 | 6206 | 11 |
| 华中区 | 8231 | 1159 | 558 | 351 | 10299 | 20 |
| 西北区 | 358 | 22 | 7 | 4 | 391 | 8 |
| 西南区 | 5451 | 802 | 302 | 174 | 6729 | 19 |
| 全国合计 | 37525 | 4243 | 2057 | 1298 | 45123 | 17 |

### 3. 水稻纹枯病

2018 年水稻纹枯病在全国累计发生面积约 1.1 亿亩，其中四川东部、黑龙江西部、湖南中部、安徽东部重度发生，广西中部、江西中部、江苏中部中度发生，湖北中部、吉林中部、云南东部轻度发生。纹枯病空间分布情况及危害面积见图 7 和表 7。

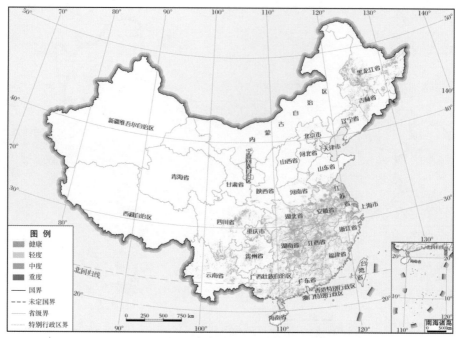

**图7　2018年全国水稻纹枯病遥感监测结果**

**表7　2018年全国水稻纹枯病发生情况统计**

单位：万亩，%

| 地理分区 | 健康 | 轻度 | 中度 | 重度 | 总种植面积 | 危害比例 |
| --- | --- | --- | --- | --- | --- | --- |
| 东北区 | 4999 | 984 | 514 | 322 | 6819 | 27 |
| 华北区 | 83 | 46 | 13 | 7 | 149 | 44 |
| 华东区 | 11403 | 1690 | 875 | 562 | 14530 | 22 |
| 华南区 | 4823 | 691 | 419 | 273 | 6206 | 22 |
| 华中区 | 7536 | 1556 | 743 | 464 | 10299 | 27 |
| 西北区 | 339 | 36 | 11 | 5 | 391 | 13 |
| 西南区 | 5022 | 1071 | 405 | 231 | 6729 | 25 |
| 全国合计 | 34205 | 6074 | 2980 | 1864 | 45123 | 24 |

### 5.1.3　玉米主产区病虫害发生发展状况

2018年受台风天气影响，玉米主产区降雨量大，田间湿度大，为黏虫繁衍及大斑病流行提供了有利条件，其中黏虫在东北、华北及华东、西北地区偏重发生，大斑病在东北地区偏重发生。综合来看，2018年玉米主产区病虫害总体呈中等发生态势，玉米黏虫和大斑病累计发生面积约9353万亩，其空间分布情况和发生面积具体如下。

1. 玉米黏虫

2018 年玉米黏虫在全国累计发生面积约 5892 万亩，其中吉林中部、黑龙江南部、河北南部、河南北部重度发生，山东西北部、陕西中部、辽宁南部中度发生，湖南北部、山西南部、新疆中部轻度发生。黏虫空间分布情况及危害面积见图 8 和表 8。

图8　2018 年全国玉米黏虫遥感监测结果

表8　2018 年全国玉米黏虫发生情况统计

单位：万亩，%

| 地理分区 | 健康 | 轻度 | 中度 | 重度 | 总种植面积 | 危害比例 |
|---|---|---|---|---|---|---|
| 东北区 | 14431 | 797 | 849 | 622 | 16699 | 14 |
| 华北区 | 6608 | 450 | 348 | 243 | 7649 | 14 |
| 华东区 | 6344 | 300 | 180 | 120 | 6944 | 9 |
| 华南区 | 817 | 48 | 29 | 19 | 913 | 11 |
| 华中区 | 5829 | 454 | 138 | 71 | 6492 | 10 |
| 西北区 | 4360 | 270 | 243 | 176 | 5049 | 14 |
| 西南区 | 3558 | 349 | 120 | 66 | 4093 | 13 |
| 全国合计 | 41947 | 2668 | 1907 | 1317 | 47839 | 12 |

### 2. 玉米大斑病

2018 年玉米大斑病在全国累计发生面积约 3461 万亩，其中吉林中部、黑龙江南部、山东西部重度发生，辽宁北部、河北南部中度发生，内蒙古中部、河南北部、山西南部轻度发生。大斑病空间分布情况及危害面积见图 9 和表 9。

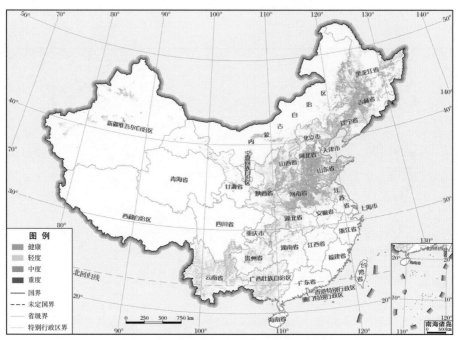

图 9　2018 年全国玉米大斑病遥感监测结果

表 9　2018 年全国玉米大斑病发生情况统计

单位：万亩，%

| 地理分区 | 健康 | 轻度 | 中度 | 重度 | 总种植面积 | 危害比例 |
|---|---|---|---|---|---|---|
| 东北区 | 15503 | 424 | 446 | 326 | 16699 | 7 |
| 华北区 | 7064 | 253 | 195 | 137 | 7649 | 8 |
| 华东区 | 6423 | 261 | 156 | 104 | 6944 | 8 |
| 华南区 | 857 | 28 | 17 | 11 | 913 | 6 |
| 华中区 | 6020 | 325 | 97 | 50 | 6492 | 7 |
| 西北区 | 4684 | 144 | 129 | 92 | 5049 | 7 |
| 西南区 | 3827 | 174 | 59 | 33 | 4093 | 6 |
| 全国合计 | 44378 | 1609 | 1099 | 753 | 47839 | 7 |

## 5.1.4　大豆主产区病虫害发生发展状况

综合利用欧空局哨兵卫星 Sentinel 2、美国陆地卫星 Landsat 8 和国产高分系列中高分辨率卫星遥感数据，并结合气象数据和植保资料，开展了 2018 年中国大豆主要病虫害发生状况高分辨率遥感监测，为我国大豆供需形势分析提供数据支持。监测结果显示，2018 年中国大豆种植面积约 1.2 亿亩。病虫害总体呈轻度发生态势，其中，大豆花叶病发生面积约 337.5 万亩，占总种植面积的 2.7%，主要在东北、华东以及华中地区轻度发生；大豆蚜虫发生面积约 438 万亩，占总种植面积的 3.5%，主要分布于华东、华中以及西南地区。2018 年中国大豆产量约为 1436 万吨，同比增加 11.3%。大豆主要病虫害的空间分布情况及危害面积见图 10、图 11 和表 10。

表 10　2018 年全国大豆主要病虫害发生情况统计

单位：万亩

| 地理分区 | 种植面积 | 花叶病 | 蚜虫 |
|---|---|---|---|
| 东北区 | 5970 | 93 | 34.5 |
| 华北区 | 1560 | 40.5 | 13.5 |
| 华东区 | 2145 | 73.5 | 199.5 |
| 华南区 | 255 | 19.5 | 13.5 |
| 华中区 | 1200 | 55.5 | 91.5 |
| 西北区 | 405 | 16.5 | 39 |
| 西南区 | 960 | 39 | 46.5 |
| 合计 | 12495 | 337.5 | 438 |

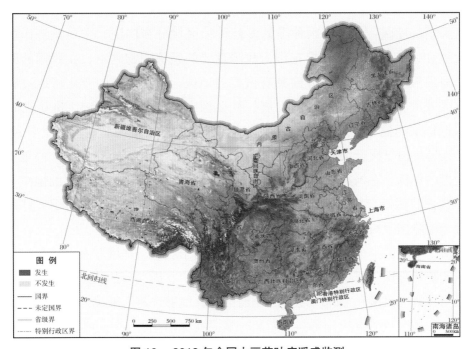

图 10　2018 年全国大豆花叶病遥感监测

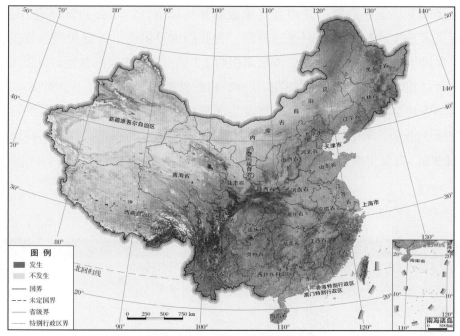

**图 11　2018 年全国大豆蚜虫遥感监测**

## 5.2　中国经济作物之棉花、大豆

我国幅员辽阔，经济作物种类繁多且种植区域分布广泛，主要经济作物有棉花、大豆和甘蔗等。其中，棉花作为我国重要的经济作物之一，在我国的经济发展、产业发展和国民生活等方面具有重要的地位。棉花产量的变化将通过影响棉花价格方式间接地对我国的经济发展、社会稳定等产生一定影响。准确调查并掌握我国近年来的棉花生产情况，对相关部门宏观调控政策的制定具有重要意义。

大豆是我国仅次于水稻、小麦和玉米的重要粮食作物，也是世界上最重要的油料和高蛋白作物，在国家粮食战略安全和国际农产品贸易中占有重要的地位。准确调查并掌握我国近年来的大豆生产情况以及国内大豆产业形势和国际大豆贸易动态，对于保障国家粮食安全和国民经济健康发展具有重要意义。

遥感技术经过半个世纪的发展，已被广泛用于农业、环境和军事等领域。相较于传统的统计方法，遥感技术具有获取数据速度快、周期短的特点。利用遥感数据记录地物在时间尺度和空间尺度上的光谱信息，能够快速、准确地提取全国的棉花和大豆等种植区域的空间分布，从而及时掌握我国棉花、大豆的生产形势，为相关政府部门和企事业生产单位提供决策依据。

### 5.2.1 2018年中国棉花、大豆种植分布

2018 年我国棉花、大豆种植分布见图 12。棉花的种植区域主要有新疆棉区、黄河流域棉区和长江流域棉区，具体分布在新疆、湖北、山东、河北、安徽、湖南、河南等省份。具体而言，新疆棉区主要指新疆维吾尔自治区，新疆主要有南疆和北疆两个棉区，其中，南疆地区是新疆最重要的棉花生产区，其次是北疆。黄河流域棉区主要包括山东、河北、河南等省，长江流域棉区主要包括湖南、湖北、安徽等省份。根据大豆品种特性和耕作制度的不同，我国大豆生产区域主要分为以下 5 个：东北三省为主的春大豆区，黄淮流域的夏大豆区，长江流域的春、夏大豆区，江南各省的秋作大豆区，两广、云南南部的大豆多熟区。其中，东北（春播大豆）和黄淮海（夏播大豆）地区是中国大豆种植面积最大、产量最高的两个地区。

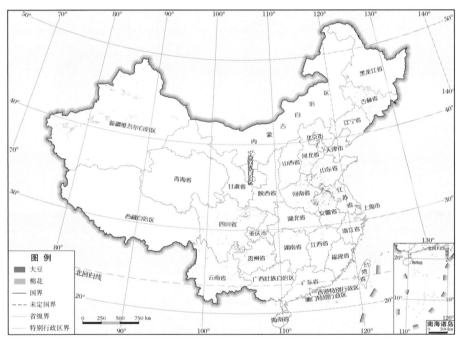

**图 12　2018 年中国棉花、大豆种植分布**

由图 12 可以看出，新疆是我国棉花种植面积最多的地区，这是由于北方相对干燥的气候和更长的光照时间，更加有利于棉花的生长。而东北则是中国大豆种植面积最大、产量最高的地区，也是我国重要的大豆生产保护区。东北三省农业资源富足，拥有得天独厚的气候条件和土壤条件，为区域农业资源利用提供了丰厚的基础。

表11　2018年中国棉花主要种植省份种植面积

单位：平方千米

| 省份 | 面积 |
|---|---|
| 新疆维吾尔自治区 | 18914 |
| 河北省 | 2396 |
| 湖北省 | 1903 |
| 山东省 | 1618 |
| 湖南省 | 1009 |
| 安徽省 | 944 |
| 江西省 | 759 |
| 河南省 | 439 |
| 江苏省 | 221 |
| 甘肃省 | 204 |
| 天津市 | 203 |
| 陕西省 | 87 |
| 四川省 | 57 |
| 浙江省 | 54 |
| 山西省 | 33 |
| 其他省份 | 25 |
| 总计 | 28866 |

* 此表不包含港澳台地区。

表12　2018年中国大豆主要种植省份种植面积

单位：平方千米

| 省份 | 面积 |
|---|---|
| 黑龙江省 | 37875 |
| 内蒙古自治区 | 10946 |
| 安徽省 | 9445 |
| 四川省 | 5314 |
| 云南省 | 4813 |
| 河南省 | 3566 |
| 吉林省 | 3321 |
| 湖北省 | 2439 |
| 江苏省 | 2129 |
| 贵州省 | 1280 |
| 其他省份 | 23689 |
| 总计 | 104817 |

* 此表不包含港澳台地区。

表 11 为 2018 年我国棉花主要种植省份的种植面积，其中，新疆是我国最大的棉花种植地，约占全国种植面积的 65.5%；河北省位居第二位，约占全国种植面积的 8.3%；湖北省居第三位，约占全国种植面积的 6.6%。新疆、河北、湖北总共占全国棉花种植面积的 80.4%，是全国棉花供应的 3 个最主要省份。

表 12 为 2018 年我国大豆主要种植省份的种植面积，其中，黑龙江省是我国最大的大豆种植地，约占全国种植面积的 36.13%；内蒙古居第二位，约占全国种植面积的 10.44%；安徽省居第三位，约占全国种植面积的 9.01%。

以下为 2018 年 3 个全国重要棉花生产省区的种植分布情况。

图 13 为 2018 年新疆棉花种植分布情况。新疆棉花分布在北疆和南疆地区，其中南疆地区为主要种植区，种植面积约占新疆全区的 71%。北疆主要集中在昌吉州地区、塔城地区、博州地区，南疆主要集中在巴州、阿克苏地区、喀什地区。

图 13　2018 年新疆棉花种植分布

为了验证 2018 年新疆棉花种植分布结果精度，对新疆棉区进行实地调查，分别在北疆区域（新疆生产建设兵团第五师、第六师、第七师和第八师）、南疆区域（第一师）和东疆区域（第十三师），选取 500 亩以上的连片棉田，在棉田中心获取 GPS 位置信息，并通过遥感影像对采样点进行进一步检验，共得到棉田样本点位 425 个，用于新疆棉花种植分布提取的精度验证，正确率可达 82%。

图 14 列出了 2018 年河北棉花种植分布情况，棉花种植主要分布在河北南部地区，具体分布在衡水、邢台等地区，张家口、承德、秦皇岛等地区较少种植棉花。由图 14 可知，2018 年河北省棉花种植主要集中在邢台和衡水等市。

图 15 为 2018 年湖北棉花种植分布情况，棉花种植主要分布在湖北南部地区。具体分布在荆州、潜江、仙桃、天门等地，湖北北部除襄阳有少量棉花种植区分布

图 14　2018 年河北棉花种植分布

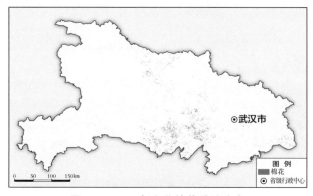

图 15　2018 年湖北棉花种植分布

外，其余地区较少种植棉花。由图 15 可以看出，2018 年湖北棉花种植主要集中在荆州、潜江、仙桃、天门 4 个市。

以下为 2018 年 3 个全国大豆生产省区的种植分布情况。

图 16 为 2018 年黑龙江省大豆种植分布情况，大豆种植主要分布在黑龙江省中北部地区，具体分布在黑河、齐齐哈尔、绥化、佳木斯等地区，鸡西、鹤岗、抚远、大庆等地区较少种植大豆。

图 17 为 2018 年内蒙古自治区大豆种植分布，大豆种植主要分布在内蒙古东部地区，其中呼伦贝尔、兴安盟、赤峰为主要种植区，锡林郭勒盟、乌兰察布市、呼和浩特等地区较少种植大豆。由图 17 可知，2018 年内蒙古大豆种植主要集中在呼

图 16　2018 年黑龙江大豆种植分布

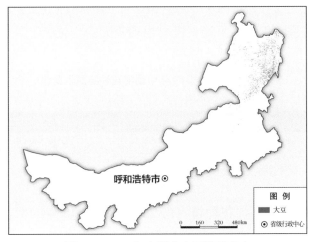

图 17　2018 年内蒙古大豆种植分布

伦贝尔和兴安盟。

图 18 为 2018 年安徽省大豆种植分布，大豆种植主要分布在皖北地区，具体分布在亳州、宿州、阜阳、淮北等地区，马鞍山、池州、铜陵等地区较少种植棉花。由图 18 可以看出，2018 年安徽省大豆种植主要集中在亳州、宿州、阜阳和淮北地区。

### 5.2.2　2017~2018年中国棉花生产形势变化

将 2018 年棉花种植情况与 2017 年种植情况进行对比（见表 13）可以看出，

**图 18　2018 年安徽省大豆种植分布**

2017 年至 2018 年全国棉花种植面积呈缓慢的上涨趋势，这样的变化幅度应当是全国棉花种植面积的正常波动，2017 年和 2018 年的棉花种植面积统计结果说明，这两年全国棉花种植总面积相对平稳，没有出现较大的变化。

**表 13　2017~2018 年中国棉花种植面积变化**

单位：平方千米

| 年份 | 棉花种植面积 |
| --- | --- |
| 2017 | 28360 |
| 2018 | 28870 |

图 19 展示了中国主要棉花种植省份 2017 年到 2018 年的棉花种植面积变化情况。从 2017 年开始，全国棉花种植面积前三位为新疆、河北、湖北三省（区）。新疆维吾尔自治区 2018 年的棉花种植面积整体上保持了 2017 年的水平，其他省份，如河北、河南、湖北、湖南、安徽等，2018 年棉花种植面积也大体上保持原来的状态。但是相比 2016 年，山东省的棉花种植面积在 2017 年出现了快速下降，棉花种植面积减少近一半。

图 20 和图 21 展示了主要棉花种植省份 2016~2017 年和 2017~2018 年棉花种植面积的变化量和变化率。由图 20 可知，新疆棉花种植面积在 2017 年和 2018 年出现了增长的趋势，但是河北、河南、安徽等省的棉花种植面积在 2017 年出现下降的趋势。山东、湖南等省份的棉花种植面积基本保持不变。

结合图 19 和图 21 可知，我国大部分省份的棉花种植面积出现下降的趋势，但

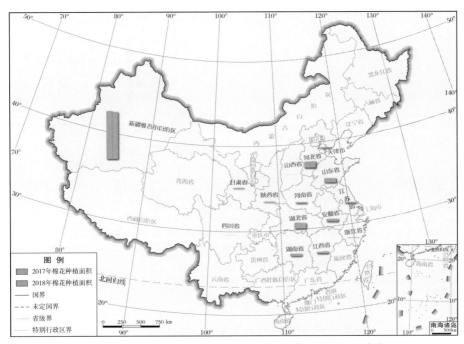

**图 19　2017~2018 年中国主要棉花种植省份种植面积变化**

**图 20　2016~2018 年中国主要棉花种植省份种植面积变化量**

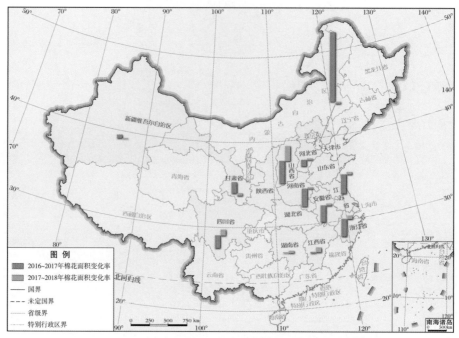

图 21   2016~2018 年中国主要棉花种植省份种植面积变化率

是作为棉花种植大省的新疆，其棉花种植面积却出现增长的趋势。在 2018 年，全国的棉花种植面积均出现增长的趋势，但是增长的幅度并不大。

以下展示了我国棉花主产省份新疆维吾尔自治区、河北省和湖北省 2017 年和 2018 年的种植空间分布情况。

由图 22 可知，2017~2018 年，新疆地区的棉花种植一直分布在南疆的阿克苏、喀什和巴州地区，北疆的伊犁、昌吉、博州和塔城地区以及东疆的哈密地区等。从种植面积看，2017~2018 年新疆棉花种植面积有略微增加，但是增加的趋势并不明显。

图 22   2017~2018 年新疆维吾尔自治区棉花种植分布

由图 23 可见，2017~2018 年，河北棉花种植主要分布在河北南部地区，如衡水、邢台、沧州等地。在 2017 年和 2018 年，河北省各地棉花种植面积变化不大。此外，由图 23 可知，张家口、秦皇岛、承德等市种植棉花较少。

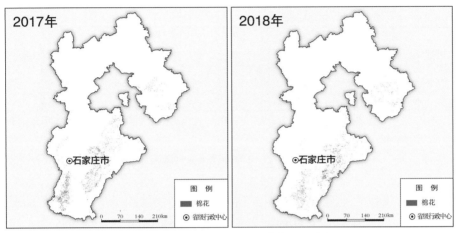

图 23　2017~2018 年河北棉花种植分布

由图 24 可见，2017~2018 年以来，湖北棉花种植分布大体为湖北南部，主要在荆州市、天门市、仙桃市、潜江市等。从图中可以看出，湖北的棉花种植区还有逐渐集中的趋势。

图 24　2017~2018 年湖北棉花种植分布

### 5.2.3　2010~2018 年中国大豆生产形势变化

将 2018 年大豆种植情况与历年种植情况进行对比（见图 25）可以看出，2010~2015 年大豆种植面积逐年递减，2015 年为六年内大豆种植面积最小的一年，但 2016 年以来，全国大豆种植面积逐年递增。

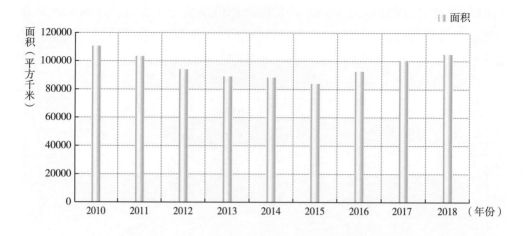

**图25　2010~2018年中国大豆种植面积变化**

图26展示了中国主要大豆种植省份2010~2018年的大豆种植面积，黑龙江、内蒙古、安徽大豆种植面积一直居全国前三位。2010~2014年，大豆种植面积逐年递减，作为我国大豆主产区的黑龙江表现得尤为明显。但从2016年至今，黑龙江、内蒙古、安徽等地区的大豆种植面积逐年递增。

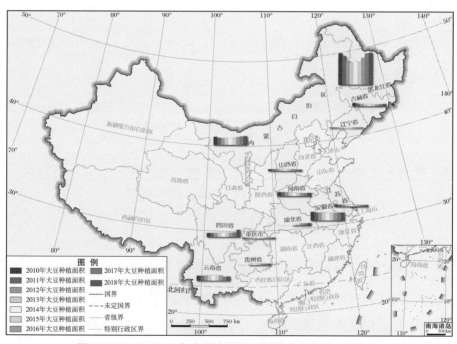

**图26　2010~2018年中国主要大豆种植省份种植面积变化**

图 27 和图 28 展示了主要大豆种植省份 2010~2018 年大豆种植面积的变化量和变化率。由图 27 可知，黑龙江 2010~2014 年大豆种植面积急剧减少，内蒙古、安

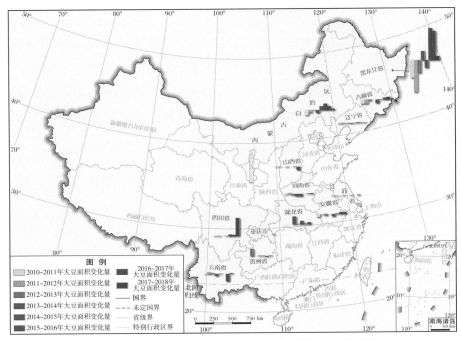

**图 27　2010~2018 年中国主要大豆种植省份种植面积变化量**

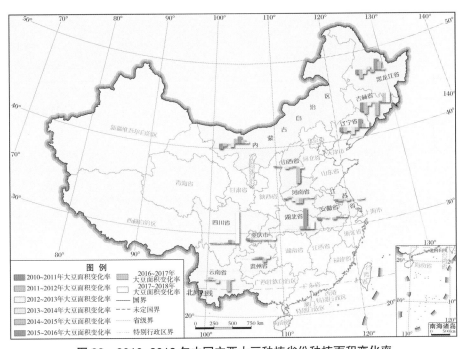

**图 28　2010~2018 年中国主要大豆种植省份种植面积变化率**

徽等地区大豆种植面积从 2010 开始同样呈减少趋势。但从 2016 年开始，大部分地区的大豆种植面积呈增加趋势，尤其是黑龙江和内蒙古种植面积逐年大幅度增加。

以下展示了我国大豆主产省份黑龙江、内蒙古和安徽 2010~2017 年的种植空间分布情况。

由图 29 可知，2010~2013 年，黑龙江地区的棉花种植分布大体为齐齐哈尔、黑河、佳木斯、绥化、哈尔滨等地，种植面积逐年递减，尤其是佳木斯地区减少最为明显。2014 年大豆种植面积相比 2013 年有所增加，黑河地区及大兴安岭地区大豆种植面积有所提升。2015~2017 年，黑龙江大豆种植面积逐年递增，佳木斯、牡丹江和哈尔滨等地大豆种植面积变动较为明显。

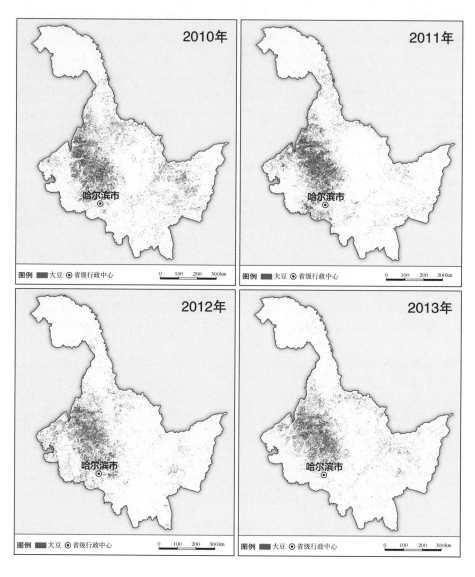

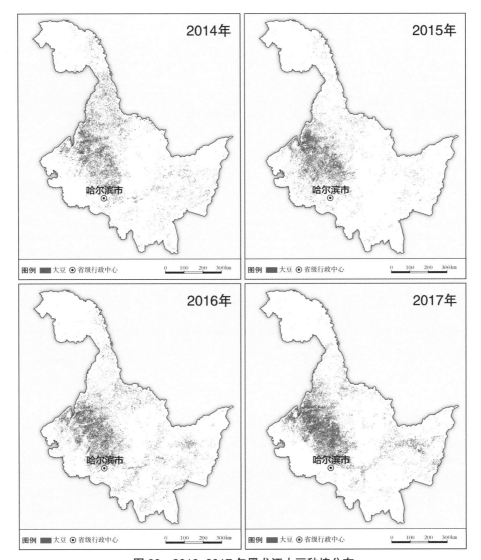

**图29 2010~2017年黑龙江大豆种植分布**

由图30可见，2010~2017年，内蒙古大豆种植一直分布在呼伦贝尔、兴安盟等地，从种植面积看，2010~2014年内蒙古大豆种植整体呈逐年递减趋势，从2015年开始上升。

由图31可知，2010~2017年安徽大豆种植主要分布在安徽北部地区，如亳州、阜阳、宿州、淮北等地。2010~2017年安徽各地区大豆种植面积变化不大。2010~2015年，各地大豆种植面积略微减少，从2016年起，大豆种植面积开始略微上升。此外，由图31可知，芜湖、马鞍山、池州、铜陵等市种植大豆较少。

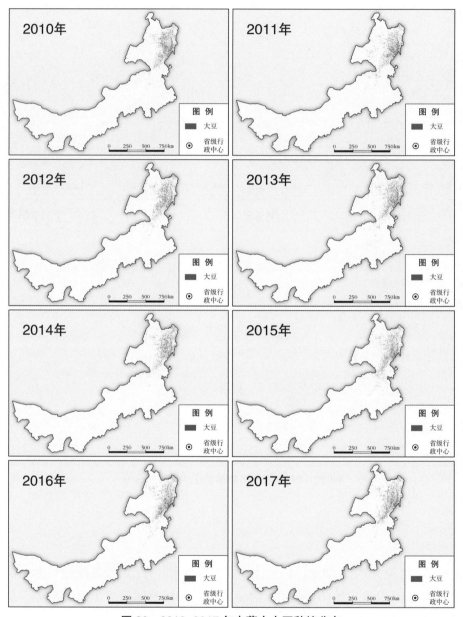

图 30　2010~2017 年内蒙古大豆种植分布

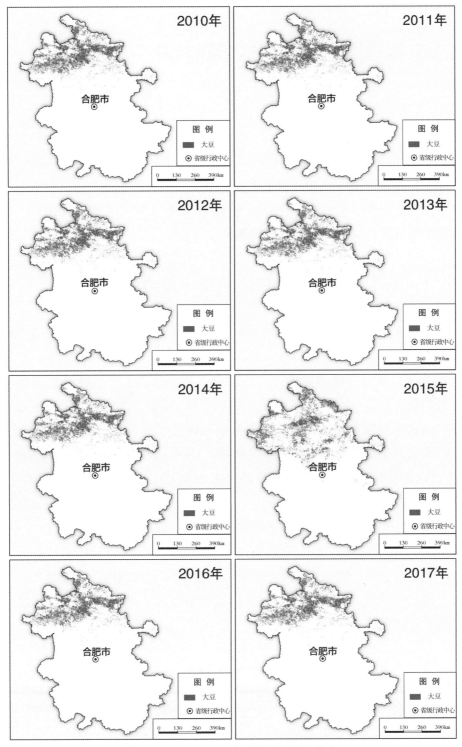

图 31　2010~2017 年安徽大豆种植分布

# G. 6
# 2018年我国重大自然灾害监测

21世纪，人类活动的规模和深度，都已超过过去的任何时期。在城市化发展和社会财富增长速度逐渐加快的背景下，自然灾害频发给社会、经济和生态系统的发展带来巨大的影响。灾害问题已经成为区域可持续发展的主要障碍因素，受到了各个国家政府机关、学术界和社会各界的高度关注。

## 6.1 中国自然灾害2018年发生总体情况

应急管理部、国家减灾委办公室会同其他部门对2018年全国自然灾害情况会商核定：2018年，我国自然灾害以洪涝、台风灾害为主，地质、地震、干旱、风雹、低温冷冻、雪灾、森林火灾等灾害也有不同程度发生。灾害链式效应比较明显，如新疆哈密暴雨—洪水灾害、山东潍坊台风—暴雨—洪水灾害、云南省麻栗坡县暴雨—洪水—地质灾害、金沙江白格滑坡—堰塞湖灾害等都具有一定的代表性。各种自然灾害共造成全国9.7万间房屋倒塌，1.3亿人次受灾，635人死亡或失踪，524.5万人次紧急转移安置，直接经济损失达2644.6亿元。总体而言，2018年全国自然灾害损失较过去5年均值有所减少，其中倒塌房屋数量、因灾死亡失踪人数和直接经济损失分别减少78%、59%和34%。

《国家综合防灾减灾规划（2016~2020年）》实施三年来，我国总体防灾减灾救灾能力得到全面提升，特别是在年均因灾直接经济损失占国内生产总值的比例、年均每百万人口因灾死亡率等控制方面取得了显著效果（见表1），为全面建成小康社会提供了安全保障。

表1 国家综合防灾减灾规划目标实施情况

| 规划指标 | 规划目标 | 2016年实施情况 | 2017年实施情况 | 2018年实施情况 |
| --- | --- | --- | --- | --- |
| 年均因灾直接经济损失占国内生产总值的比例 | 控制在1.3%以内 | 0.7% | 0.4% | 0.3% |
| 年均每百万人口因灾死亡率 | 控制在1.3以内 | 1.0 | 0.6 | 0.4 |

## 6.2　2018年度遥感监测重大自然灾害典型案例

防灾减灾救灾是遥感等空间信息技术的重要应用领域之一。伴随我国空天遥感观测资源的日益丰富，遥感在灾害预测预警、应急监测评估、抢险救灾、灾后重建决策支持等方面发挥着越来越重要的作用。2018 年亚洲部长级减灾大会通过的《乌兰巴托宣言》强调，各国要加强空间技术应用，这对减轻全球灾害风险和实现联合国 2030 年可持续发展目标具有重要意义。

针对 2018 年我国发生的重大自然灾害，利用国产高分系列、哨兵系列、北京二号等卫星遥感数据，辅助无人机等航空遥感数据，开展了典型监测和评估工作，取得了系列成果。

### 6.2.1　2018年7月12日甘肃舟曲县江顶崖滑坡灾害应急遥感监测

7 月 12 日上午 8 时左右，舟曲县南峪乡江顶崖出现滑坡，大量坡积物顺缓坡冲入白龙江，造成白龙江水位上涨、河面升高，导致南峪乡部分民房浸水。滑坡体是蠕滑状态，存在严重安全隐患。灾害发生后，利用高分二号灾前、灾后高分辨率遥感影像对本次灾害进行了动态监测。

监测结果显示，舟曲江顶崖滑坡前缘冲入河道，使河道变窄。滑坡体上游水位抬升，河道加宽。公路、桥梁损毁，部分民房浸水、农田被淹。如果滑坡体势能未得到充分释放，加之河水冲刷滑坡体前缘，舟曲江顶崖滑坡体极有可能继续下滑，存在堵塞白龙江形成堰塞湖的风险，需要高度重视（见图 1、图 2）。

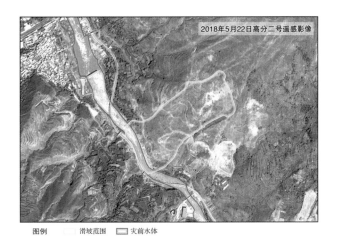

图 1　江顶崖滑坡灾害遥感监测（灾前 2018 年 5 月 22 日高分二号遥感影像）

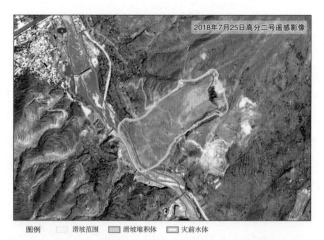

2018年7月25日高分二号遥感影像

图例　☐ 滑坡范围　☐ 滑坡堆积体　☐ 灾前水体

**图2　江顶崖滑坡灾害遥感监测（灾后 2018 年 7 月 25 日高分二号遥感影像）**

### 6.2.2　2018年7月31日新疆哈密暴雨—洪水灾害应急遥感监测

2018 年 7 月 31 日 6 时至 9 时 30 分，新疆维吾尔自治区哈密市伊州区沁城乡小堡区域短时间内集中突降特大暴雨，1 小时最大降雨量达到 110 毫米（当地历史最大年降雨量 52.4 毫米），引发洪水。由于入射月沟水库的洪峰流量远远超过该水库 300 年一遇校核洪水标准，造成该水库迅速漫顶并局部溃坝。灾害造成 20 人遇难、8 人失踪，8700 多间房屋及部分农田、公路、铁路、电力和通信设施受损。灾害发生后，科研人员利用高分一号、高分二号、哨兵二号遥感影像迅速开展遥感数据获取、灾情应急监测工作（见图 3~8）。

监测结果显示，射月沟水库下游四村（二宫、仓峡、三宫、河尾）被损毁居民房屋占地面积 37.1 万平方米，被损毁农田 3701 亩。

### 6.2.3　2018年8月18日至25日山东潍坊台风—暴雨—洪水灾害应急遥感监测

受 2018 年第 18 号台风"温比亚"影响，潍坊市普降大暴雨，受强降雨影响，部分县市（区）和乡镇发生了水灾，部分农田、城区发生了严重内涝，经济作物和农作物受灾，造成部分水利工程、房屋、道路和桥梁等损坏及人员伤亡。本次暴雨—洪水灾害是潍坊市 1974 年以来受灾最严重的一次。灾害发生后，科研人员利用高分一号、哨兵二号遥感影像，迅速开展遥感数据获取、灾情应急监测与评估工作（见图 9~17）。

图3　新疆哈密暴雨—洪水灾害遥感监测（灾后 2018 年 8 月 3 日哨兵二号遥感影像）

图4　射月沟水库溃坝前后遥感影像对比（灾前 2018 年 4 月 5 日高分二号、灾后 2018 年 8 月 3 日
哨兵二号遥感影像）

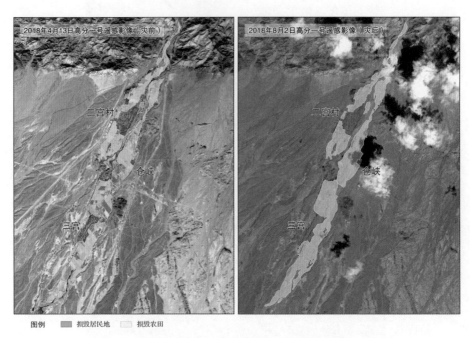

图5　二宫村、仓峡村、三宫村洪水前后遥感影像对比（灾前 2018 年 4 月 13 日高分一号、灾后 2018 年 8 月 2 日高分一号遥感影像）

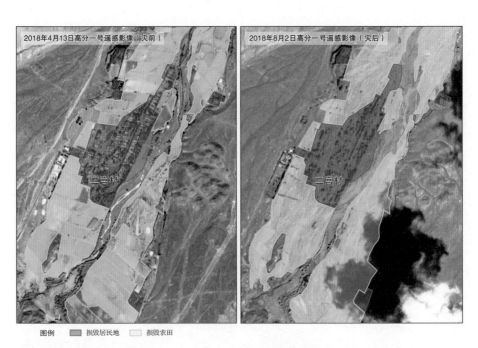

图6　二宫村洪水前后遥感影像对比（灾前 2018 年 4 月 13 日高分一号、灾后 2018 年 8 月 2 日高分一号遥感影像）

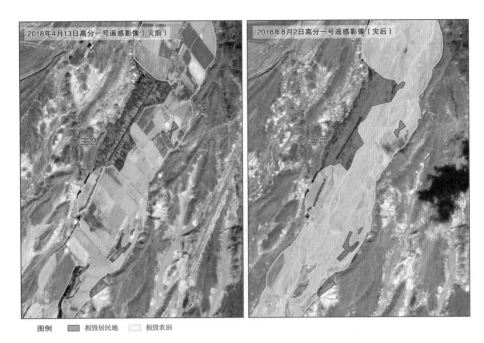

图例 ▨ 损毁居民地 □ 损毁农田

图 7　三宫村洪水前后遥感影像对比（灾前 2018 年 4 月 13 日高分一号、灾后 2018 年 8 月 2 日高分一号遥感影像）

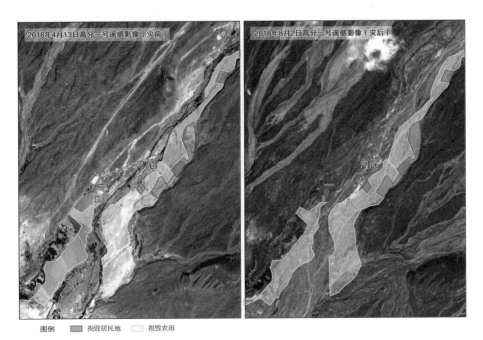

图例 ▨ 损毁居民地 □ 损毁农田

图 8　河尾村洪水前后遥感影像对比（灾前 2018 年 4 月 13 日高分一号、灾后 2018 年 8 月 2 日高分一号遥感影像）

图例 ▬ 河道 ▬ 淹没范围 ▬ 侵占河道

**图 9　山东潍坊台风—暴雨—洪水灾后遥感监测（灾后 2018 年 8 月 25 日哨兵二号遥感影像）**

图 10　上口镇、营里镇、道口镇灾后遥感监测（灾后 2018 年 8 月 25 日哨兵二号遥感影像）

图 11　南郝水库溃坝遥感监测（灾后 2018 年 8 月 25 日哨兵二号遥感影像）

图 12　南郝水库溃坝遥感监测（灾后 2018 年 8 月 22 日高分一号遥感影像）

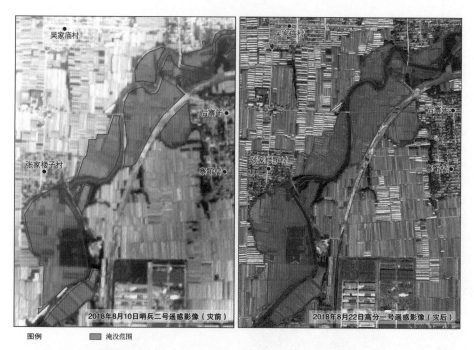

图 13　南郝水库溃坝遥感监测（灾前 2018 年 8 月 10 日哨兵二号遥感影像、灾后 2018 年 8 月 22 日高分一号遥感影像）

图 14　侵占行洪区遥感监测（灾前 2018 年 8 月 10 日哨兵二号遥感影像、灾后 2018 年 8 月 22 日高分一号遥感影像）

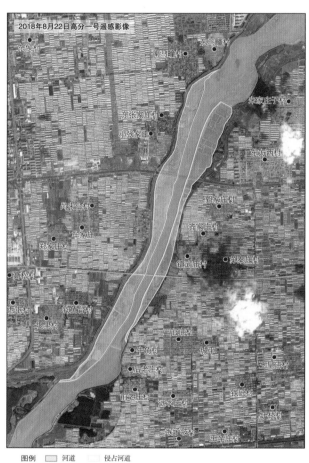

图15　侵占河道遥感监测（灾后 2018 年 8 月 22 日高分一号遥感影像）

图16 侵占河道遥感监测（灾后 2018 年 8 月 22 日高分一号遥感影像）

图例　□ 河道　■ 淹没范围　■ 侵占河道

**图 17　侵占河道遥感监测（灾后 2018 年 8 月 25 日哨兵二号遥感影像）**

　　监测结果显示，弥河沿岸地区，特别是寿光市上口镇、营里镇、道口镇灾情严重。居民地、农田被洪水倒灌淹没。受南郝水库溃坝影响，昌乐县南郝镇至田马镇沿河地区的农用大棚、养殖场受灾严重。弥河行洪不畅，河道被农田、果园、养殖场、建筑物侵占，加重了灾情。许多大棚、养殖场、果园、农田处在行洪区内，导致行洪不畅，加重了灾情。

### 6.2.4　2018年9月2日云南省麻栗坡县暴雨—洪水—地质灾害应急遥感监测

　　2018 年 9 月 1 日晚，云南省文山壮族苗族自治州麻栗坡县猛硐瑶族乡突降暴雨。9 月 2 日凌晨，猛硐瑶族乡因强降雨袭击导致多地发生塌方和泥石流灾害，截至 9 月 2 日 21 时已造成 5 人遇难、15 人失联、7 人受伤。灾害发生后，科研人员利用高分一号遥感影像，迅速开展遥感数据获取、灾情应急监测工作（见图 18、图 19）。

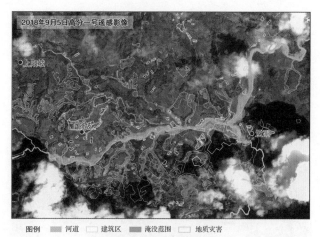

图例　■河道　□建筑区　■淹没范围　□地质灾害

**图 18　云南省麻栗坡县暴雨—洪水—泥石流灾害遥感监测（灾后2018年9月5日高分一号遥感影像）**

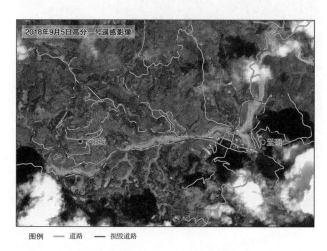

图例　═道路　═损毁道路

**图 19　云南省麻栗坡县道路损毁状况遥感监测（灾后 2018 年 9 月 5 日高分一号遥感影像）**

监测结果显示，强降雨引发的滑坡、泥石流灾害集中发生，河水水量急剧增加，形成山洪泥石流灾害。造成猛硐乡沿河地区的建筑区、农田被洪水淹没，60多处路段、3处桥梁被损毁。

### 6.2.5　2018年10月11日至11月19日金沙江白格堰塞湖应急遥感监测

金沙江流域是地质灾害高发区。2018 年 10 月到 11 月，四川省甘孜藏族自治州白玉县与西藏自治区昌都市江达县交界处同一位置连续发生了两次山体滑坡，形成金沙江白格堰塞湖，科研人员利用高分辨率遥感数据，分别对这两次堰塞湖灾害进行了动态监测。

### 1. 金沙江 "10·11" 白格堰塞湖应急监测

2018 年 10 月 11 日凌晨，四川省甘孜藏族自治州白玉县与西藏自治区昌都市江达县交界处发生山体滑坡，滑坡阻断金沙江干流形成堰塞湖。12 日上午，金沙江堰塞体西藏昌都江达县波罗乡一侧滑坡体再次发生山体滑坡，堰塞体增高，下泄水道再次堵塞，严重危及下游地区安全。灾害发生后，科研人员利用北京二号、高分三号等多源遥感影像，迅速开展了灾情应急高分遥感监测（见图 20）。

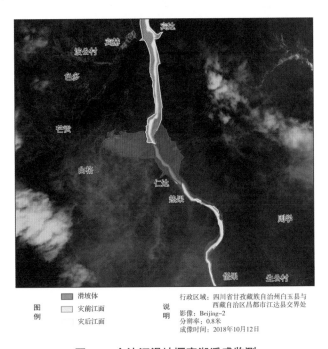

图 20　金沙江滑坡堰塞湖遥感监测

监测结果显示，滑坡体量大，主河道被堵，导致水位上涨迅猛，形成堰塞湖。通过影像可见，下游江面变窄已经断流，上游江面明显变宽，水位升高，部分江水已经漫过堰塞体，危及附近的白格村等村庄安全，部分农田被江水淹没。

伴随上游来水，本次堰塞湖经过自然泄流，于 13 日中午基本解除险情。但监测发现，第一次滑坡发生后，滑坡区（右岸）存在两处较大裂缝（见图 21），其中一处分布在滑坡区顶部附近（图 21 中 A 处），另一处分布在滑坡区南部靠近白格村附近（图 21 中 B 处）。裂缝及周边物源区存在二次滑坡隐患。

图 21　二次滑坡隐患监测

### 2. 金沙江"11·3"白格堰塞湖应急监测

11月3日下午5时原山体滑坡点发生再次滑坡，并形成新的堰塞湖。此次滑坡体体量较"10·11"山体滑坡更大，堰塞湖形成后上游水位快速上涨，造成了严重的损失。在前期历史数据的基础上，研究人员迅速获取和处理了二次滑坡后灾后哨兵二号和高分二号遥感影像，开展了堰塞湖水位变化、堰塞体状况应急监测（见图22、图23、表2）。

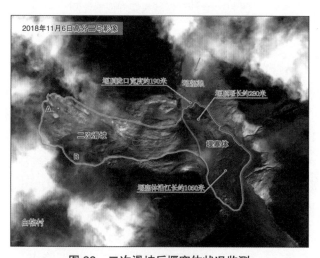

图 22　二次滑坡后堰塞体状况监测

图 23　堰塞湖水体变化监测

表 2　江面宽度变化测量

| 编号 | 位置 | 11月4日江面宽度 | 11月6日江面宽度 | 变化 |
|---|---|---|---|---|
| A | 波罗乡政府驻地附近 | 208 米 | 439 米 | 231 米 |
| B | 才玛村附近 | 147 米 | 337 米 | 190 米 |
| C | 塔嘎村附近 | 157 米 | 233 米 | 76 米 |
| D | 宾达村附近 | 183 米 | 288 米 | 105 米 |

　　堰塞湖水位的持续上涨，对上游沿江的部分乡镇、农村居民点和道路设施已经造成严重影响和局部破坏。其中对波罗乡政府驻地及周边区域，对宾达、塔嘎、才玛、塔贡果园等农村居民点和农业用地，对省道 201（邓索线）影响最为严重（见图 24~26）。

图 24　波罗乡政府驻地灾后与灾前遥感影像对比

图 25　塔贡果园灾后与灾前遥感影像对比

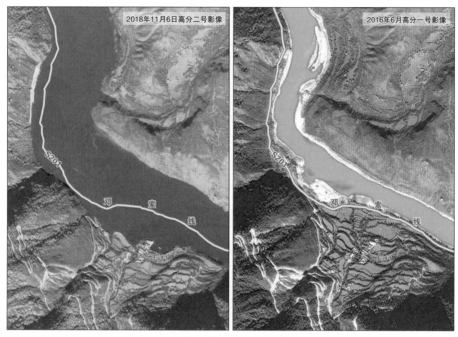

图 26　S201（邓索线）灾后与灾前遥感影像对比

## 参考文献

应急管理部、国家减灾委办公室发布的《2018 年全国自然灾害基本情况》。

民政部、国家减灾办发布的《2016 年全国自然灾害基本情况》。

民政部、国家减灾办发布的《2017 年全国自然灾害基本情况》。

《城市与减灾》（卫星遥感技术与减灾专刊）2018 年第 6 期，卷首语。

# G. 7
# 空气质量

## 7.1 2017年遥感监测细颗粒物浓度分布

### 7.1.1 2017年遥感监测中国区域细颗粒物浓度分布

本报告结论由 MODIS 气溶胶光学厚度产品以及环保部地面 PM2.5 浓度观测站点提供数据支撑。报告通过计算二者相关性，同时结合相对湿度、大气边界层高度等气象因素，成功估算了 2017 年中国区域 PM2.5 年平均浓度，并对全国污染的空间分布特性进行了定量化分析。

根据图 1、图 2，2017 年中国区域 PM2.5 年平均浓度为 36.59 μg/m³，整体空气质量等级为良。其中我国西部、南部空气质量情况整体较好，多地空气质量等级达到优，空气质量等级为优的区域共占我国国土覆盖面积的 48.87%，另外还有约 1.42% 的国土面积受到空气污染。空气质量相对较差的区域主要分布在华北平原地区以及新疆塔克拉玛干沙漠地区，华北平原地区特殊的地理条件使得大气扩散能力不足，外部污染物堆积，本地污染又不易扩散，这就加剧了华北平原的污染程度。而新疆地区由于塔克拉玛干沙漠粉尘污染较为严重，其 PM2.5 年平均浓度也相对较高。

### 7.1.2 2017年遥感监测重点城市群细颗粒物浓度分布

#### 7.1.2.1 中原城市群

1. 中原城市群地区概况

中原城市群位于陇海经济带的中间位置，处于河南省的中部，东部邻接发达地区，西部与西部地区接壤，区域面积 28.7 万平方千米，作为陇海、京广铁路枢纽的交汇处，是重要的陆路交通枢纽。它以郑州市、洛阳市为正副中心，包括开封、新乡、焦作、许昌、漯河、平顶山、济源等七大节点型城市，与郑州形成 1 小时经济圈。中原城市群对促进中部崛起具有重大意义。

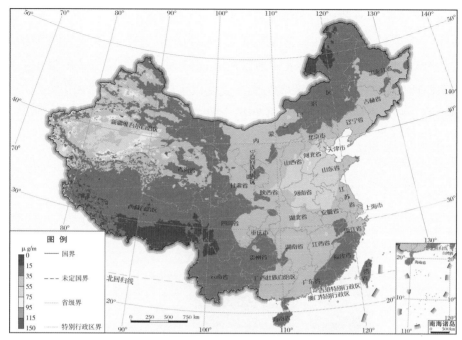

图 1  2017 年遥感监测中国 PM2.5 年平均浓度分布

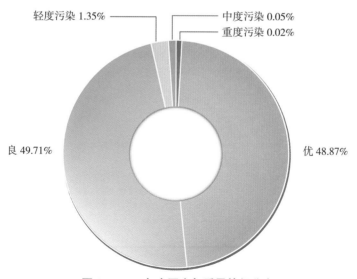

图 2  2017 年中国空气质量等级分布

### 2. 2017年中原城市群PM2.5浓度空间分析

2017 年中原城市群 PM2.5 平均浓度为 63.24 μg/m³，空气质量等级为良的覆盖面积占到 99.38%，污染相对严重的地区由北向南递减，并且从城市群中心区域开始，向东西两侧逐渐递减。该区域污染主要受以下因素影响：高密集人口压力带来的燃煤排放、机动车尾气、工业排放和扬尘等（见图 3、图 4）。

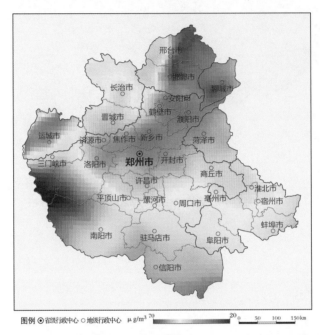

**图3　2017 年遥感监测中原城市群 PM2.5 年平均浓度分布**

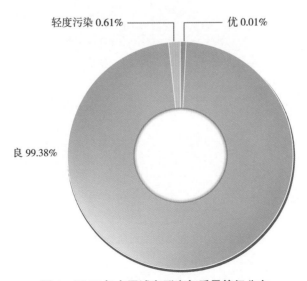

**图4　2017 年中原城市群空气质量等级分布**

#### 7.1.2.2 长江中游城市群

##### 1. 长江中游城市群地区概况

长江中游城市群位于长江、京广轴线、京九轴线的交汇处，跨越湖北、湖南、江西和安徽4省。占地面积约为31.7万平方千米，是世界上面积最大的城市群。其中，以长沙、武汉、合肥、南昌四大城市为子集，武汉、长沙、南昌三省会形成三大都市圈，三大都市圈带动周边区域的发展和经济增长。长江中游城市群的核心力量以三大都市圈的形式展现，协调各区域有效发展，战略地位十分突出。

##### 2. 2017年长江中游城市群PM2.5浓度空间分析

2017年长江中游城市群PM2.5平均浓度为47.03μg/m³，空气质量等级为良。空气质量等级为良的覆盖面积占到94.73%，空气质量等级为优的覆盖面积占到5.27%。城市群的北部污染浓度相对较高，并向南部以及东部辐射逐级递减（见图5、图6）。

图例 ⊙省级行政中心 ○地级行政中心　μg/m³ 70　　20　0　65　130　205km

**图5　2017年遥感监测长江中游城市群PM2.5年平均浓度分布**

#### 7.1.2.3 哈长城市群

##### 1. 哈长城市群地区概况

哈长城市群以哈尔滨、长春为核心，下辖哈尔滨、长春、大庆、吉林、齐齐哈尔、牡丹江、四平、延边朝鲜族自治州等多个地市，区域的总面积为26.4万平方千米，2014年底总人口为4753万人。哈尔滨和长春的交通便捷，且联系紧密。两地均作为核心推进中心区域城市化建设，凝聚周边的城市，促进经济增长。哈长城市群作为东北地区的重要增长极，致力于推动国土空间均衡开发。

良 94.73%　　　　　　　　　　　　　　　　　　优 5.27%

图6　2017年长江中游城市群空气质量等级分布

2. 2017年哈长城市群PM2.5浓度空间分析

2017 年哈长城市群 PM2.5 平均浓度为 37.98 μg/m³，空气质量等级为良。其中空气质量等级为良的覆盖面积占 70.14%，空气质量为优的占 29.86%。其 PM2.5 呈现由南向北递减的分布趋势，其污染主要受以下因素影响：冬季采暖燃煤燃烧、生物质燃烧以及石油开采产生的废气等（见图7、图8）。

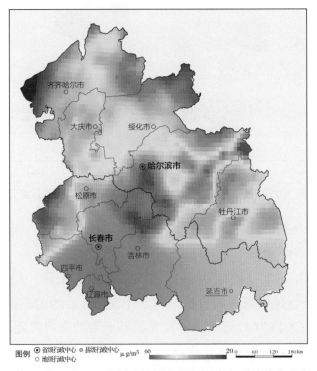

图7　2017年遥感监测哈长城市群PM2.5年平均浓度分布

良 70.14%　　　　　　　　　　　　优 29.86%

图 8　2017 年哈长城市群空气质量等级分布

#### 7.1.2.4　成渝城市群

##### 1. 成渝城市群地区概述

成渝城市群以成都、重庆为核心，包含达州、绵阳、宜宾、德阳、资阳、自贡、遂宁、内江等多个城市，区域面积 18.5 万平方千米。成渝城市群连接东西、贯通南北，是西部大开发的重要平台，也是长江经济带的战略支撑。该城市群自然条件优良，土地承载力较强，具有很大的发展潜力，对推进中西部发展、拓展全国经济增长新空间、推进新型城镇化具有重要意义。

##### 2. 2017 年成渝城市群 PM2.5 浓度空间分析

根据图 9、图 10，2017 年成渝城市群 PM2.5 平均浓度为 39.98 μg/m³，城市群外围地区空气质量情况较中心区域更好，部分地区可达到优以上，2017 年成渝城市群空气质量等级为良的区域占 75.95%，24.05% 的区域达到优。移动源是成渝城市群的主要空气污染来源，并且由于成渝城市群所处区域具有降水充沛、相对湿度较高等地域特点，细颗粒物容易吸湿膨胀，导致污染物富集；另外，地形也是重要的影响因素，特殊的四川盆地地形阻碍了污染物向外扩散，使得盆地区域的 PM2.5 浓度相对较高。

#### 7.1.2.5　关中城市群

##### 1. 关中城市群地区概况

关中城市群以陕西省西安市为核心，囊括咸阳、渭南、商洛、宝鸡、铜川市等多个城市，区域面积为 10.7 万平方千米。它是古丝绸之路的起点、亚欧大陆桥的重要支点，是西部地区面向东中部的重要门户，也是西北地区的重要生产基地、科

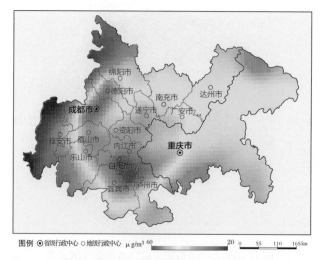

图例 ⊙省级行政中心 ○地级行政中心　μg/m³ 60 ▬▬▬ 20　0 55 110 165km

**图9　2017年遥感监测成渝城市群PM2.5年平均浓度分布**

良 75.95%　　　　　　　　优 24.05%

**图10　2017年成渝城市群空气质量等级分布**

研基地。以西安为中心的铁路网、公路网加快了人口、经济要素向关中平原城市群集聚，在国家建设和全方位开放格局中具有战略地位。

2. 2017年关中城市群PM2.5浓度空间分析

根据图11、图12，2017年关中城市群 PM2.5 平均浓度为 47.67 μg/m³，城市群中心以及中东部污染物浓度较其他区域相对较高，但关中城市群空气质量情况总体较好，92.89%的区域空气质量等级达到良。关中城市群的空气污染源主要受化石燃料燃烧、汽车尾气、工地和马路扬尘以及其他工业企业的排放影响。

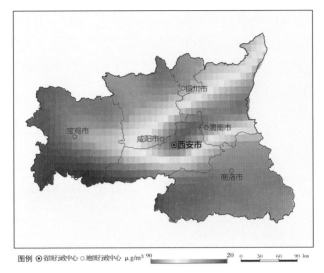

图 11　2017 年遥感监测关中城市群 PM2.5 年平均浓度分布

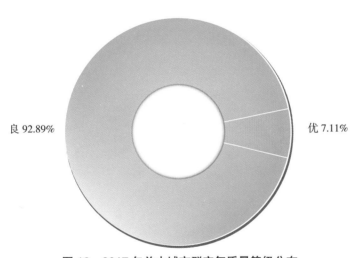

良 92.89%　　　　　　优 7.11%

图 12　2017 年关中城市群空气质量等级分布

### 7.1.2.6　山东半岛城市群

#### 1. 山东半岛城市群地区概述

山东半岛城市群以济南、青岛为中心，包括淄博、东营、烟台、潍坊、威海、日照等 8 个城市，总面积达 7.4 万平方千米。它地处我国环渤海区域，是重要的港口城市群，城镇体系建设良好，交通体系网络便利，连接黄河经济带、环渤海与日韩等经济圈，也是丝绸之路经济带和海上丝绸之路的交汇区。山东半岛城市群作为增长极带动北方地区的经济增长与产业合作。

2. 2017年山东半岛城市群PM2.5浓度空间分析

根据图13、图14，2017年山东半岛城市群PM2.5平均浓度为51.36μg/m³，空气质量等级平均为良。空气质量等级达到优以上的区域有威海市、烟台市部分区域，城市群区域总面积的97.74%空气质量划分为良。

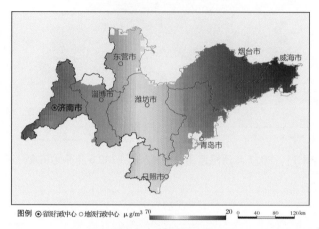

**图13　2017年遥感监测山东半岛城市群PM2.5年平均浓度分布**

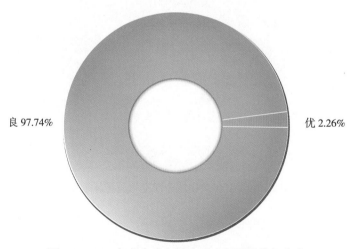

良 97.74%　　　　　　　　　　　　　　优 2.26%

**图14　2017年山东半岛城市群空气质量等级分布**

## 7.2　2018年遥感监测细颗粒物浓度分布

### 7.2.1　2018年遥感监测中国区域细颗粒物浓度分布

根据图15、图16，2018年中国区域PM2.5浓度为32.69μg/m³，空气质量等级大体上为优。空气质量情况相对较好的区域有我国西部、南部以及东南沿海地区，这些地区的空气质量可以达到优以上，我国国土覆盖面积 67.16% 的区域空气质量等级为优，另外还有约 31.81% 的国土面积空气质量达到良。2018 年我国 PM2.5 浓度相对较高的区域主要分布在华北平原地区以及新疆塔克拉玛干沙漠地区，特殊的地理条件使得华北平原地区大气疏散能力不足，外来污染物大量堆积，本地污染又难以扩散，进一步加剧了华北平原的污染程度。新疆地区由于塔克拉玛干沙漠造成的粉尘污染较为严重，其 PM2.5 浓度也相对较高。

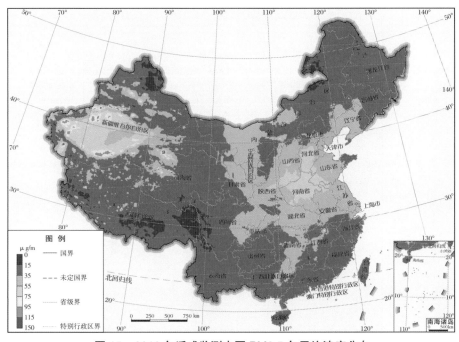

图 15　2018 年遥感监测中国 PM2.5 年平均浓度分布

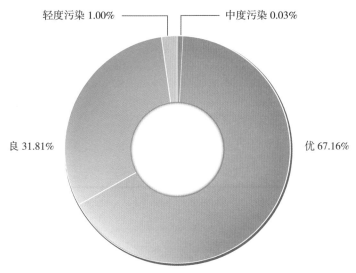

图 16　2018 年中国空气质量等级分布

### 7.2.2 2018年遥感监测重点城市群细颗粒物浓度分布

#### 7.2.2.1 中原城市群

2018年中原城市群PM2.5平均浓度为55.79 μg/m³，空气质量等级大体为良，中部以及北部区域的污染等级较高，西南部以及南部等地较低。2018年中原城市群100%的覆盖区域空气质量等级达到良以上，其中达到良的区域面积比例为99.96%（见图17、图18）。

**图17 2018年遥感监测中原城市群PM2.5年平均浓度分布**

**图18 2018年中原城市群空气质量等级分布**

#### 7.2.2.2 长江中游城市群

2018 年长江中游城市群 PM2.5 平均浓度为 39.79 μg/m³，整体上空气质量等级为良。城市群空气污染程度呈现为西北部高、东南部低，空气质量为良的区域约占城市群面积的 59.59%，有 40.26% 的区域可以达到优。长江中游城市群的空气污染主要是由于工业生产、机动车、燃煤和扬尘等（见图 19、图 20）。

**图 19　2018 年遥感监测长江中游城市群 PM2.5 年平均浓度分布**

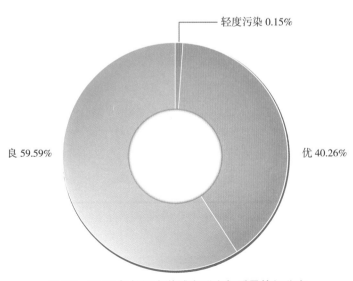

**图 20　2018 年长江中游城市群空气质量等级分布**

### 7.2.2.3 哈长城市群

2018 年哈长城市群 PM2.5 平均浓度为 30.47 μg/m³，大体上空气质量等级为优。其中，空气质量等级为优的区域占城市群面积的 97.4%，空气质量为良的区域为 2.6%，哈长城市群的污染来源主要是冬季供暖以及生物质的燃烧（见图 21、图 22）。

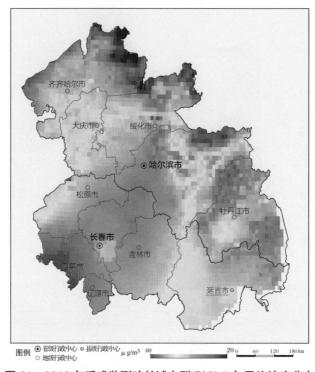

图 21　2018 年遥感监测哈长城市群 PM2.5 年平均浓度分布

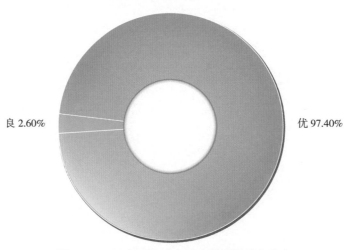

图 22　2018 年哈长城市群空气质量等级分布

### 7.2.2.4　成渝城市群

根据图 23、图 24，2018 年成渝城市群 PM2.5 平均浓度为 35.96 μg/m³，空气质量情况大体上为良，城市群空气污染浓度中间高、四周低，部分地区可以达到优，2018 年成渝城市群 61.98% 的覆盖面积上空的空气质量等级为良，38.02% 的覆盖面积可以达到优。移动源是成渝城市群的主要空气污染来源；由于成渝城市群所处区域具有降水充沛、相对湿度较高等地域特点，细颗粒物容易吸湿膨胀，导致污染物富集；另外，地形也是重要的影响因素，特殊的四川盆地地形阻碍了污染物向外扩散，使得盆地区域浓度相对较高。

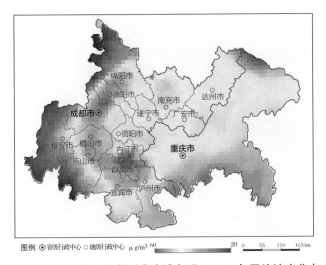

**图 23　2018 年遥感监测成渝城市群 PM2.5 年平均浓度分布**

**图 24　2018 年成渝城市群空气质量等级分布**

### 7.2.2.5 关中城市群

根据图 25、图 26，2018 年关中城市群 PM2.5 平均浓度为 44.12 μg/m³，城市群中心以及中东部污染物浓度较其他区域相对较高，但关中城市群空气质量情况总体较好，94.82% 的区域空气质量等级达到良。关中城市群的空气污染源主要受化石燃料燃烧、汽车尾气、工地和马路扬尘以及其他工业企业的排放影响。

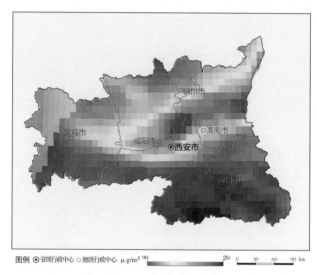

图例 ⊙省级行政中心 ○地级行政中心 μg/m³ 90　　　　20 0　30　60　90 km

**图 25　2018 年遥感监测关中城市群 PM2.5 年平均浓度分布**

良 94.82%　　　　　　　　　　　　　　　优 5.18%

**图 26　2018 年关中城市群空气质量等级分布**

### 7.2.2.6 山东半岛城市群

根据图 27、图 28，2018 年山东半岛城市群 PM2.5 平均浓度为 44.78 μg/m³，空气质量等级平均为良。空气质量等级达到优以上的区域有威海市、烟台市、青岛市等沿海部分区域，城市群区域总面积的 28.5% 空气质量划分为优。

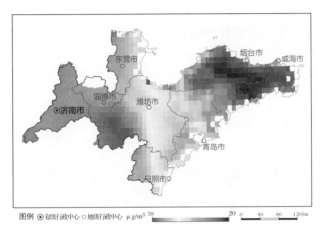

图 27　2018 年遥感监测山东半岛城市群 PM2.5 年平均浓度分布

图 28　2018 年山东半岛城市群空气质量等级分布

## 7.3　2017~2018年中国细颗粒物浓度变化

随着全球能源资源和环境压力的日益突出，环保已成为世界各国关注的焦点问题。自 2012 年底全国灰霾事件开始，国家治理大气污染的步伐逐步加快，迅速出台了一系列政策规划，如《大气污染防治行动计划》《生态环境监测网络建设方案》《打赢蓝天保卫战三年行动计划》等。我国的空气质量状况也在不断改善，相比 2017 年，2018 年全国细颗粒物浓度下降了 3.91 μg/m³，变化率达到 10.68%，遏制了 PM2.5 随经济增长而增长的同步性势头。此外，相较于 2017 年，2018 年全国有 73.2% 的国土面积上空的 PM2.5 浓度有所下降，在重点城市群中，长江中游城市群及哈长城市群下降幅度最大，分别下降了 15.39% 及 19.77%。所有城市群中 2017 年 PM2.5 浓度最高的中原城市群及山东半岛城市群，2018 年相比 2017 年分别下降了 11.78% 以及 12.81%（见图 29、图 30）。

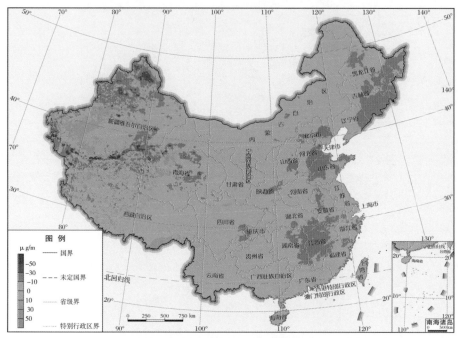

图 29　2017~2018 年遥感监测中国 PM2.5 浓度变化

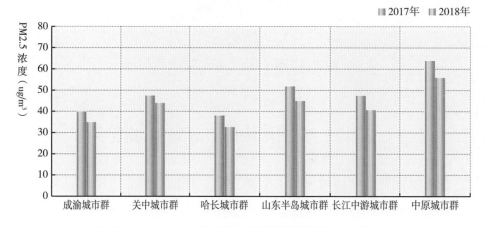

图 30　2017~2018 年中国各城市群细颗粒物平均浓度变化

## 参考文献

［1］Gupta, P.,Christopher, S.A.,Wang, J.,Gehrig, R.,Lee, Y.,Kumar, N. "Satellite Remote Sensing of Particulate Matter and Air Quality Assessment over Globalcities", *Atmospheric Environment*,2006(30).

［2］Donkelaar, A.V.,Martin, R.V.,Brauer, M.,Boys, B.L. "Use. of Satellite Observations for Long−term Exposure Assessment of Global Concentrations off ineparticulatematter", *Environmental Health Perspectives*,2017(2).

［3］Remer, L. A.,Kaufman, Y. J.,Tanr é , D.,Mattoo, S.,Chu, D. A.,Martins, J. V.,Li, R.−R.,Ichoku, C.,Levy, R. C.,Kleidman, R. G.,Eck, T. F.,Vermote, E.,Holben, B. N, "The MODI Saerosolal Gorithm, Products, Andvalidation", *Journal of Atmospheric Sciences*,2005(4).

［4］FangwenBao,XingfaGu,TianhaiCheng,YingWang,HongGuo,HaoChen,XiWei,KunshengXiang,Yin ongLi, "High−Spatial−Resolution Aerosol Optical Properties Retrieval Algorithm Using Chinese High−Resolution Earth Observation SatelliteI", *IEEET Ransactionson Geoscienceand Remote Sensing*,2018(9).

［5］Hong Guo, Tianhai Cheng, Xingfa Gu, Ying Wang, Hao Chen, Fangwen Bao, Shuaiyi Shi, Binren Xu, Wannan Wang, Xin Zuo, Xiaochuan Zhang, Can Meng, "Assessment of PM2.5 Concentrations and Exposure throughout Chinausing Ground Observations" ,*Science of the Total Environment*, 601 – 602 (2017) 1024 – 1030.

# G. 8
# 主要污染气体和秸秆焚烧

## 8.1　大气NO$_2$遥感监测

大气污染直接影响大气环境质量状况和全球气候变化，是全世界关注的重要环境问题之一。大气污染对气候、植物和人类健康产生的不良影响日益显著，减轻大气污染已成为全世界要解决的共同问题。近年来，随着我国工业化和城市化进程加快，大气污染呈现强度高、集中性排放的特点，并已大大超过了环境承载能力，导致空气质量严重退化。在中国东部，首都北京及周边地区，长江三角洲地区，珠江三角洲地区，大气复合污染问题一直是困扰大气环境质量的关键因素，并已成为影响城市和区域可持续发展的重要因素。大气污染中，污染气体NO$_2$、SO$_2$发挥着非常重要的作用。

卫星遥感技术可获得区域大气污染分布情况，对城市群与区域尺度来说，遥感大气污染监测较地面监测等常规方法更具客观性，便于对大气污染进行动态监测和预报，具有广阔的应用前景。当前大气污染遥感在国际上正得到快速发展，在发达国家和地区，卫星遥感已成为大气环境监测和大气质量预报的重要手段。在中国，结合环境保护的卫星遥感大气监测工作目前也得到越来越多的关注，大气环境遥感监测的研究和应用力度日益加强。

2015~2018 年中国 NO$_2$ 柱浓度年均值情况如下。臭氧监测仪 (Ozone Monitoring Instrument，OMI) 由荷兰、芬兰和美国国家航空航天局（National Aeronautics and Space Administration，NASA) 联合制造，可以获得污染气体如 NO$_2$、SO$_2$ 分布的监测结果。OMI 穿越赤道的当地时间为 13:40 到 13:50，观测周期为每日全球覆盖。由于 OMI 具有较高的光谱分辨率、空间分辨率、时间分辨率和信噪比等优点，它被广泛应用于污染气体的动态实时监测及空气质量预报等方面。基于 AURA/OMI 卫星数据，对中国地区大气中的 NO$_2$ 进行监测，2015~2018 年，中国大气 NO$_2$ 柱浓度遥感监测详细情况见图 1~5。

2015 年至 2018 年，中国大气 NO$_2$ 柱浓度的高值区主要集中在京津冀地区、长

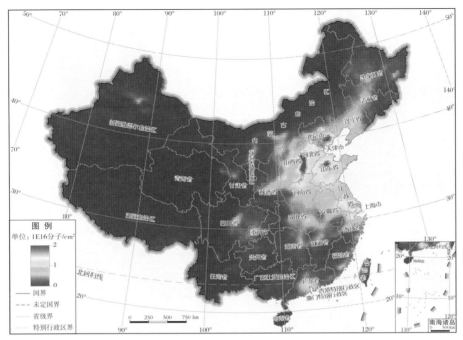

图 1　2015 年卫星遥感监测中国大气 NO₂ 柱浓度分布

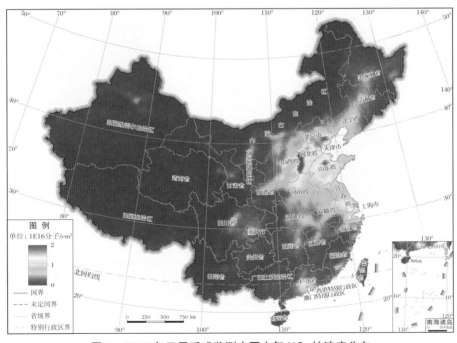

图 2　2016 年卫星遥感监测中国大气 NO₂ 柱浓度分布

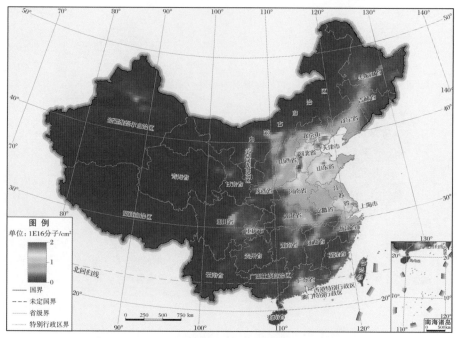

图3 2017年卫星遥感监测中国大气NO₂柱浓度分布

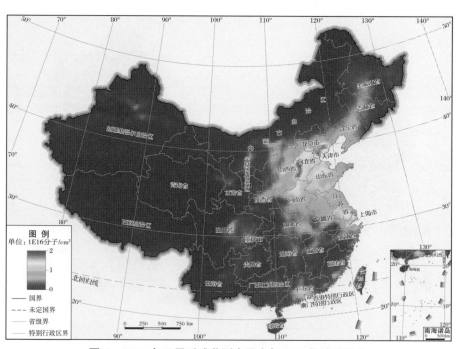

图4 2018年卫星遥感监测中国大气NO₂柱浓度分布

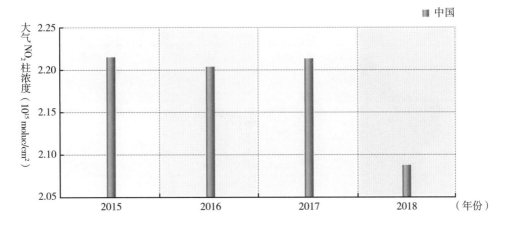

图5　2015~2018 年卫星遥感监测中国大气 $NO_2$ 柱浓度年均值

江三角洲地区和珠江三角洲地区，其次是河南北部、山东西部、新疆乌鲁木齐和陕西西安等地也存在不同程度的 $NO_2$ 柱浓度高值区。$NO_2$ 柱浓度的高低，与当地的机动车数量、煤炭消耗等工业活动强度、气象条件、本地地形等因素密切相关，在一定程度上可以反映当地的工业排放量。

## 8.2　大气$SO_2$遥感监测

2015~2018 年中国 $SO_2$ 柱浓度年均值：基于 AURA/OMI 卫星数据，对中国地区大气中的 $SO_2$ 进行监测，2015~2018 年，中国大气 $SO_2$ 柱浓度遥感监测详细情况见图 6~10。

## 8.3　秸秆焚烧遥感监测

我国作为农业大国，各类农作物产量大、分布广、种类多，随着我国经济社会的发展，秸秆传统使用需求量减少，随意抛弃、焚烧现象严重，带来一系列环境问题。秸秆焚烧原因有多种，如清除农作物残渣、提供短期施肥、治理害虫等。一般情况下，农作物收获后会就地焚烧秸秆，特别像中国、美国、印度等农业大国。在农田中焚烧秸秆是直接且较方便的方式，但会导致严重的空气污染甚至火灾。近年来，秸秆焚烧已成为我国空气污染治理关注的主要污染排放源之一，研究表明，秸秆焚烧与主要大气污染物（如 PM2.5、NOx、CO 等）的形成和浓度存在较强相关性。有效的监管利于缓解秸秆焚烧对空气的污染。

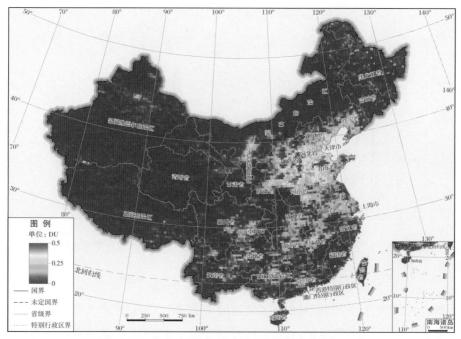

图 6　2015 年卫星遥感监测中国大气 SO₂ 柱浓度分布

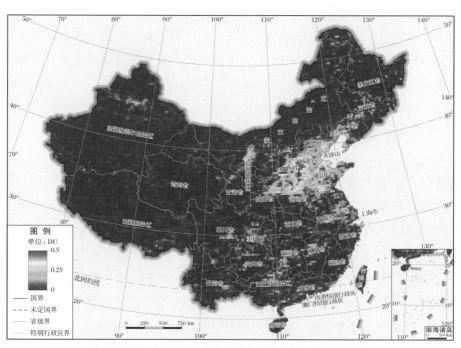

图 7　2016 年卫星遥感监测中国大气 SO₂ 柱浓度分布

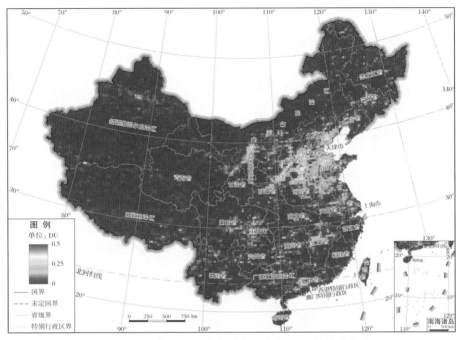

图8 2017年卫星遥感监测中国大气 SO$_2$ 柱浓度分布

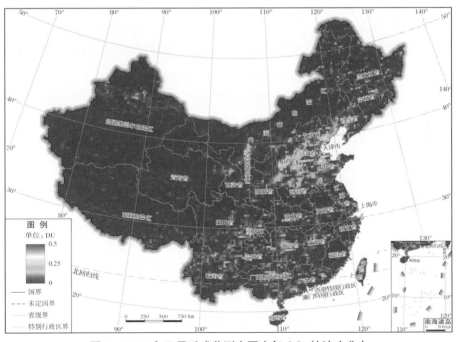

图9 2018年卫星遥感监测中国大气 SO$_2$ 柱浓度分布

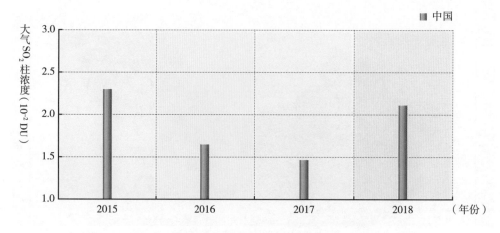

图 10    2015~2018 年卫星遥感监测中国大气 SO$_2$ 柱浓度年均值

相较于森林和草原火灾，农作物秸秆焚烧通常规模小、强度低、持续时间短。遥感以其快速、简便、宏观、无损及客观等优点，广泛应用于农业生产各个环节，目前已成为秸秆焚烧主要的监测手段之一。鉴于秸秆焚烧对空气质量、经济发展和农业生产的负面影响，近年来，各级政府相继推出农作物秸秆综合利用和禁烧政策。据 2014 年"关于全国秸秆综合利用和焚烧情况的通报"，2012 年全国秸秆可收集资源量约为 8.17 亿吨，利用量约为 6.05 亿吨，综合利用率为 74.1%；"十二五"期间全国秸秆综合利用情况评估结果显示，2015 年全国秸秆可收集资源量约为 9 亿吨，利用量约为 7.2 亿吨，综合利用率达到 80.1%，全国秸秆综合利用和禁烧工作取得了积极进展。《"十三五"生态环境保护规划》进一步提出，强化重点区域和重点时段秸秆禁烧措施，不断提高禁烧监管水平；到 2020 年秸秆综合利用率达到 85%。

### 8.3.1    2015~2018年中国秸秆焚烧年度监测

基于 Terra/MODIS 和 Aqua/MODIS 数据，对 2015~2018 年中国地区秸秆焚烧点进行监测，获取的 2015~2018 年全国秸秆焚烧点密度分布情况见图 11~14，各省份监测到的秸秆焚烧点总量情况见表 1。2015~2018 年中国地区秸秆焚烧点总量分别为 61743 个、33351 个、58629 个和 30177 个。由于这 4 年我国主要种植区和农业活动模式未发生显著变化，重点秸秆焚烧区域空间分布相对固定，主要位于东北地区的黑龙江省西南部和三江平原、吉林省西北部、辽宁省中部，华北和华东地区的河北省中南部、山东省中西部、河南省、安徽省和湖北省。

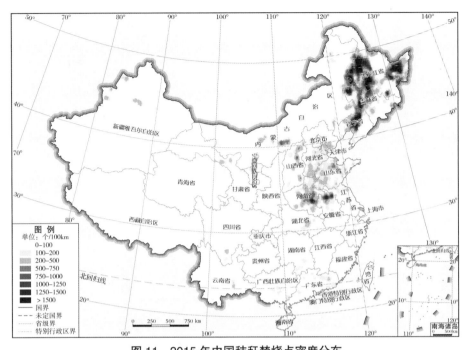

图 11　2015 年中国秸秆焚烧点密度分布

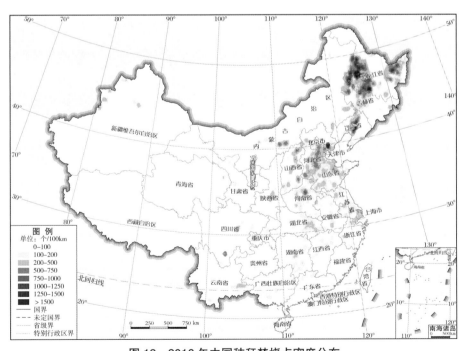

图 12　2016 年中国秸秆焚烧点密度分布

图13　2017年中国秸秆焚烧点密度分布

图14　2018年中国秸秆焚烧点密度分布

表1 2015~2018年各省份秸秆焚烧点总量

单位：个

| 省份 | 2015 | 2016 | 2017 | 2018 |
|---|---|---|---|---|
| 黑龙江省 | 25131 | 11723 | 25963 | 6456 |
| 吉林省 | 6727 | 2259 | 8271 | 3889 |
| 辽宁省 | 5201 | 2139 | 3364 | 1614 |
| 内蒙古自治区 | 4732 | 2888 | 4829 | 3050 |
| 河南省 | 3366 | 1000 | 977 | 799 |
| 山东省 | 2429 | 1557 | 1948 | 1612 |
| 安徽省 | 1918 | 468 | 916 | 634 |
| 河北省 | 1717 | 1616 | 2448 | 1983 |
| 山西省 | 1423 | 1151 | 1248 | 1993 |
| 新疆维吾尔自治区 | 1181 | 741 | 794 | 426 |
| 广东省 | 937 | 466 | 733 | 586 |
| 广西壮族自治区 | 924 | 611 | 1056 | 853 |
| 云南省 | 731 | 843 | 575 | 806 |
| 湖北省 | 682 | 928 | 869 | 842 |
| 江苏省 | 554 | 564 | 481 | 502 |
| 甘肃省 | 531 | 403 | 408 | 422 |
| 湖南省 | 461 | 695 | 1091 | 672 |
| 四川省 | 421 | 437 | 463 | 583 |
| 宁夏回族自治区 | 392 | 212 | 191 | 147 |
| 江西省 | 380 | 547 | 427 | 352 |
| 浙江省 | 315 | 427 | 236 | 257 |
| 海南省 | 308 | 84 | 117 | 135 |
| 陕西省 | 299 | 379 | 328 | 349 |
| 贵州省 | 288 | 329 | 210 | 449 |
| 天津市 | 234 | 272 | 225 | 270 |
| 福建省 | 159 | 191 | 196 | 178 |
| 青海省 | 98 | 13 | 51 | 66 |
| 重庆市 | 89 | 202 | 105 | 161 |
| 北京市 | 61 | 152 | 52 | 41 |
| 上海市 | 37 | 42 | 33 | 28 |
| 西藏自治区 | 17 | 9 | 24 | 22 |
| 总计 | 61743 | 33351 | 58629 | 30177 |

说明：此表未统计港澳台的相关数据。

### 8.3.2　2015~2018年河南省和黑龙江省秸秆焚烧年度监测

相较于"十二五"计划结束年（2015年），得益于各地区实施严苛的禁烧政策和多种秸秆综合利用方式并举，"十三五"期间大部分省份的秸秆焚烧数量均有不同程度减少，禁烧成效显著。其中，秸秆焚烧点总量降低最显著的两个省份为河南省和黑龙江省，2018年河南省、黑龙江省秸秆焚烧点总量仅为2015年总量的23.7%和25.7%。

河南省秸秆焚烧峰值期主要发生在6月冬小麦收割期和10月夏玉米收割期。相比绝大部分省份秸秆焚烧点总量在2015~2018年出现明显波动，河南省自2016年起禁烧效果表现突出，且未出现反弹（见图15）。自2015年起被纳入京津冀区域大气污染联防联控体系后，河南省政府分别于2015年5月和2016年6月向各级政府发布《河南省人民政府办公厅关于加强秸秆禁烧和综合利用工作的通知》和《2016年河南省秸秆禁烧和综合利用工作实施方案》。政策执行之后，由于2015年6月和10月份秸秆焚烧总量仍未得到有效控制，河南省政府针对秸秆焚烧最严重的十余个县(市)采取集中约谈和经济处罚措施，其中，河南省周口市太康县的

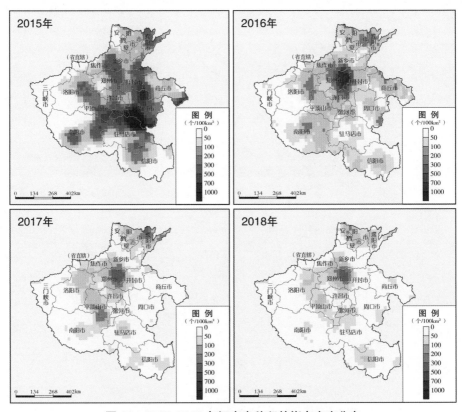

图15　2015~2018年河南省秸秆焚烧点密度分布

罚款总额达到 2000 万元。在"史上最严"禁烧令和严格的问责制度影响下，河南省 2016 年 6 月和 10 月的秸秆焚烧数量分别较 2015 年同期下降 86.66% 和 98.93%，且在 2016 年和 2017 年趋于平稳。同时，截至 2017 年，河南省玉米秸秆还田率提高至 85%，秸秆青贮成功率提高至 92%。河南省的禁烧效果充分说明，有效的政策是影响秸秆焚烧的重要因素，合理的管控和综合利用措施是根本。

黑龙江省土壤肥沃，是我国重要的农作物生产地，也是全国秸秆焚烧最严重的地区。该地区秸秆焚烧峰值期主要集中在 4 月和 10 月份，10 月份是东北地区秋季收割期，4 月份则是小麦、玉米等农作物的播种期，农田中秋季未进行焚烧的秸秆会再次进行焚烧。2015~2017 年，黑龙江省秸秆焚烧数量一直居高不下（见图 16）。尤其是 2017 年 10 月，由于秸秆焚烧控制不力，黑龙江省哈尔滨、佳木斯、双鸭山和鹤岗 4 市出现重度污染天气事件，并由环保部联合黑龙江省政府约谈黑龙江省农委和哈尔滨、佳木斯、双鸭山、鹤岗 4 市政府主要负责人。经过进一步整治，黑龙江省 2018 年秸秆禁烧效果显著，秸秆焚烧点总量仅为 6456 个，较 2017 年降低 75.1%。

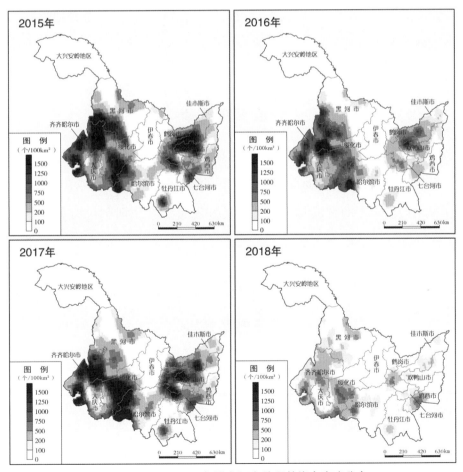

**图 16　2015~2018 年黑龙江省秸秆焚烧点密度分布**

# 皮 书

## 智库报告的主要形式
## 同一主题智库报告的聚合

### ❖ 皮书定义 ❖

皮书是对中国与世界发展状况和热点问题进行年度监测，以专业的角度、专家的视野和实证研究方法，针对某一领域或区域现状与发展态势展开分析和预测，具备前沿性、原创性、实证性、连续性、时效性等特点的公开出版物，由一系列权威研究报告组成。

### ❖ 皮书作者 ❖

皮书系列报告作者以国内外一流研究机构、知名高校等重点智库的研究人员为主，多为相关领域一流专家学者，他们的观点代表了当下学界对中国与世界的现实和未来最高水平的解读与分析。截至2020年，皮书研创机构有近千家，报告作者累计超过7万人。

### ❖ 皮书荣誉 ❖

皮书系列已成为社会科学文献出版社的著名图书品牌和中国社会科学院的知名学术品牌。2016年皮书系列正式列入"十三五"国家重点出版规划项目；2013~2020年，重点皮书列入中国社会科学院承担的国家哲学社会科学创新工程项目。

# 中国皮书网

（网址：www.pishu.cn）

发布皮书研创资讯，传播皮书精彩内容
引领皮书出版潮流，打造皮书服务平台

## 栏目设置

◆ **关于皮书**

何谓皮书、皮书分类、皮书大事记、
皮书荣誉、皮书出版第一人、皮书编辑部

◆ **最新资讯**

通知公告、新闻动态、媒体聚焦、
网站专题、视频直播、下载专区

◆ **皮书研创**

皮书规范、皮书选题、皮书出版、
皮书研究、研创团队

◆ **皮书评奖评价**

指标体系、皮书评价、皮书评奖

◆ **互动专区**

皮书说、社科数托邦、皮书微博、留言板

## 所获荣誉

◆ 2008 年、2011 年、2014 年，中国皮书
网均在全国新闻出版业网站荣誉评选中
获得"最具商业价值网站"称号；
◆ 2012 年，获得"出版业网站百强"称号。

## 网库合一

2014年，中国皮书网与皮书数据库端口
合一，实现资源共享。

# 权威报告·一手数据·特色资源

# 皮书数据库
## ANNUAL REPORT(YEARBOOK)
## DATABASE

## 分析解读当下中国发展变迁的高端智库平台

### 所获荣誉

- 2019年，入围国家新闻出版署数字出版精品遴选推荐计划项目
- 2016年，入选"'十三五'国家重点电子出版物出版规划骨干工程"
- 2015年，荣获"搜索中国正能量 点赞2015""创新中国科技创新奖"
- 2013年，荣获"中国出版政府奖·网络出版物奖"提名奖
- 连续多年荣获中国数字出版博览会"数字出版·优秀品牌"奖

### 成为会员

通过网址www.pishu.com.cn访问皮书数据库网站或下载皮书数据库APP，进行手机号码验证或邮箱验证即可成为皮书数据库会员。

### 会员福利

- 已注册用户购书后可免费获赠100元皮书数据库充值卡。刮开充值卡涂层获取充值密码，登录并进入"会员中心"—"在线充值"—"充值卡充值"，充值成功即可购买和查看数据库内容。
- 会员福利最终解释权归社会科学文献出版社所有。

社会科学文献出版社 皮书系列
SOCIAL SCIENCES ACADEMIC PRESS (CHINA)
卡号：481916751613
密码：

数据库服务热线：400-008-6695
数据库服务QQ：2475522410
数据库服务邮箱：database@ssap.cn
图书销售热线：010-59367070/7028
图书服务QQ：1265056568
图书服务邮箱：duzhe@ssap.cn

## 基本子库 SUB DATABASE

### 中国社会发展数据库（下设 12 个子库）

整合国内外中国社会发展研究成果，汇聚独家统计数据、深度分析报告，涉及社会、人口、政治、教育、法律等 12 个领域，为了解中国社会发展动态、跟踪社会核心热点、分析社会发展趋势提供一站式资源搜索和数据服务。

### 中国经济发展数据库（下设 12 个子库）

围绕国内外中国经济发展主题研究报告、学术资讯、基础数据等资料构建，内容涵盖宏观经济、农业经济、工业经济、产业经济等 12 个重点经济领域，为实时掌控经济运行态势、把握经济发展规律、洞察经济形势、进行经济决策提供参考和依据。

### 中国行业发展数据库（下设 17 个子库）

以中国国民经济行业分类为依据，覆盖金融业、旅游、医疗卫生、交通运输、能源矿产等 100 多个行业，跟踪分析国民经济相关行业市场运行状况和政策导向，汇集行业发展前沿资讯，为投资、从业及各种经济决策提供理论基础和实践指导。

### 中国区域发展数据库（下设 6 个子库）

对中国特定区域内的经济、社会、文化等领域现状与发展情况进行深度分析和预测，研究层级至县及县以下行政区，涉及地区、区域经济体、城市、农村等不同维度，为地方经济社会宏观态势研究、发展经验研究、案例分析提供数据服务。

### 中国文化传媒数据库（下设 18 个子库）

汇聚文化传媒领域专家观点、热点资讯，梳理国内外中国文化发展相关学术研究成果、一手统计数据，涵盖文化产业、新闻传播、电影娱乐、文学艺术、群众文化等 18 个重点研究领域。为文化传媒研究提供相关数据、研究报告和综合分析服务。

### 世界经济与国际关系数据库（下设 6 个子库）

立足"皮书系列"世界经济、国际关系相关学术资源，整合世界经济、国际政治、世界文化与科技、全球性问题、国际组织与国际法、区域研究 6 大领域研究成果，为世界经济与国际关系研究提供全方位数据分析，为决策和形势研判提供参考。

# 法律声明

　　"皮书系列"（含蓝皮书、绿皮书、黄皮书）之品牌由社会科学文献出版社最早使用并持续至今，现已被中国图书市场所熟知。"皮书系列"的相关商标已在中华人民共和国国家工商行政管理总局商标局注册，如 LOGO（　）、皮书、Pishu、经济蓝皮书、社会蓝皮书等。"皮书系列"图书的注册商标专用权及封面设计、版式设计的著作权均为社会科学文献出版社所有。未经社会科学文献出版社书面授权许可，任何使用与"皮书系列"图书注册商标、封面设计、版式设计相同或者近似的文字、图形或其组合的行为均系侵权行为。

　　经作者授权，本书的专有出版权及信息网络传播权等为社会科学文献出版社享有。未经社会科学文献出版社书面授权许可，任何就本书内容的复制、发行或以数字形式进行网络传播的行为均系侵权行为。

　　社会科学文献出版社将通过法律途径追究上述侵权行为的法律责任，维护自身合法权益。

　　欢迎社会各界人士对侵犯社会科学文献出版社上述权利的侵权行为进行举报。电话：010-59367121，电子邮箱：fawubu@ssap.cn。

社会科学文献出版社